数字课程（基础版）

动物生物学实验指导

（第 3 版）

主编　黄诗笺　卢　欣

登录方法：

1. 访问http://abook.hep.com.cn/36682，进行注册。已注册的用户输入用户名和密码登录，进入“我的课程”。
2. 点击页面右上方“绑定课程”，正确输入教材封底数字课程账号（20位密码，刮开涂层可见），进行课程绑定。
3. 在“我的课程”中选择本课程并点击“进入课程”即可进行学习。课程在首次使用时，会出现在“申请学习”列表中。

课程绑定后一年为数字课程使用有效期。如有使用问题，请发邮件至：lifescience@pub.hep.cn

iCourse・教材

http://abook.hep.com.cn/36682

数字课程资源分为 6 个板块，每个板块的资源（媒体）内容标题和特定图标为：

精彩资源 先睹为快

相关知识与教学建议：

包括相关知识、研究进展和参考资料，各主要动物类群常见动物介绍及部分检索表，教学建议和实验拓展内容等。

图片：

包括实验动物形态结构、实验操作步骤、实验结果等。

录像：

包括实验操作、实验结果等视频文件。

模式动物：

包括秀丽隐杆线虫、果蝇、斑马鱼、小白鼠、大白鼠等模式动物的介绍。

附录：

包括实验动物的采集、固定与保存，试剂的配制方法等。

实验报告：

包括基础实验部分的 17 个实验报告样例。

最后附有全书的参考书目和文献。

数字课程资源以“数字课程资源类别图标＋实验序号＋媒体序号＋媒体内容标题”的形式显示于纸质版教材相应位置。读者可访问本书的数字课程网站 http://abook.hep.com.cn/36682，获取相应数字资源。

请在具有 IE 内核的浏览器下访问数字课程。其他浏览器访问，可能造成课程资源无法正常显示。

iCourse · 教材

动物生物学实验指导

（第3版）

主编　黄诗笺　卢　欣

编著人员（按姓氏拼音排序）

邓凤姣　杜润蕾　黄诗笺　卢　欣　舒凤月

孙红英　汪安泰　谢志雄　张丽霞

Dongwu Shengwuxue Shiyan Zhidao

高等教育出版社·北京

图书在版编目（CIP）数据

动物生物学实验指导 / 黄诗笺，卢欣主编．-- 3版．
-- 北京：高等教育出版社，2013. 7（2018. 12重印）
ISBN 978-7-04-036682-2

Ⅰ. ①动… Ⅱ. ①黄… ②卢… Ⅲ. ①动物学－生物
学－实验－高等学校－教学参考资料 Ⅳ. ① Q95-33

中国版本图书馆 CIP 数据核字 (2013) 第 064001 号

策划编辑 王莉 赵晓媛 **责任编辑** 赵晓媛 **装帧设计** 张楠 **责任印制** 尤静

出版发行 高等教育出版社
社址 北京市西城区德外大街 4 号 **咨询电话** 400-810-0598 **邮政编码** 100120
网址 http:// www.hep.edu.cn http://www.hep.com.cn
网上订购 http://www.hepmall.com.cn http://www.hepmall.com http://www.hepmall.cn

印刷 涿州市星河印刷有限公司
版次 2001 年 8 月第 1 版 2013 年 7 月第 3 版 **开本** 787 × 1092 1/16
印张 14.25 **印次** 2018 年 12 月第 8 次印刷
字数 350 千字 **定价** 38.00 元

本书如有缺页、倒页、脱页等质量问题，请到所购图书销售部门联系调换。

物料号 36682-00

动物生物学是生命科学的基石之一
而动物生物学实验是

理解理论知识的
必然之需

掌握操作技能的
必经之途

培养科学思维的
必由之路

在这本指导书的帮助下
如果你

认真预习
参照指导细心操作与思考
利用更丰富
更有启发性的配套网络资源
提出问题并深入探讨

那么
你一定会在探索生命奥秘的征途上有所收获
乃至受益终生

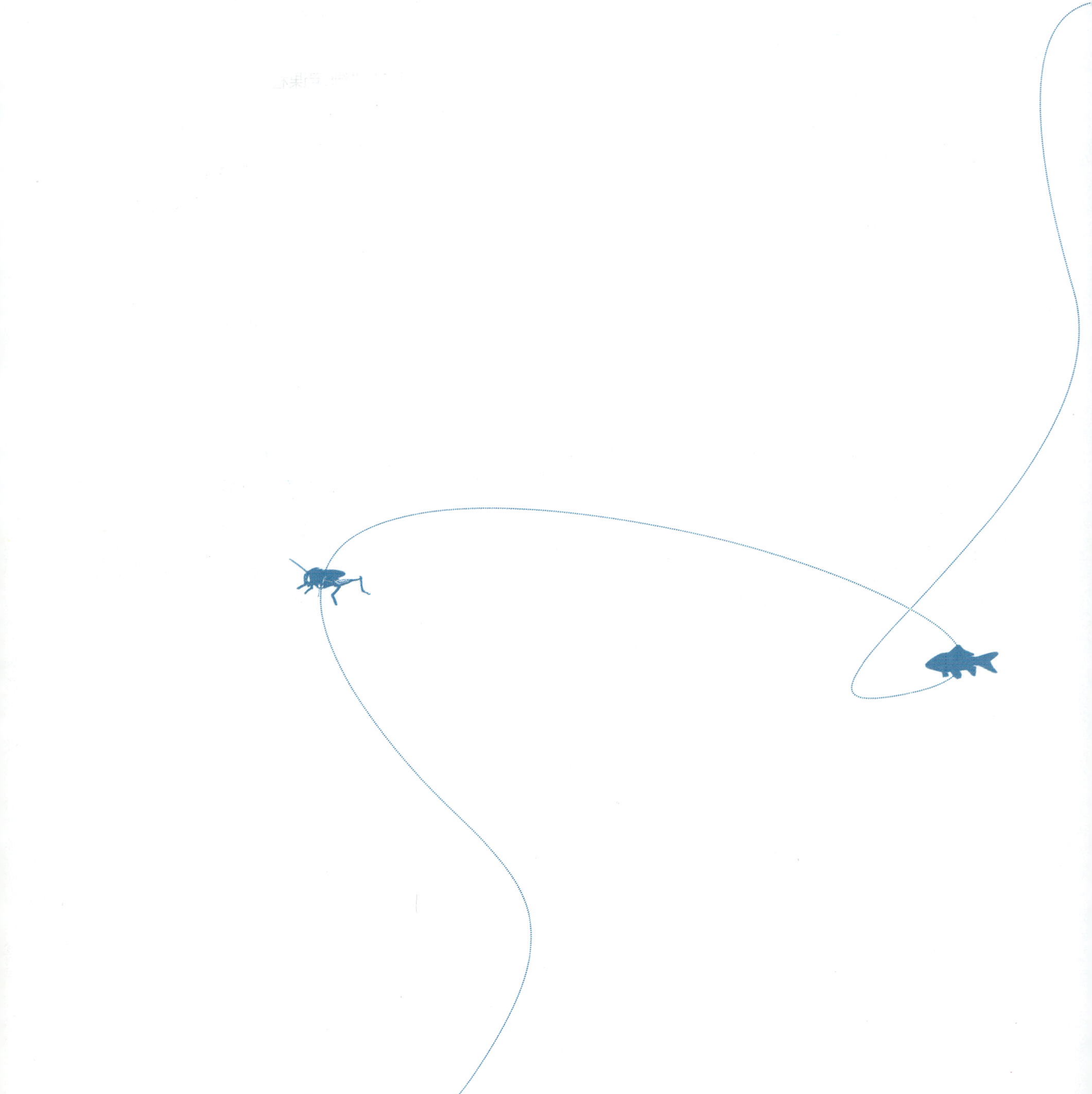

第 3 版前言

普通高等教育“十五”国家级规划教材《动物生物学实验指导》(第 2 版)自 2006 年 5 月出版以来，已有 6 年了。此间，围绕基础实验课程如何进行研究性教学，“培养学生实践动手能力、研究式学习能力、科学思维能力、提高综合素质，启迪创新意识”的主题，我们一直在思考、探索和实践，并在教学实践总结的基础上编写了第 3 版。

第 3 版以彩色纸质版教材配套数字课程资源形式出版，力求进一步加强教材的基础性、实用性、先进性和启发性，提高教材使用的实效性。其内容和特色如下：

纸质版教材

1. 内容及编排

除保持第 2 版特色外，鉴于当前动物生物学基础实验内容绝大部分已从单一的验证性实验发展为综合性实验，所以第 3 版不再按“基本实验”、“综合性实验”和“自选性和设计性实验”3 部分编排内容，而是分为“基础性实验”和“自选性和设计性实验”两大部分。

(1) 第一部分：基础性实验　按动物进化的主线编排，在各主要门类代表动物的形态观察和解剖、生命活动等综合性实验内容中，强调比较与分析，以培养学生的研究性思维，提高其分析、解决问题的能力。

(2) 第二部分：自选性和设计性实验　不仅重视实验的可操作性，更强调将科学研究的思维、方法和成果融于实验教学中，引导学生进行最初始的研究性实验，激发学生科学研究的兴趣和探索的欲望。

2. 插图

以原创性的、高清晰度的实物彩色照片替代黑白模式图，增强了教材的直观教学效果。

数字课程

数字课程内容具有补充、拓展纸质版教学内容，加强教学效果，为学生进一步提供自主学习平台和思维、探索空间的作用。

本教材编著人员有武汉大学黄诗笺、卢欣、谢志雄、杜润蕾和邓凤姣，南京师范大学孙红英，深圳大学汪安泰，曲阜师范大学舒凤月，河南师范大学张丽霞。全书由黄诗笺统稿。

武汉大学动物学专业研究生王思凤、张国月，南京师范大学动物学专业研究生董艳、钱昌元参与了个别实验有关资料的整理；武汉大学都欢、樊俊鹏同学拍摄了部分新增照片。中国科学院武汉水生生物研究所冯伟松研究员、武汉市园林科学研究所董立坤高级工程师、武汉大学基础医学院明珍平教授、武汉大学生命科学学院夏曦中工程师、陈思炼、刘衍男、舒盛、马丽、解冠芳等同学，热情地为本书提供了精美照片。在此一并深表感谢！

限于编著者水平，教材中缺点和错误在所难免，恳请各位专家、同仁和读者指正。

编著者

2013 年 2 月于武汉大学

第 2 版前言

《动物生物学实验指导》第 1 版自 2001 年 8 月出版以来，得到用书院校的充分认可和鼓励，对我国高校动物学实验教学的改革起到一定的推动作用。为了适应动物科学的迅速发展和实验教学改革的不断深入，我们对第 1 版进行了修订。这次修订也是国家级精品课程“动物生物学”的建设内容之一。

这次修订在保持第 1 版特色的基础上，仍以“培养学生动手能力、自主训练能力、科学思维能力，提高综合素质，启迪创新意识”的教学思想为宗旨，进一步提高教材的先进性、实用性和可读性。其修订的内容和特色如下：

1. 在内容上删旧增新，并将可操作性强的一些科研成果或先进技术引入实验。

（1）基本实验中，用“涡虫染色体的制备及观察”替代了“染色体的制备及观察”；在有关无脊椎动物的实验中，增加了代表动物示范。其他实验也作了部分内容的更新和调整。

（2）部分综合实验进行了重组，如“动物多样性及进化”中，增加了昆虫分类等内容。

（3）自选性实验作了较大的变动，增加“草履虫的克隆培养和接合生殖的观察”、“软体动物齿舌制片观察与分析”、“虾体色调节实验”、“土壤动物群落多样性调查”及“校园常见鸟类数量调查和栖息地利用”等实验，删去“性染色体的检测”实验，对原有的每个实验都进行了修改，并增加了颇具研究性的实验内容。

（4）在基本实验技能方面，增加了数码显微摄影技术、动物注射和采血的其他方法、透明骨骼标本的制作等。

2. 每个实验的“作业与思考”改为“问题与思考”，加强了所提问题的深度以启发思维。

3. 大部分实验增加了“拓展性实验”，以引导学生在原有实验的基础上进一步探索。

4. 基本实验和综合性实验均设计了实验报告页，以便于学生书写报告和教师批改。

5. 对书中插图进行了部分更新和增补。

6. 为有效地指导学生自主训练，帮助学生很好地掌握实验技能和有关知识，本书配有学生用光盘 1 张，内有基本实验、综合性实验共 13 个，除文字外，还有大量真实、精美的照片和实验录像，生动直观地介绍了动物的形态结构、生命活动及关键的实验技术和方法，并强调了操作要点和观察要点。

此次修订和编写分工如下：实验 1、14、附录 1 由刘思阳（武汉大学）、谢志雄（武汉大学）修订；实验 2、17、20、25 由谢志雄修订：实验 3、4、15 由刘思阳、黄诗笺（武汉大学）修订;实验 5、6、8、11、13、16、31 由黄诗笺修订;实验 7、24、26、27 由卢欣（武汉大学）修订；实验 9、30 由邓凤姣（武汉人学）修订；实验 12、附录 2、3、4、5、6 由郝广勤（武汉大学）修订；实验 18 由卢欣和陈建秀（南京大学）修订：实验 23 由郝广勤和朱丽华（武汉大学）修订；实验 10、22 由黄诗笺编写；实验 19、21 由潘宝平（天津师范大学）编写；实验 28 由陈建秀编写：实验 29、附录 7 由卢欣编写。全书由黄诗笺统稿。

武汉大学动物生态学专业博士研究生马小艳等同学参与了有关新编实验的实践检验等工作，刘翔、张栩和胡杨波同学进行了新增插图的绘制和学生用光盘的制作。

限于编者水平，缺点和错误在所难免，敬请读者和同行专家指正。

编　者

2005 年 12 月于武汉大学

第 1 版前言

近几年来，随着教育改革的不断深入，许多高校已将动物学课程由普通动物学体系改为动物生物学体系，同时，也进行着动物生物学实验教学内容和体系的改革，并急需适用的实验教材。根据课程改革的需要和 21 世纪初我国高校生物学类专业生物科学实验的教学改革思路，我们在近 5 年教改实践和自编讲义的基础上，编写了这本《动物生物学实验指导》。

从加强基础、培养能力、提高素质的教学目标出发，本教材以动物生物学实验中的基本操作、基本技能和基本理论为基础，精选、重组验证性实验，增设综合性实验及知识范围、操作难度适宜的自选性和设计性实验。在突出基本实验技能训练为先导的基础上，以进化上有重要地位的门类代表动物（实验动物）为材料，在知识结构上注意将生物学基本原理贯穿于实验中。拟建立一个既与理论课有一定互补作用，又具有相对独立性的实验体系，力求在培养学生动手能力的同时，理论联系实际地培养学生的独立思考、综合分析能力，科学思维能力和创新意识，全面提高学生的综合素质。

全书内容分为基本实验、综合性实验、自选性实验和设计性实验 4 部分，共 27 个实验。①基本实验包括显微镜的使用，细胞大小的测量和数量的测定，生物制片，组织观察，动物外形测量，内部解剖，血型的鉴定，染色体的制备等基本实验方法技术的训练。每次实验可由教师根据具体情况选做某个实验或某实验中的部分内容。②综合性实验将动物的形态结构、基础生理、行为、分类检索等实验内容组合起来，并进行多种基本实验技能的综合训练。学生在每个实验中自己组合实验内容，合理安排实验程序，在一个单元实验的时间内，用有限的实验材料完成多个实验项目。③自选性实验有动物的再生、生殖和发育、遗传、行为、生态、宏观标本的制作、显微摄影等方面的内容。由学生自行选择其中 1 个实验，独立进行实验器具的准备、试剂的配制，直到完成实验报告，并允许改进实验方法。④设计性实验由学生在教师指导下，在已掌握知识与技能的基础上选择教师提供的动物生物学范畴内的小课题或自行命题，然后设计实验至完成实验。自选性实验和设计性实验为开放性实验，两类实验并行，由学生择其一，以个人或小组为单位进行。

本教材强调可操作性和实用性。实验中所用材料易得，方法易行，操作过程描述详尽，仪器设备一般常备。每个实验前均用楷体字简述该实验的意义、应用范围或实验原理与进展；实验中用星号和楷体强调操作要点，引导观察分析和提示思考问题，实验后有作业与思考题，自选性实验中还有“知识窗”以拓展知识。配合实验，书中共有插图 54 幅，便于操作中参考，书后有参考书目，供教师和学生查阅。本教材适用面广，可选性强。实验内容可供各高校生物学类专业，农、林、医等专业，根据具体情况选做，实验顺序可由各校自行安排。

本教材实验 1、3、4、14、15、20、附录 1 由刘思阳编写，实验 2、10、17、19、22、23 由谢志雄编写，实验 5、6、8、11、13、16. 27 由黄诗笺编写，实验 7、18、21、24、25 由卢欣编写，实验 9、26 由邓凤姣编写，实验 12 和附录 2~6 由郝广勤编写，全书由黄诗笺统稿。部分插图由陈宝联绘制。北京大学程红教授审阅了全部书稿，并提出了宝贵的、中肯的意见；教材编写中得到许多兄弟院校同行专家的热情支持、帮助和鼓励，全体编写人员在此表示衷心的感谢。

本教材的编写是进行生物科学实验教学改革的初步尝试。限于编者水平，书中缺点和错误在所难免，恳请各位同仁和读者批评指正。

编　者
2001 年 5 月于珞珈山

目　录

第一部分　基础性实验

第二部分 自选性和设计性实验

第一部分

基础性实验

实验 1

光学显微镜的构造和使用

利用显微镜对生物体的结构进行观察和研究，标志着人类对生命的研究从宏观领域进入到微观领域。随着对生物体结构和生命现象认识的不断深入，人们对生命本质的微观世界进行探索的动力也越来越大。伴随这一进程，作为生命科学研究重要工具之一的显微镜也在不断发展。光学显微镜从最初单筒式、外光源的简单结构形式发展成具有双目镜、内光源的标准实验室显微镜。各种针对不同需求的特殊功能显微镜、电子显微镜和激光共聚焦显微镜也大大拓展了人们对微观世界的认识。对显微镜的了解和熟练使用，是作为一个生命科学研究者应具备的最基本的技能之一。

1-1

电子显微镜和激光共聚焦显微镜简介

一、实验目的

1. 了解光学显微镜的基本构造，能规范并较熟练地使用和维护光学显微镜。
2. 了解几种特殊光学显微镜的构造、工作原理和用途。

二、实验内容

1. 光学显微镜的构造和使用方法。
2. 几种特殊光学显微镜示范。（参见数字课程）

1-2

几种特殊光学显微镜简介

三、实验材料

F 字母制片，血涂片。

四、实验器具与试剂

普通双目光学显微镜，体视显微镜，相差显微镜，暗视野显微镜，偏振光显微镜，荧光显微镜，倒置显微镜，擦镜纸。

香柏油，镜头清洁剂（$V_{无水乙醇}:V_{无水乙醚}=3:7$）。

● 现通常推荐用无水乙醇和乙醚混合配制的清洁剂替代二甲苯清洁油镜头，以免除二甲苯对人体健康的影响。如果空间比较密闭，为避免乙醚对人体的影响，

也可按 $V_{无水乙醇}:V_{无水乙醚}=7:3$ 配制镜头清洁剂，或单用无水乙醇清洁镜头。

五、操作与观察

以双目光学显微镜（图 1–1）为例，介绍普通光学显微镜的构造和使用。

（一）普通光学显微镜的构造

普通光学显微镜是由机械系统、光学系统和光源系统 3 部分组成。

1. 机械系统

机械系统主要对光学系统和光源系统起支持和调节作用。它包括：

（1）镜座与镜柱 镜座是显微镜底部的承重部分，可降低显微镜重心，使之不易倾倒。其后方有一直立的短柱称为镜柱，起支撑镜台的作用。镜座或镜柱一侧常有电源开关按钮和光量调节器旋钮。

（2）镜臂、镜筒与镜头转换器 镜臂是镜柱以上的 1 个斜柄，便于使用者把握。镜臂的顶端安装有镜筒和镜头转换器。镜筒是安装在镜臂顶端的 2 个圆筒，其内安装有目镜镜头。由物镜到目镜的光线由此通过。镜筒基部有瞳距调节板或铰链式调节器，通过调节目镜间的水平距离来适应不同观察者两眼的瞳距，使左右目镜视野完全重合。镜筒顶端下方有一可旋转的圆盘状镜头转换器，其上装有数个不同放大倍数的物镜镜头，转动转换器可换用不同倍数的物镜。

（3）镜台与标本移动器 镜台亦称为载物台，位于镜臂基部，是放置玻片标本的平台。镜台中央有 1 个圆孔，称为镜台孔，来自下方聚光器的光线由此通过进入物镜。观察玻片标本之前，应将欲观察的目标移至镜台孔处聚光器透镜的中央。镜台上装有标本移动器（或称推进尺），标本移动器上的压

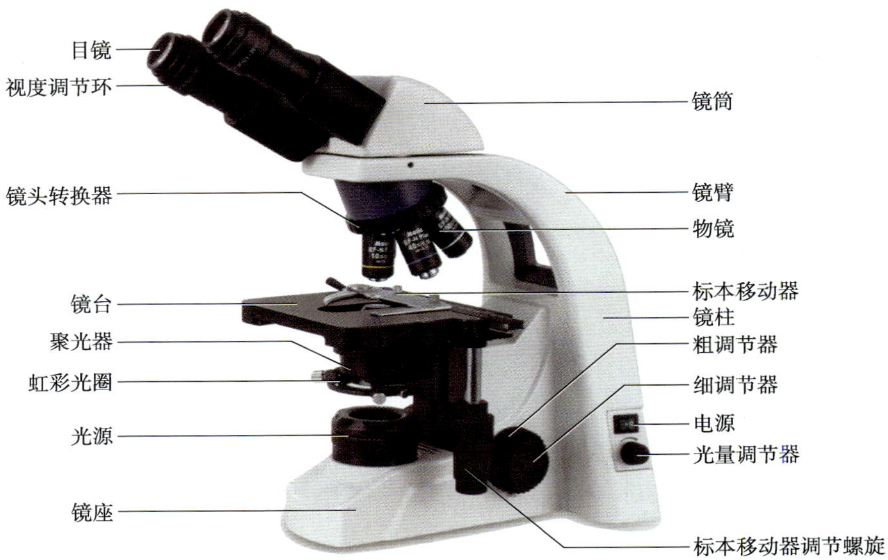

图 1–1 普通双目光学显微镜的基本构造

片夹用以固定载玻片，镜台右下方有标本移动器调节螺旋，转动螺旋可前后、左右移动玻片标本。

标本移动器上带有水平位及竖直位标尺，称为镜台游标尺，互相垂直的标尺构成坐标系，可利用标尺上的刻度记录所观察标本在坐标系上的位置，便于再次观察时迅速找到目标。游标尺由主标尺和副标尺组成，副标尺的分度为主标尺的 9/10。使用时，先看副标尺的 0 点位置，再看主、副标尺刻度线的重合点，依据重合点即可读出准确的数值。

（4）焦距调节器　镜柱的左右两侧各有粗、细两个螺旋形焦距调节器，旋转它们能使镜台升降，调整成像焦点直至看到清晰的物像。现代显微镜的粗、细调节器通常组合在一起，外周直径大的螺旋为粗调节器，旋转使用时镜台升降幅度较大，主要用于寻找目的物；中央直径较小的螺旋是细调节器，旋转使用时镜台升降幅度微小，能精准对焦，获得更清晰的物像。

1-1
普通光学显微镜机械系统

2. 光学系统

光学系统即成像系统，由目镜和物镜构成。

（1）物镜　物镜是显微镜取得物像的主要部件，其作用为聚集来自光源的光线和利用入射光对被观察物体做第 1 次放大。物镜由数组透镜组成，透镜直径越小，放大倍数越高。每台显微镜均备有几个倍数不同的物镜，放大 40× 以下的为低倍镜，一般有 4×、10×；放大 40× 及以上的为高倍镜，放大 100× 的为油镜。

（2）目镜　目镜安装在镜筒上端，为一对圆筒状结构，每个圆筒上端装有 1 块较小的透镜，下端内侧装有 1 块较大的透镜。目镜的作用是将物镜所放大的物像进行再放大。每台显微镜常备有几个倍数不同的目镜，分别标有 5×、10×、12.5× 等放大倍数。目镜镜筒上有一突出圆环，为视度调节环，旋转视度调节环可以升降目镜镜筒，从而调节一侧目镜焦距，消除双眼视差。

1-2
普通光学显微镜光学系统

1-3
光学显微镜成像原理

3. 光源系统

光源系统由光源、聚光器和虹彩光圈构成。

（1）光源　在镜台孔正下方的镜座上有 1 个内置式电光源，镜座的侧周有电源开关和光量调节器（不同型号显微镜，其位置不同），可调节内光源光线的强弱，以获得适宜的光亮度。（旧式显微镜采用外光源，利用凹面镜制成的反光镜进行角度调整，达到汇聚光线、调节光亮度的目的。）

（2）聚光器　聚光器在镜台孔下方，由 2～3 块凸透镜组成。其作用是聚集来自下方内光源的光线，使光线集合成束，通过镜台孔射入标本，并使整个物镜的视野均匀受光，以提高物镜的分辨力。上下移动聚光器侧面的调节杆（或旋转旋钮），可升高或降低聚光器的高度，调节聚光效果。

（3）虹彩光圈　虹彩光圈也称可变光阑，位于聚光器下面，由许多金属片

1-3 普通光学显微镜光源系统

1-4 数码互动系统的组成和使用

组成。移动虹彩光圈的调节杆，可调节光圈的大小，影响分辨力和反差。虹彩光圈开放过大，超过物镜的数值孔径时，便产生光斑；若收缩虹彩光圈过小，分辨力下降，反差增大。

4. 数码互动系统（示范）

在显微镜使用过程中，为便于观察结果的交流及影像的获得和保存，数码互动系统得到了日益广泛的使用。

（二）显微镜的使用方法

1. 安放显微镜

打开镜箱（或镜柜），一手紧握镜臂，另一手平托镜座，将显微镜轻放桌上，使目镜正对观察者，目镜不超出桌子边缘。

2. 检查

检查显微镜各部件状况，分别用棉布擦拭镜身、擦镜纸擦拭镜头后方可开始操作。

3. 调光

旋转镜头转换器，使 4× 物镜对准镜台孔，镜头离载物台约 1 cm。打开电源开关，升高聚光器，打开光圈，调节光量，使视野内的亮度达到明暗适宜。

1-1 显微镜的调光操作

● 在观察过程中，根据需要，可随时通过旋转光量调节器旋钮调节内源灯亮度、升降聚光器、改变光圈大小来调节亮度和反差。

4. 瞳距调节

对使用瞳距调节板的显微镜，可通过同时向两侧拉开或向中间推入的方式调节目镜间的水平距离。对使用铰链调节器的显微镜，可通过调节铰链角度的方式调节目镜间的水平距离。

5. 调焦

光线调好后，将玻片标本放在镜台上标本移动器的卡槽内，有盖玻片的一面朝上，用标本移动器上的压片夹卡紧标本片，旋转标本移动器调节螺旋将被检材料移至镜台孔下的聚光器透镜中央，然后调焦。转动粗调节器调节镜台与物镜间的距离，从侧面注视，以二者间距离约 5 mm 为度。然后从目镜观察，慢慢转动粗调节器，同时移动标本移动器，直到基本看清标本物像。

6. 低倍镜观察

使用 4× 物镜调焦后，得到清晰的物像。将待观察目标移至视野中央，再使用镜头转换器将 10× 物镜换至工作位置。用粗调节器调焦后，再轻轻转动细调节器，以便得到清晰的物像。

7. 高倍镜观察

在 10× 镜下将欲仔细观察的目标移至视野中央后，再转动镜头转换器，将高倍物镜转至工作位置。适当增强亮度后，微微转动细调节器，以获得最清晰的物像。由于显微镜下观察的被检物有一定厚度，故在观察过程中必须随时转动细调节器，以了解被检物不同聚焦平面的情况。

高倍镜观察时能使用粗调节器调焦吗？为什么？

取F字母制片由低倍镜转高倍镜进行观察。观察过程中，旋转标本移动器调节螺旋，上下左右移动玻片，注意物像移动方向如何，为什么会出现这种现象？

由低倍镜转高倍镜反复观察几次，以熟练高倍镜的使用。

用高倍镜观察后，若有必要，再换用油镜观察（可取血涂片观察白细胞结构）。

1-2 显微镜的调焦操作及观察

转换不同倍数物镜时，应旋转镜头转换器而不是直接扳动物镜镜头。

8. 油镜观察

如果显微镜具备同焦性能，则先在高倍镜下将欲放大观察的目标移到视野中央，将高倍镜转离工作位置，滴1滴香柏油于玻片标本待观察的区域上，再将油镜转至工作位置，此时油镜镜头应该正好浸泡在油滴中。调节光源系统各部件，使视野的亮度合适（油镜需要较强光线），调节细调节器使物像清晰，同时调节标本移动器，以便对标本进行细致全面的观察。

1-5 同焦概念介绍

如果由于玻片厚度影响工作距离，或显微镜不具备同焦性能，则需先转动粗调节器，降低镜台，使物镜与镜台保持一定距离。滴1滴香柏油于标本片待观察的区域上，将油镜头转至工作位置，眼睛从侧面注视，转动粗调节器，升高镜台，直至油镜头浸泡于香柏油内，几乎与载玻片相接触，但不能相碰。然后从目镜中观察，用粗调节器极其缓慢地向上调节至出现物像为止，再用细调节器调至物像清晰，此时还应适当增加光亮度。如果镜头已脱离香柏油而尚未见到物像时，应按上述过程重复操作。使用完毕，转动镜头转换器，使油镜头从香柏油中脱出，离开工作位置，取下玻片，用擦镜纸擦去油镜头和玻片上的香柏油，再用擦镜纸蘸适量镜头清洁剂擦拭镜头上的油迹。

使用粗调节器调节寻找物像时，注意勿将其转动方向搞反，以免油镜头与载玻片相碰而损坏镜头及玻片。

1-3 油镜的使用

9. 复原显微镜

显微镜使用完毕，下降镜台至原处，将物镜镜头转离镜台孔，取出玻片标本。关闭光圈，下降聚光器至原位，将光量调至最低，关闭电源。用清洁绸布或擦镜纸轻轻擦拭镜头，用棉布擦净镜身各处，装镜入箱（或柜）内。注意转换镜头转换器，使4× 的物镜镜头正对镜台孔。

1-4 显微镜复原

（三）体视显微镜（解剖镜）的基本结构和使用方法

1. 体视显微镜的基本构造

体视显微镜基本结构（图1-2）与普通显微镜相似，主要用于观察不透明物体表面的立体结构。由于目镜下装有一组棱镜，观察者通过目镜看到的

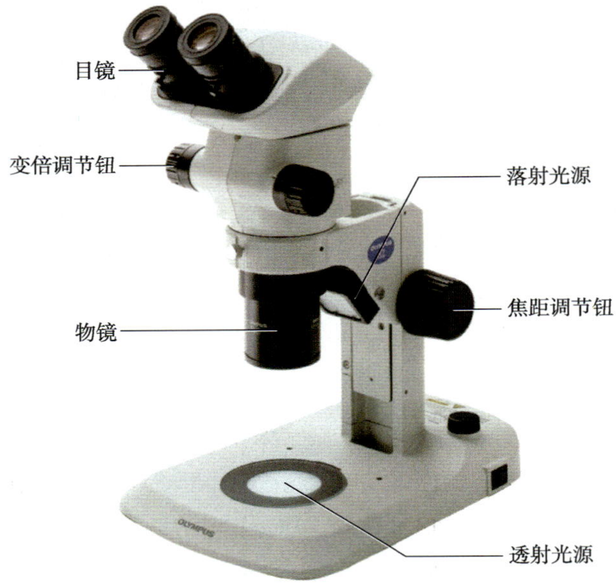

图 1-2 体视显微镜的基本构造

成像是正像，便于进行镜下操作。工作距离长，焦深大，便于观察较厚的被检物。

体视显微镜的机械系统中只有一种调焦器；光学系统中只有单一放大倍数的物镜，利用变倍旋钮实现连续变倍；光源系统中采用落射光和透射光两种照明方式。

2. 体视显微镜的使用

体视显微镜的使用和普通光学显微镜类似，但焦距调节没有粗细之分，放大倍数的改变通过旋转变倍旋钮实现连续变倍。值得注意的是光线照射方式的选择——视标本的透明程度，选择单一落射光、单一透射光或落射光透射光组合。

六、问题与思考

1. 要获得最佳观察效果，需要从光线、焦距等多方面对显微镜进行调节，请总结相关操作注意事项。

2. 在镜下观察时如果在视野中发现异物，如何确定异物是在目镜、物镜还是标本上？如何清除？

实验报告

（杜润蕾）

实验 2

细胞制片与观察和细胞大小的测量

真核细胞中有些细胞器经过特殊的染色可以在光学显微镜下观察，如碱性染料詹纳斯绿 B 可以对线粒体进行专一性活性染色，线粒体的细胞色素氧化酶系统使该染料保持在氧化状态而呈现蓝绿色，从而使线粒体显色，而细胞质中的染料被还原成无色。DNA 和 RNA 对碱性染料甲基绿和派洛宁的亲和力有差异。甲基绿解离后带有 2 个正电荷，与聚合程度高的 DNA 分子有较强的亲和力，而派洛宁仅带 1 个正电荷，可与聚合程度低的 RNA 结合，从而实现选择性染色，细胞中的 RNA 呈红色，而 DNA 呈绿色或蓝色。细胞直径大多数在 10～100 μm 之间，需要借助显微镜测微技术才能测量。

一、实验目的

1. 学习掌握涂片法制作动物细胞显微玻片标本。
2. 学习掌握线粒体活体染色法和显示细胞内 DNA 和 RNA 的方法。
3. 学习掌握测量细胞大小的基本方法。
4. 了解动物细胞的基本结构。

2-1 教学建议

二、实验内容

1. 制备口腔黏膜上皮细胞标本，观察细胞形态结构和线粒体的活体染色显示。
2. 细胞中 DNA 和 RNA 的显示。
3. 利用显微镜测微技术测量蛙、鱼或鸡红细胞及其细胞核直径，计算细胞核质比。

三、实验材料

人口腔黏膜上皮细胞，大鼠，蛙或鱼、鸡血涂片标本。

大鼠

四、实验器具与试剂

显微镜，镜台测微尺，目镜测微尺，无菌牙签，解剖器具，载玻片，盖玻片，染色架，染色缸，滴管，吸水纸。

试剂配制

9 g/L 生理盐水，10 g/L 碘液，0.2 g/L 詹纳斯绿 B，甲基绿－派洛宁染液，卡诺氏固定液，丙酮，二甲苯，中性树胶，蒸馏水。

五、操作与观察

（一）人口腔黏膜上皮细胞的制备与观察

1. 滴 1 滴 9 g/L 生理盐水于载玻片中央，用无菌牙签轻轻刮取口腔颊部表层的白色黏性物质（口腔黏膜上皮细胞），涂布入载玻片上的液滴内，使细胞分散均匀；用镊子夹住一块洁净盖玻片的一边，使其另一边与载玻片上的液滴边缘接触，然后缓慢放下，防止产生气泡，用吸水纸从盖玻片边缘吸去多余的液体。

2-1 口腔黏膜上皮细胞制片及碘液染色

2. 置低倍镜下寻找轮廓较清晰的单个细胞移至视野中央，再转高倍镜观察。可见口腔黏膜上皮细胞呈扁平多边形或扁圆形，仔细辨认细胞核、细胞质和细胞膜等基本结构。观察时光线应暗些，为什么？

2-2 口腔黏膜上皮细胞活体染色制片

3. 如细胞结构观察不够清楚，可在盖玻片一侧滴 1 滴 10 g/L 碘液（也可采用 1 g/L 亚甲蓝或 1 g/L 中性红染液），在盖玻片另一侧用吸水纸吸引，使碘液慢慢浸过细胞进行染色，再置显微镜下观察，细胞质染成浅黄色，而细胞核染成深黄色。

（二）口腔黏膜上皮细胞活体染色显示线粒体

实验中，如果整个细胞全被染成蓝色，说明什么？

将从口腔黏膜刮下的白色黏性物薄而均匀地涂在载玻片上，即刻加 1 滴 0.2 g/L 詹纳斯绿 B 染液，染色 15～20 min，注意防止干燥，可适量补充染液；盖上盖玻片。置显微镜下观察，高倍镜下可见细胞质无色，在细胞质中散在一些蓝绿色短杆状和球形颗粒，即为线粒体（图 2-1）。

2-2 生物绘图法

根据观察绘制人口腔黏膜上皮细胞结构图。

2-3 非切片制片方法和生物染色

（三）细胞 DNA 和 RNA 的显示

1. 取材

用手捏着大鼠的头部，剪断其颈部动脉，放血致死。用自来水冲洗大鼠颈部血迹和腹部，展开四肢，背位固定于蜡盘中。打开腹腔，迅速取出肝，剪成大小适合的小块。（注意安全，此步骤可由教师完成。）

2. 涂片

取一小块肝，在一干净的载玻片中央涂抹数次，但不要在同一处反复涂抹，为什么？

3. 固定

晃动玻片，使玻片上材料迅速自然干燥后，立即浸入卡诺氏固定液中固定 5～10 min。

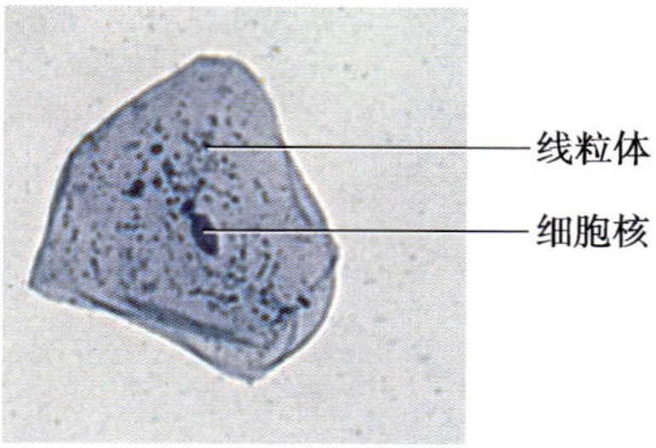

图 2-1　口腔黏膜上皮细胞

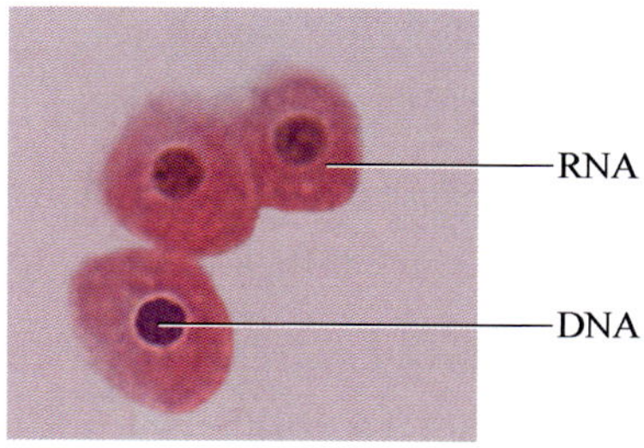

图 2-2　大鼠肝细胞 DNA 和 RNA 的显示

4. 染色

将涂片平放在染色架上，加数滴甲基绿－派洛宁染液于材料上，染色 20 min。

5. 水洗和分色

斜置玻片，从涂片中材料上方，用蒸馏水细流缓缓冲去玻片上多余的染液，并用吸水纸吸去多余水分。将丙酮滴在材料上分色 15 s，随后放入丙酮－二甲苯（体积比 1∶1）染色缸中浸泡 30 s。

● 分色时间不得过长，否则色差消失，难以观察到 DNA 和 RNA 的分布。

6. 透明和封片

将涂片放入二甲苯染色缸中 10 min，取出，滴 1 滴中性树胶，盖上盖玻片（方法同前）。

● ①二甲苯有毒，染色缸必须及时加盖；②实验所用染料为碱性，应用中性树胶封片。

2-3 细胞 DNA 和 RNA 显示实验制片

7. 观察

将制好的玻片标本置显微镜下观察，细胞中含 RNA 区域被染成红色，而含 DNA 区域被染成蓝绿色或淡绿色，注意 RNA、DNA 在细胞中的分布区域（图 2-2）。

2-1 细胞中 DNA 和 RNA 显示结果与分析

（四）细胞大小的测量

1. 显微测微尺及其使用方法

（1）显微测微尺　显微测微尺由镜台测微尺（台尺）和目镜测微尺（目尺）组成。台尺是一特制载玻片，其中央具有精确刻度的标尺，专门用于校正目尺每格长度，标尺全长 1 mm，等分为 10 大格，每大格再等分为 10 小格，所以每小格长 0.01 mm，即 10 μm。亦有全长为 2 mm，共等分为 200 小格，每小格长度不变。目尺是一个可以放入目镜内的特制圆形玻片，在中央刻有不同形式的标尺，多为直线式。目尺每小格测量的实际长度因不同目镜、物镜的放大倍数和不同显微镜镜筒长度差异而有所不同，因此在使用前必须用台尺校正。

（2）目尺的校正（标定）

① 自镜筒中取下一枚目镜，卸下目镜上的透镜，将目尺装入目镜的光阑板上，有刻度的一面向下，再将目镜上的透镜旋上，并将目镜放回镜筒。

② 将台尺置于载物台上，有刻度的一面朝上。

③ 在低倍镜下将台尺（标尺外围有一小黑环）移至视野中央，然后换用测量时所用放大倍数的物镜，调焦，使标尺上的刻度清晰可见。

④ 转动目镜，使目尺的刻度与台尺的刻度平行，再移动标本移动器，使目尺的零线与台尺某段的刻度线相重合，然后找出两尺的第二条重合线（图 2-3），准确读取并记录两重合线之间目尺和台尺各有多少格。（有的目尺中间有延长的基准线，便于调节目尺刻度与台尺刻度的平行！）

⑤ 计算目尺每小格所测量的镜台上物体的实际长度：

$$\text{目尺每小格实际测量长度}(\mu\text{m})=\frac{(2\text{ 条重合线间台尺的格数 }\times 10)}{2\text{ 条重合线间目尺的格数}}$$

（3）细胞体积、核体积和核质比的计算公式

椭球形　$V=4/3\pi ab^2$（a、b 为长短半径）

圆球形　$V=4/3\pi R^3$（R 为半径）

核质比　$NP=\dfrac{V_n}{(V_c-V_n)}$（$V_n$ 为核的体积，V_c 为细胞的体积）

也可使用图像采集分析系统测量细胞大小。

如果换用不同倍数的目镜或物镜，可否直接利用已获得的校正数据，依据目镜或物镜放大倍数进行折算，而不用再进行目尺的校正？为什么？

2-2 鱼和蛙红细胞核质比测量

2-4 图像采集分析系统

2. 蛙、鱼或鸡红细胞大小的测量

（1）测量　目尺校正好后，移去台尺，换上血涂片，随机挑选 10 个形态较规则的红细胞，用目尺测量其长短径分别占几小格，再乘以目尺每小格实际测量长度，即为细胞长短径，同法测量相应细胞的细胞核长短径。

为什么要测量 10 个细胞的数据，再计算平均值？

如果细胞角度与目尺不平行，可以适当转动目镜，使目尺与需要测量的长

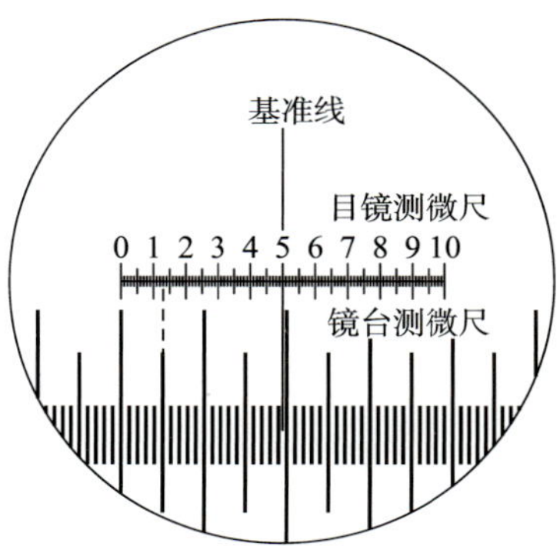

图 2-3　用镜台测微尺校正目镜测微尺

短径平行，便于测量！

（2）数据处理　由细胞长短径（半径）和细胞核长短径（半径）计算出各细胞及其细胞核的体积，再计算各细胞核质比，最后计算平均核质比。

六、问题与思考

1. 根据实验结果判断，你的制片中口腔黏膜上皮细胞是活细胞还是死细胞？为什么？

2. 计算细胞核质比有几种方法，其一，先计算细胞和细胞核的平均大小，再计算核质比；其二，先分别计算各细胞的核质比再取平均值；其三，先计算所有细胞和细胞核半径的平均值，再以此计算细胞和细胞核体积，最后算出核质比。你认为这几种方法中哪一种最合理？为什么？

七、拓展性实验

实验中提供的计算公式适合测量和计算圆球形或椭球形细胞体积、核体积和核质比，而平滑肌细胞为长梭形，脂肪细胞中脂肪滴占据细胞质相当部分空间，试设计测量计算这些细胞核质比的方法。

实验报告

（谢志雄）

实验 3

蛙的早期胚胎发育

多细胞动物的胚胎发育比较复杂，不同种类动物的胚胎发育情况各不相同，但它们的早期胚胎发育都要经过卵裂、囊胚、原肠胚和神经胚等几个阶段。在脊椎动物中，两栖类的胚胎发育较简单，了解蛙的早期胚胎发育有助于了解脊椎动物胚胎发育的共性，以及对多细胞动物起源的认识和理解。并且蛙胚材料易得，又易于实验操作，所以蛙胚是研究动物发育机制的良好材料，许多有关动物发育的理论都来自蛙胚的实验研究。

一、实验目的

通过实验，了解蛙胚从受精卵到神经胚一系列发育过程中形态和内部结构的变化，促进对多细胞动物起源的认识和理解。

二、实验内容

1. 蛙胚从受精卵到神经胚外形的观察。
2. 蛙早期胚胎发育过程中各阶段切片标本的观察。

三、实验材料

蛙胚从受精卵到神经胚的浸制标本和各阶段的切片标本。

四、实验器具与试剂

体视显微镜，显微镜，眼科镊，培养皿，凹玻片，滴管，细毛笔，滤纸。

五、操作与观察

（一）蛙胚从受精卵到神经胚外形的观察

1. 受精卵

用滴管取一蛙受精卵于凹玻片中，置体视显微镜下，用细毛笔拨动卵以便观察（以下观察同此）。受精卵圆形，外裹胶膜，胶膜已吸水膨大。卵表面颜色较深的一端称为动物极，颜色较浅的一端称为植物极（图 3-1A）。

分别取各发育时期的蛙胚放在滤纸上，用眼科镊轻轻滚动胚胎，以清除胚外胶膜，再移入培养皿内的水中，以备观察。

动物极和植物极内的细胞质成分有何不同？

2. 卵裂

用滴管分别取 2～32 细胞期的蛙胚于凹玻片中，置体视显微镜下观察蛙受精卵的卵裂过程。观察方法同前。

蛙的卵裂为不等全裂，第 1 次卵裂为经裂，首先在动物极出现一小凹，逐渐扩展成沟状，称为卵裂沟，卵裂沟继续向植物极延伸，将受精卵分裂为大小相同的 2 个细胞（分裂球）；第 2 次仍为经裂，分裂面与第 1 次分裂面相互垂直，分成大小相同的 4 个分裂球；第 3 次卵裂为纬裂，分裂面位于赤道面上方，与前 2 次分裂面垂直，分裂成上下共 8 个分裂球；第 4 次分裂为经裂，由 2 个分裂面将 8 个分裂球分为 16 个分裂球。第 5 次分裂为纬裂，由 2 个分裂面将上、下 2 层 8 个分裂球分成 4 层，每层 8 个分裂球，共 32 个分裂球。

卵裂有何特点？有何意义？

3. 囊胚

第 6 次分裂后进入囊胚早期。分别取囊胚早期和晚期的胚胎于凹玻片中，在体视显微镜下观察其外形（图 3-1B）。

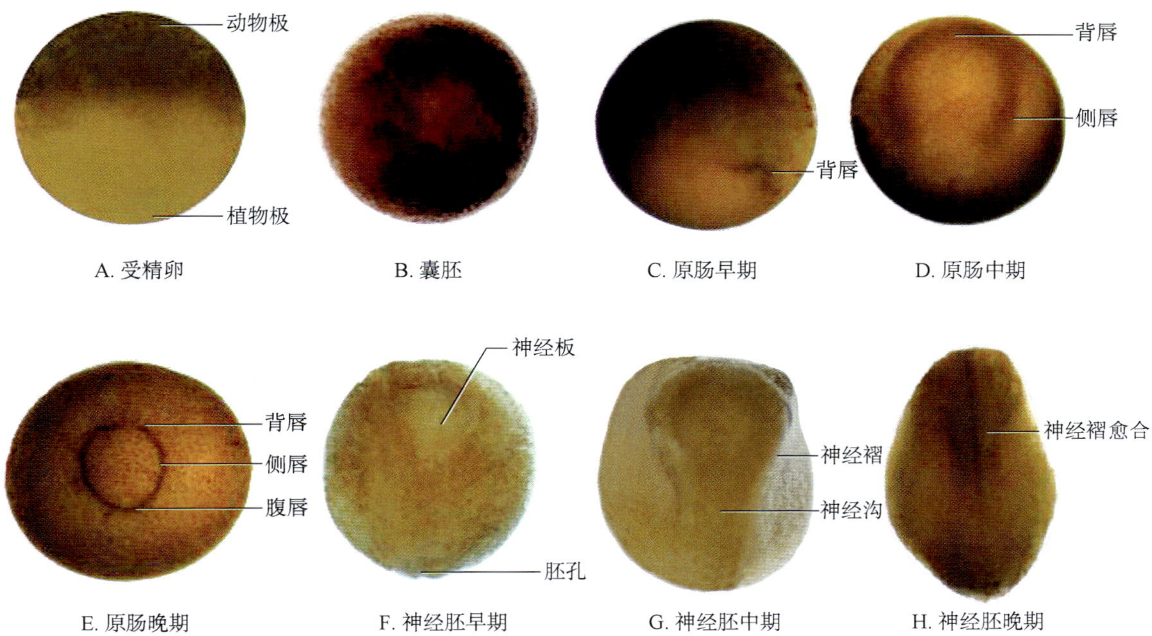

图 3-1　蛙从受精卵到神经胚的外形变化

4. 原肠胚

分别取原肠早期、中期和晚期的蛙胚于凹玻片内，于体视显微镜下观察原肠作用中胚孔的形成过程（图 3−1C～E）。原肠早期：在囊胚晚期胚胎的赤道下方内陷产生一弧形的浅沟，浅沟上方的边缘，称为背唇，背唇下方的浅沟为原肠形成的开始。原肠中期：随着蛙胚的发育，背唇两侧缘继续延长形成侧唇。原肠晚期：侧唇向腹面继续延伸相遇形成腹唇，由背唇、侧唇、腹唇围成的环形孔称为胚孔；胚孔逐渐缩小，由乳白的卵黄细胞所充塞，称为卵黄栓。整个原肠胚期，胚体保持球状。

5. 神经胚

分别取神经胚早期、神经胚中期、神经胚晚期的胚胎于凹玻片内，于体视显微镜下观察胚体的外形（图 3−1 F～H）。

● 在观察神经胚胚体外形时，特别要注意观察胚孔前方背部的形态变化。

神经胚早期：蛙胚体开始伸长，胚孔缩小，胚孔前方背部细胞增厚，形成前宽后窄马蹄形的神经板。神经胚中期：神经板两侧缘细胞加厚隆起，向背方突出形成神经褶，两褶之间下陷形成神经沟。神经胚晚期：胚体伸长，神经褶亦在背方伸长，同时向背中线合拢形成神经管。

（二）从受精卵到神经胚切片标本的观察

1. 从受精卵经过卵裂发育到囊胚

分别取蛙受精卵、卵裂不同时期和囊胚的切片标本，置低倍显微镜下观察。可见受精卵一端颜色较深，即动物极，相对一端颜色较浅，为植物极。

2 细胞期的 2 个分裂球大小相同，多细胞期的分裂球大小不同。囊胚纵切面显示胚胎内部的囊胚腔偏向动物极（图 3−2A ～ D）。

2. 原肠胚

包围原肠腔的细胞和包围囊胚腔的细胞是否一样？

低倍镜下观察原肠胚纵切片，可见原肠早期蛙胚背唇下方，细胞内陷产生一弧形的浅沟；原肠晚期胚胎已形成了外胚层、中胚层和内胚层，胚胎内的腔为原肠腔（图 3−2E，F）。

3. 神经胚

将神经胚各期蛙胚横切片置低倍镜下观察（图 3−2G～I）。

（1）神经胚早期　神经胚早期的蛙胚横切面近圆形。胚胎背中部的外胚层加厚，此即神经板，神经板腹面中央是脊索，脊索两侧是中胚层，脊索腹面的腔为原肠腔。

（2）神经胚中期　神经板两侧细胞加厚向背方隆起形成神经褶，而中央则下陷形成神经沟，中胚层沿胚体两侧外胚层与内胚层之间向下伸展，在腹中线

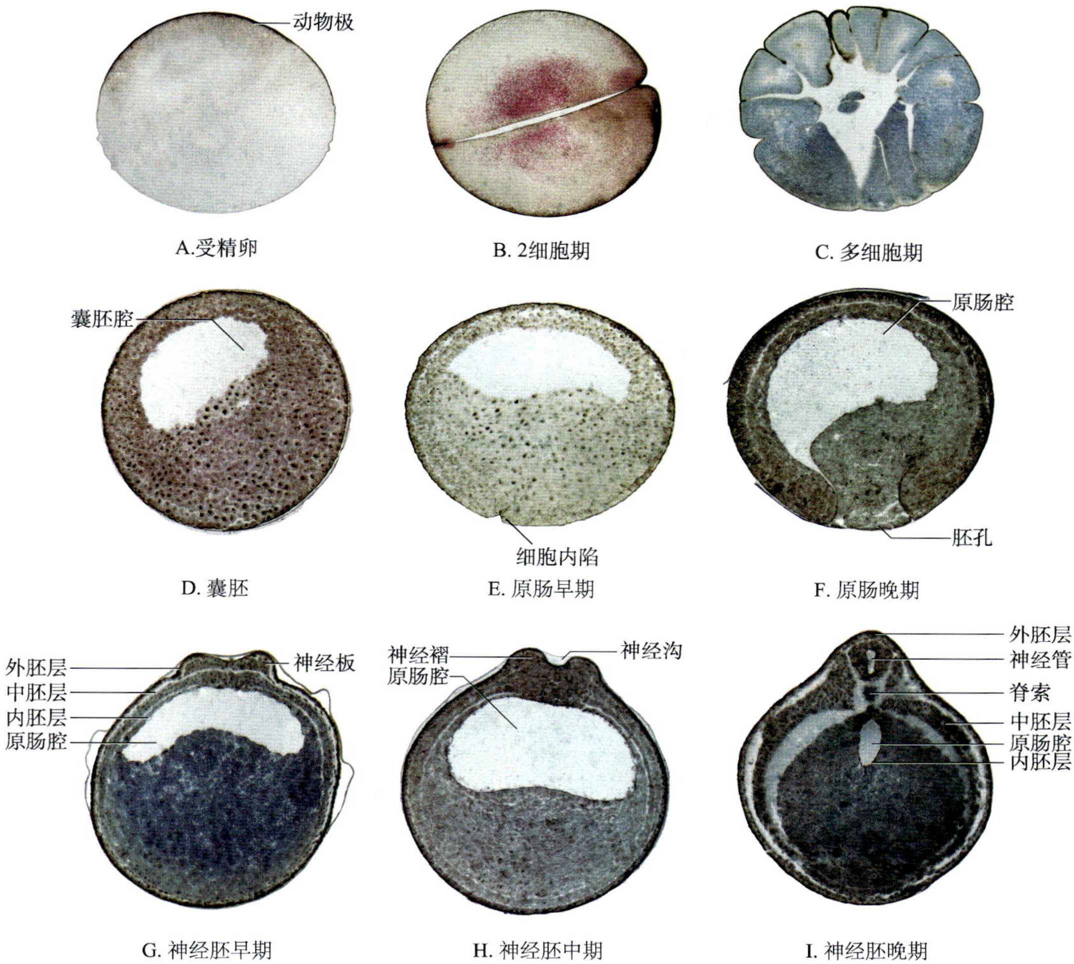

图 3-2 蛙胚从受精卵到神经胚期的切片图

处相汇合，脊索与神经胚早期相似。

（3）神经胚晚期 此期蛙胚背中央的管即神经管。神经管与其背方的表皮已分开。神经管腹面的实心细胞团是脊索，位于脊索两侧的是中胚层，脊索腹面的腔是原肠腔。

神经管起源于哪个胚层？

六、问题与思考

1. 根据实验观察，思考蛙胚原肠形成中的细胞运动情况。

2. 蛙胚的神经管是怎样形成的？

3. 根据实验观察，试描述蛙胚从受精卵到神经胚各阶段，蛙胚外部形态和内部结构同步形成过程的特征？

文昌鱼的早期胚胎发育

4. 为什么说研究蛙的早期胚胎发育有助于认识和理解多细胞动物起源。

七、拓展性实验

实验报告

采集蟾蜍受精卵，设计培养条件进行培养，观察其胚胎发育过程中胚体外形的变化和胚后发育过程。

（邓凤姣）

实验 4 动物组织的制片及观察

动物组织由形态相似、机能相同的细胞及细胞间质组成。根据其起源、形态、结构和机能上的共同特性，动物组织一般分为上皮组织、肌肉组织、结缔组织和神经组织 4 种基本类型。4 类组织按照一定的空间位置和机能关系有机地结合在一起构成动物的器官。因此，应该用整体的、动态的观点来认识组织的形态结构特点，同时要充分理解有机体结构与机能相适应的一般规律。

观察组织的形态结构，需采用一定的方法将组织制备成玻片标本，在显微镜下观察。

一、实验目的

1. 掌握动物组织平铺片、分离法临时装片和涂片的一般制作方法。
2. 掌握动物 4 类基本组织的结构特点，理解组织结构与机能的密切关系。

4-1 教学建议

二、实验内容

1. 制备和观察蛙的肠系膜平铺片、蝗虫肌肉组织分离装片和蛙血涂片。
2. 动物 4 种组织显微玻片标本的观察、示范。

三、实验材料

活蛙，蝗虫浸制标本，动物各组织的玻片标本（一般为 H−E 染色）。

4-2 石蜡切片（动物组织）

四、实验器具与试剂

显微镜，解剖器具，蜡盘，载玻片，盖玻片，玻片架，大头针。

6.5 g/L 生理盐水，10 g/L 硝酸银溶液，0.5 g/L 亚甲蓝染液，姬姆萨染液，甲醇，乙醚，甘油，香柏油，镜头清洁液，蒸馏水。

试剂配制

五、操作与观察

观察显微玻片标本时，应：①了解该标本片的制作方法，是装片、平铺片、分离片、涂片，还是切片。若是切片，则需了解是纵切还是横切。②了解该标本片的染色方法，以便观察时能根据染色反应的不同来区别不同的组织细胞等结构。③若材料较大，应用肉眼辨别材料的形状、方向和各部分，然后先低倍镜、后高倍镜观察，需要时再用油镜观察。

（一）上皮组织的制片与观察

1. 单层扁平上皮的制片与观察

4-1 取蛙肠系膜

（1）制作蛙肠系膜平铺片　麻醉处死蛙，背位固定于蜡盘中，取少许肠系膜，6.5 g/L 生理盐水洗净后置载玻片上，用解剖针将其挑开展平，稍晾干。加数滴 10 g/L 硝酸银溶液于肠系膜上将其覆盖，立即置日光下 3～5 min，或在灯光下照射 10～15 min。当肠系膜变成浅褐色时，倾去载玻片上的染液，用蒸馏水缓缓冲去残留染液，再加 1～2 滴甘油，盖上盖玻片，置显微镜下观察。

（2）单层扁平上皮表面观　在低倍镜下选择标本最薄的部分观察，可见黄色或淡黄色的背景上显现出黑棕色或黑色的波形线，这是细胞间的边界。高倍镜观察，可见细胞为多边形，细胞边缘呈锯齿状，相邻细胞彼此相嵌（图 4−1）。细胞核扁圆形，无色或淡黄（硝酸银对细胞核无银染作用），位于细胞中央。

2. 单层立方上皮

观察甲状腺切片（图 4−2）。

低倍镜下，可见许多大小不等的、圆形或椭圆形的红色甲状腺滤泡。

高倍镜观察，滤泡壁由 1 层立方上皮细胞构成，核圆形、蓝紫色，位于细胞中央，细胞质粉红色。

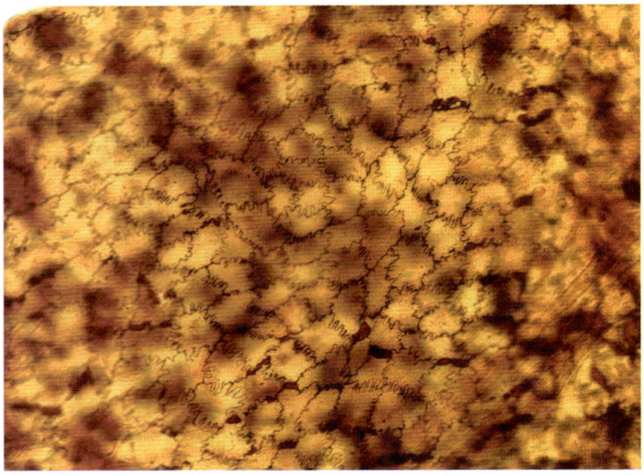

图 4−1　单层扁平上皮

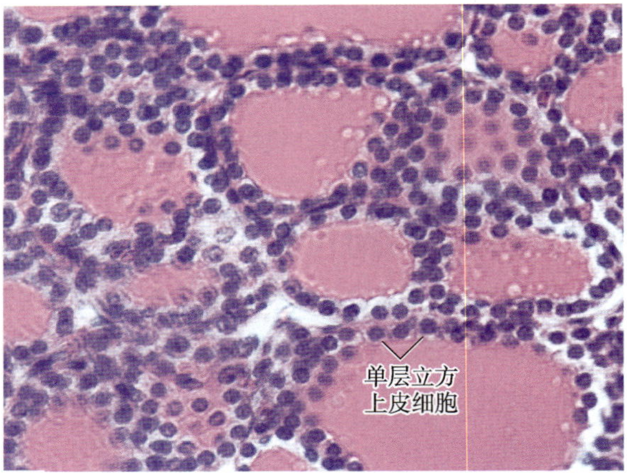

图 4−2　单层立方上皮（400 ×）

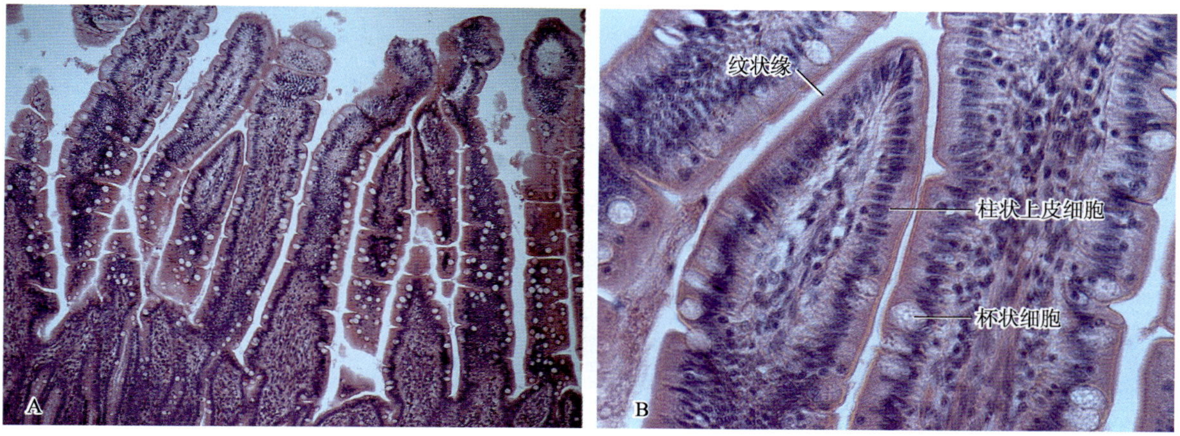

图 4-3 单层柱状上皮
A. 示小肠绒毛（100×） B. 示单层柱状上皮（400×）

3. 单层柱状上皮

观察小肠横切片（图 4-3）。

低倍镜下，可见黏膜面形成许多指状突起突向管腔，突起表面覆有一层柱状上皮。

高倍镜观察，上皮细胞呈柱状，核长椭圆形、蓝紫色，位近细胞基底部；降低光量，可见细胞的游离面有一层较亮的粉红色纹状结构，称为纹状缘。在柱状细胞之间夹有杯状细胞，其上端膨大、下端细小，核呈三角形或半圆形，位于细胞基底部。杯状细胞上端的细胞质内有大量不着色的黏液，在切片上呈卵形空泡状，细胞游离面无纹状缘。

4. 假复层纤毛柱状上皮

观察气管横切片（图 4-4）。

气管壁内表面即黏膜层由假复层纤毛柱状上皮组成。肉眼辨别切片中朝向气管腔的黏膜层，并置视野中央。

低倍镜下，管壁黏膜表面着色较深的一厚层即假复层纤毛柱状上皮。细胞排列紧密，细胞界限不清晰，细胞核位置高低不等。

高倍镜观察，该上皮由 4 种细胞组成：

① 柱状细胞：胞体达上皮游离面，细胞游离面较宽，基部较细，细胞游离面有纤毛，细胞核排列于整个上皮的上部。

② 梭形细胞：两端尖细，中间略宽，细胞核排列于整个上皮的中部。

③ 锥形细胞：基部宽，顶部窄，不能达到上皮游离面，细胞核排列在整个上皮的下部。

④ 杯状细胞：夹于柱状细胞之间，游离面无纤毛，细胞核也排列在上皮的上部。

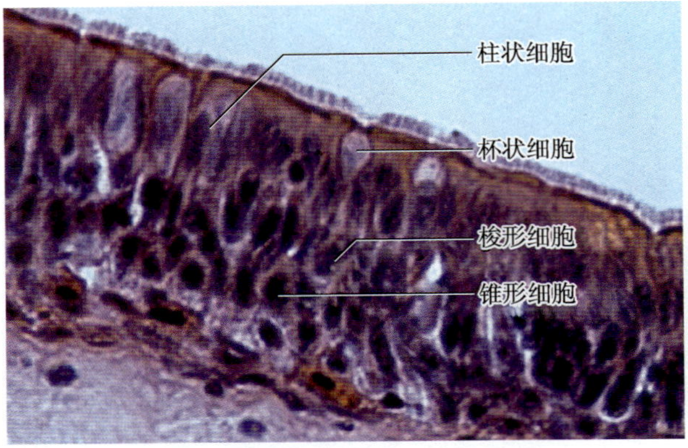

图 4-4 假复层纤毛柱状上皮（400×）

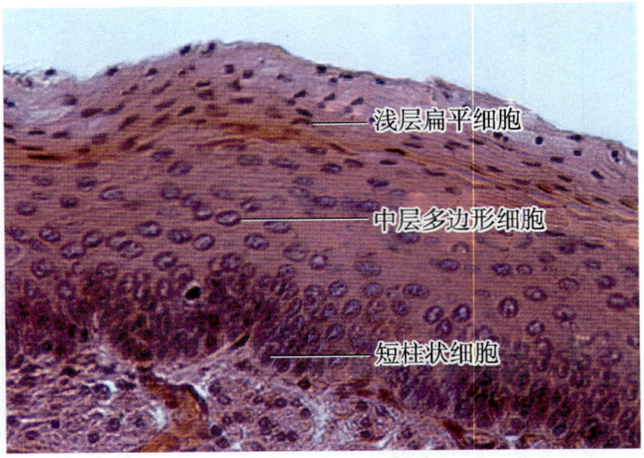

图 4-5 复层扁平上皮（400×）

5. 复层扁平上皮

观察食管横切片（图 4-5）。

复层扁平上皮位于食管壁内表面。低倍镜观察，此上皮由许多层细胞组成，上皮的基底面呈波浪形。

高倍镜下，可见与基膜相连的是一层排列整齐的短柱状细胞，细胞核圆形。中层为几层多边形或梭形细胞，排列不整齐，核扁平。接近上皮表面的浅层细胞变为扁平状，核着色淡，甚至模糊不清。

6. 变移上皮

观察膀胱（排空时和充盈时）切片（图 4-6）。

膀胱壁朝向膀胱腔的黏膜层表面的上皮即变移上皮。低倍镜观察，此上皮由多层上皮细胞构成，膀胱排空或充盈时，该上皮的厚度不同。

高倍镜下，可见膀胱排空时变移上皮较厚，表层细胞较大，呈宽立方形，游离面呈弧形，靠游离面的细胞质着色深，核大卵圆形，有的细胞可看到双核。

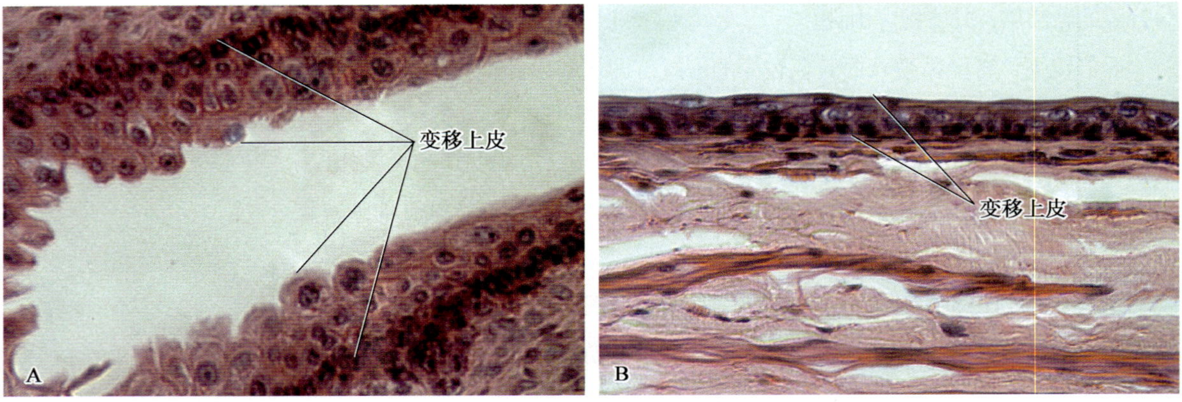

图 4-6 变移上皮（400×）
A. 膀胱排空时 B. 膀胱充盈时

中间几层为多角形或倒梨形细胞。基部细胞小，呈矮柱状，排列较密。膀胱充盈时变移上皮变薄，细胞层次减少，有时只有 2 层，细胞呈扁平或梭形。

（二）结缔组织

1. 疏松结缔组织

观察皮下疏松结缔组织铺片（图 4–7）。

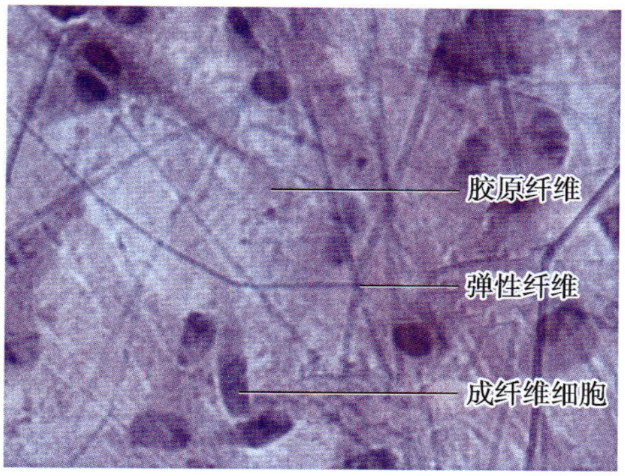

图 4–7　疏松结缔组织（400×）

低倍镜下，可见交织成网的纤维及分布在纤维之间的各种细胞。

转高倍镜主要观察：胶原纤维呈粉红色粗细不等的细带状，相互交叉排列，数量较多。有时呈波浪状。

弹性纤维呈深紫褐色，比胶原纤维细。有分支，交织成网，其末端常呈卷曲状。

成纤维细胞数量最多，呈多突起星形，细胞质染色浅，轮廓不明显，细胞核大，多呈椭圆形，着色浅，核仁较明显。

巨噬细胞形状不一。与成纤维细胞的区别在于细胞质中含有吞噬的台盼蓝颗粒。细胞质染色较深，细胞轮廓较明显，核较小，圆形、椭圆形或肾形，深蓝紫色。

2. 血液

（1）蛙血涂片标本的制备与观察

① 推片：于蛙心脏采血，滴 1 滴在洁净载玻片右端，注意血滴不宜过大。另取一端边缘光滑的载玻片作推片，将其斜置于第一块载玻片上血滴的左缘，呈 40° 左右角度。将推片稍向右移，接触血滴，使血液充满 2 玻片之间的夹角。再将推片向左匀速连续推进，使玻片上留下均匀的血膜。

4-1 蛙心脏采血

4-2 血涂片

● 血膜的厚薄，可由血滴大小、推片速度和两片间夹角的大小来调节。血滴小，推进速度慢，两片间夹角角度小，则血膜薄；反之则厚。厚的血膜适于做血细胞分类，容易找到白细胞。

根据本实验观察目的，推血片时应如何控制血膜的厚薄？

② 染色：晃动玻片，使血膜尽快干燥。滴加甲醇覆盖血膜固定 3～5 min，倾去甲醇，滴加姬姆萨染液覆盖血膜，染色 15～30 min。斜置血涂片，在血膜的一端用蒸馏水细流缓缓洗去染液，晾干后，置显微镜下观察。

● 空气中干燥时间和甲醇固定时间过长，均易引起细胞皱缩；洗去染料时注意细流缓冲，以免冲掉血膜。

③ 观察：在低倍镜下选择分布均匀的部分，换高倍镜观察。蛙红细胞呈椭圆形，中央有一椭圆形细胞核，呈蓝色，细胞质呈红色。此外还可见到圆形有核的白细胞和梭形有核的凝血细胞。

（2）人血涂片标本（瑞氏染色）的观察　先低倍镜后高倍镜，然后油镜观察人的血细胞（图 4–8）。

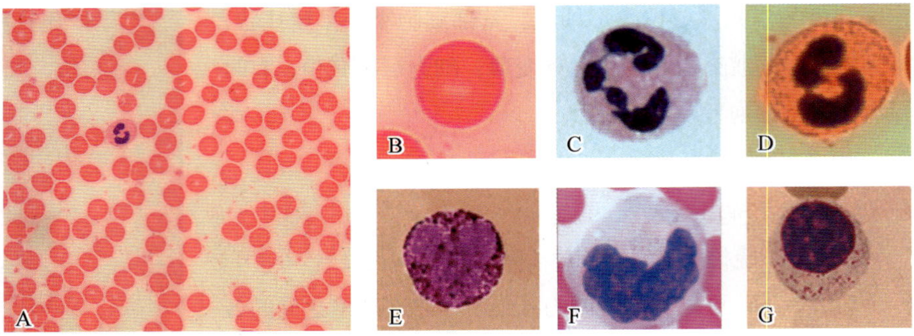

图 4–8 人血细胞
A. 各种血细胞（400×） B. 红细胞 C. 中性粒细胞 D. 嗜酸性粒细胞 E. 嗜碱性粒细胞
F. 单核细胞 G. 淋巴细胞 （B～G 1 000×）

① 红细胞：数量最多，小而圆，无细胞核，其中央部分着色较周围淡（为什么？）。

② 白细胞：白细胞数量少，细胞圆球形，比红细胞大，蓝紫色细胞核明显。血膜上白细胞分布不匀，粒细胞和单核细胞多分布于血膜的两边和尾部，淋巴细胞多分布于中间。

中性粒细胞：数量较多，胞质淡红色，内有分布均匀的细小淡紫红色颗粒。细胞核通常分为 2～5 叶，叶间有细丝相连。

嗜酸性粒细胞：数量较少，胞质中充满橘红色粗大颗粒，细胞核通常分为 2 叶。

嗜碱性粒细胞：数量极少，在血涂片上不易找到。胞质中分散着许多大小不等的深紫蓝色颗粒。细胞核形状不规则，染色较浅，常被颗粒遮盖。

单核细胞：数量少，是血液中体积最大的细胞。胞质淡灰蓝色，核多呈肾形或马蹄形，常在细胞的一侧，着色比淋巴细胞核浅。

淋巴细胞：数量较多，可见中、小型淋巴细胞。小淋巴细胞与红细胞大小相近，核球形，占细胞体积的大部分，染色很深；胞质极少，围在核的周围，染成淡蓝色。中淋巴细胞比红细胞略大，胞质较小淋巴细胞的稍多；核圆形或卵圆形，位于细胞中部，染色也很深。

血小板为形状不规则的细胞小体，其周围部分为浅蓝色，中央有细小的紫色颗粒，常聚集成群，分布于红细胞之间。高倍镜下一般只能看到成堆的紫色颗粒，在油镜下才能看到颗粒周围的浅蓝色胞质部分。

4-2
鱼、蛙、鸡的红细胞

（3）鱼、蛙、鸡、兔血涂片的观察 注意比较血细胞形态。

3. 脂肪组织

观察气管横切片（或脂肪组织）切片（图 4–9）。低倍镜观察，在气管最外面一层的疏松结缔组织中可见脂肪组织中有密集成群的圆形或多角形空泡状脂肪细胞（胞质内的脂肪滴在制片过程中被乙醇及二甲苯溶解），脂肪细胞群之间有疏松

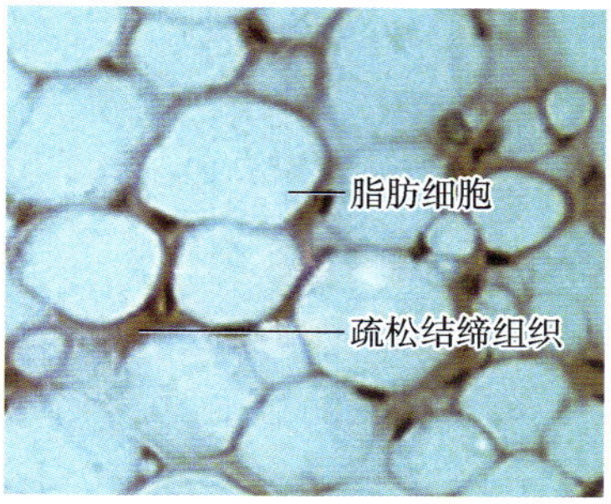

图 4-9　脂肪组织（400×）

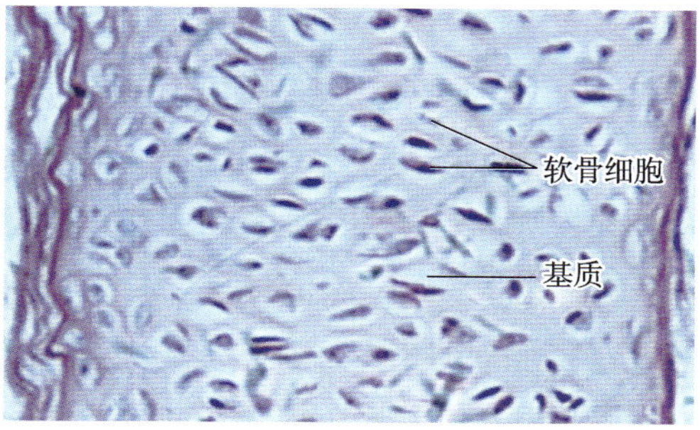

图 4-10　透明软骨（400×）

结缔组织分隔。高倍镜下可见脂肪细胞核为扁圆形或半月形，偏于细胞的一侧。

4. 透明软骨

观察气管横切片（图 4-10）。肉眼观察，气管壁内染色略深的“C”形结构即透明软骨。低倍镜观察，透明软骨表面有一层致密结缔组织的软骨膜。近软骨边缘的软骨细胞较小而密集，梭形，其长轴与软骨膜平行排列。软骨中央部分的软骨细胞较大，呈椭圆形或圆形，常 2～4 个成群分布。由软骨表面至软骨中心，有质地均匀的蓝紫色基质。高倍镜观察，软骨细胞存在的地方称陷窝，其周围的基质着色略深。在制片过程中有的软骨细胞脱落或软骨细胞有所收缩，使基质中出现白色空腔或软骨细胞周围出现白色间隙。

5. 骨组织

观察骨横截面磨片（图 4-11）。

低倍镜下，可见许多骨板呈多层同心圆排列的结构，即骨单位（哈弗斯系统）。每个骨单位的中央有一个较大的圆形管道的横断面即为中央管（哈弗斯管），此管周围有许多成同心圆排列的骨单位骨板（哈弗斯骨板）。在骨单位之间还存在着一些排列不规则的骨板，即间骨板。若骨磨片取材完整，还可看到内、外环骨板，以及穿行于其间的穿通管（福尔克曼管）。

高倍镜观察，在骨板内或骨板间有许多染色较深的扁卵圆形小腔隙，即骨陷窝，其内的骨细胞已不存在，骨陷窝向四周发出的许多细小放射状的分支，即骨小管，相邻骨陷窝之间的骨小管彼此相通连。

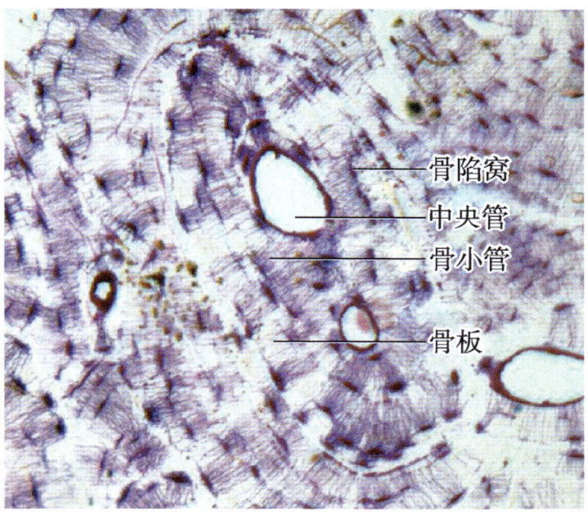

图 4-11　骨单位横断面（400×）

（三）肌肉组织

1. 骨骼肌的制片与观察

（1）蝗虫骨骼肌分离装片的制作及观察　取蝗虫浸制标本胸部肌

4-3

蝗虫骨骼肌分离装片的制作

比较实验中骨骼肌两种制片方法（分离装片与切片）的观察效果及两方法各自优缺点。

肉少许，置于载玻片上的水滴中。用解剖针沿肌纤维长轴仔细分离肌纤维（越细越好）。滴加 0.5 g/L 亚甲蓝染色，盖上盖玻片后置显微镜下观察。

（2）骨骼肌纵切片（铁苏木精染色）的观察 低倍镜下，可见骨骼肌纤维细而长，平行排列成束，肌纤维间有染色较淡的结缔组织。

高倍镜观察，骨骼肌纤维呈长条形，其表面有肌膜，紧贴肌膜内侧有许多染成蓝紫色的椭圆形细胞核。肌纤维内有很多沿长轴平行排列的细丝状肌原纤维，肌原纤维上有明显的明暗相间的横纹（图 4−12A）。

2. 心肌

观察心肌纵切片（图 4−12B）。先低倍镜后高倍镜观察，在纵切面上，心肌纤维彼此以分支相连，细胞核卵圆形，位于肌纤维中央。缩小虹彩光圈，可看到心肌纤维的横纹，但不及骨骼肌的明显。在心肌细胞前后相连处，可见到染色较深的直行或梯形横线，即闰盘。

3. 平滑肌

观察平滑肌分离装片（图 4−12C）。先低倍镜后高倍镜观察蛙的平滑肌分离装片，可见分离的平滑肌纤维呈长梭形，细胞核长椭圆形，位于细胞中部。

（四）神经组织

1. 多极神经元

观察脊髓横切片（图 4−13A）。

肉眼观察，脊髓横切面中央棕黄色呈“H”形的部分为灰质，其中心小孔为中央管，灰质较狭的一端为背角，较宽的为腹角。灰质周围染色较淡的部分是白质。

低倍镜观察，脊髓灰质腹角内许多较大而多突起的细胞即脊髓腹角运动神经元（图 4−13B），为多极神经元。神经元胞体上的突起包括树突和轴突，但不易区分，一般可根据轴突基部的轴丘处染色较浅（无尼氏体）来识别轴突。

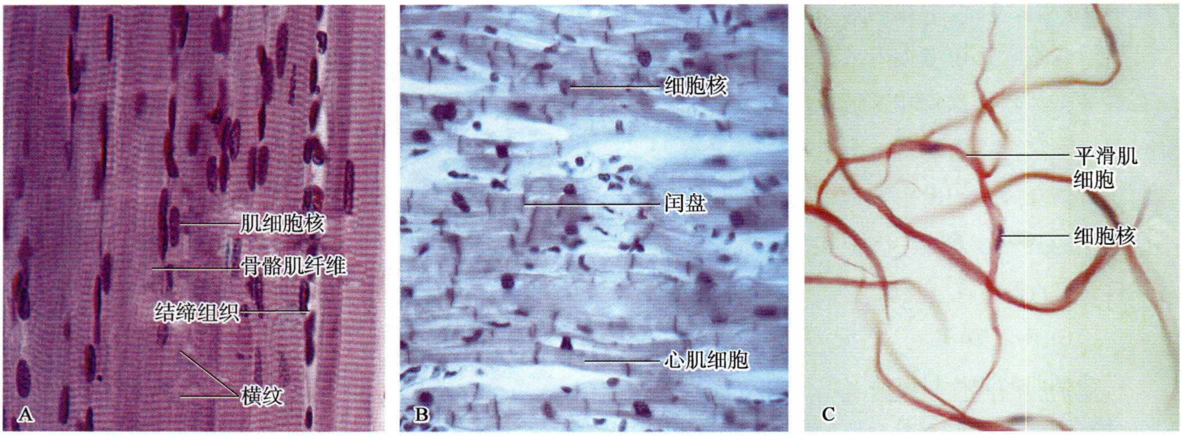

图 4−12 肌肉组织（400×）
A. 骨骼肌纵切面 B. 心肌纵切面 C. 平滑肌（分离装片）

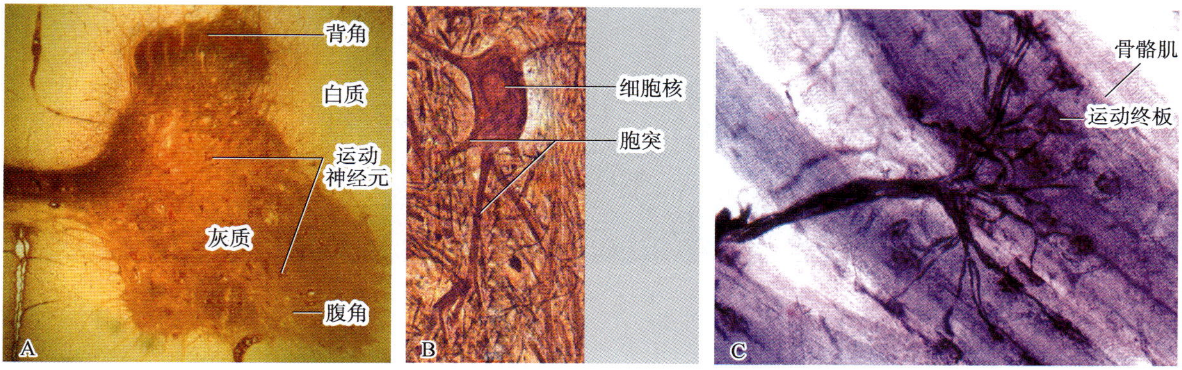

图 4-13　神经组织
A. 脊髓横切面（40×） B. 脊髓腹角运动神经元（多极神经元）（400×） C. 运动终板（400×）

高倍镜观察，神经元的核大，呈囊泡状，居细胞中央，核内有染色较深的核仁。

2. 运动终板

肋间肌撕片装片（图 4-13C）。低倍镜下，可见骨骼肌平行排列成束，呈蓝紫色或紫红色，肌原纤维的横纹明显。运动神经纤维呈黑色，其末端呈爪状分支，与肌纤维附着处形成椭圆形板状隆起，即为运动终板。

高倍镜下，运动终板的爪状分支末端常呈扣状膨大。

六、问题与思考

1. 制作血涂片过程中，为什么要使血膜迅速干燥？固定液的作用是什么？
2. 鱼、蛙、鸡及人血细胞的形态结构有何异同？说明什么？
3. 根据实验观察，说明为什么骨组织是活组织。
4. 根据对运动终板的观察，试从形态上描述神经对肌肉收缩的控制。
5. 试述动物体内各组织在空间结构上的相互联系和功能上的协调关系。

七、拓展性实验

查阅资料，制作骨骼肌石蜡切片标本。

实验报告

（黄诗笺）

实验 5 草履虫的形态结构与生命活动

原生动物是动物界里最原始、最低等的类群，身体由 1 个细胞构成，但构成原生动物体的单个细胞不同于多细胞动物体内的一个细胞，它可以其细胞质分化形成的各种细胞器来行使多细胞动物体的全部生命机能，从而成为一个完整的、能独立生活的动物有机体。

草履虫（*Paramecium*）是原生动物门的代表动物，其形态结构与生命活动充分展现了原生动物的特征；草履虫对各种刺激的反应也说明应激性是原生质的普遍特性。

草履虫具有个体较大，结构典型，观察方便，繁殖快速，易采集培养等特性，是生命科学基础理论研究的理想材料，在分子遗传学、细胞生物学、分子生物学、生物信息学、仿生学及神经生理学等领域中得到广泛的应用，在揭示生命的一些基本规律中显示出极大的科学价值。

5-1 草履虫的分类

一、实验目的

1. 学习对运动活泼的微型动物的观察和实验方法。
2. 通过实验，了解原生动物的基本特征，进一步认识和理解原生动物的单个细胞是一个完整的能独立生活的动物有机体。
3. 认识原生质的应激性，了解草履虫的科学研究价值。
4. 认识常见原生动物。

5-2 教学建议

二、实验内容

1. 草履虫形态结构与运动的观察。
2. 草履虫食物泡的形成与变化。
3. 草履虫的应激性实验。
4. 草履虫水平衡调节实验。
5. 草履虫生殖的观察。
6. 原生动物常见种类示范。（参见数字课程）

5-3 原生动物主要类群常见种类

三、实验材料

草履虫培养液，草履虫横分裂及接合生殖的装片。

5-1 草履虫的采集与培养

四、实验器具与试剂

显微镜，放大镜，秒表，镊子，载玻片，盖玻片，滴管，毛细滴管，小指管，培养皿，精密 pH 试纸（pH 范围为 0.5～5.0、3.8～5.4、5.4～7.0、6.4～8.0），吸水纸，脱脂棉，温度计，培养皿，1.5 V 电池，导线。

10 g/L 甲基纤维素液或蛋白甘油粘贴剂，洋红粉末（天然品、非化学合成）或刚果红酵母菌液，苯酚品红，蓝黑墨水，0.01%～0.02% 和 0.04%～0.06 % 乙酸溶液，1 g/L，3 g/L，5 g/L，6 g/L 氯化钠溶液，蒸馏水，碎冰，80℃热水。

5-2 试剂配制

五、操作与观察

（一）草履虫的形态结构与运动

1. 草履虫临时装片的制备

草履虫在水中游动迅速，为限制其运动以便观察，可采用不同的方法制备临时装片。

方法一：将少许棉花纤维撕松放在载玻片中部成一薄层，滴加草履虫液于棉花纤维之间，盖上盖玻片，置低倍镜下观察。如果草履虫游动仍很快，则用吸水纸在盖玻片的一侧吸去少量水（注意不要吸干），再行观察。

● ①棉花纤维应适量且纤维间空隙大小均匀，纤维少了不能阻拦草履虫游动，多了将会遮掩草履虫而不便观察；②盖玻片和载玻片之间草履虫液适量；③加盖玻片时避免产生气泡。

5-1 草履虫临时装片的制备

方法二：滴 1 小滴蛋白甘油粘贴剂于载玻片上，用手指将其涂为均匀的薄层，晾干。再滴 1 滴草履虫液，盖上盖玻片即可观察。

方法三：滴 1 滴草履虫液于载玻片上，再加 1 滴 10 g/L 甲基纤维素液，轻轻混匀，盖上盖玻片即可观察。

2. 草履虫的外形与运动

在低倍镜下，将光线适当调暗点，可见草履虫形似倒置草鞋底，前端钝圆，后端稍尖，体表密布纤毛，体末端纤毛较长。从虫体前端开始，体表有一斜向后行直达体中部的凹沟称为口沟，口沟处有较长的纤毛。注意观察草履虫游动时其周身纤毛如何摆动，草履虫如何游动。当遇到阻挡物时，虫体又如何游动？

> ？①当草履虫穿过棉花纤维时，其体形可否改变？说明什么？②为什么观察活草履虫时，光线宜暗点？

● 观察中要随所观察草履虫的游动而移动玻片，以保持虫体在视野内，并注意随时调节焦距和光线强度，以下观察同此。

5-2 草履虫的外形与运动

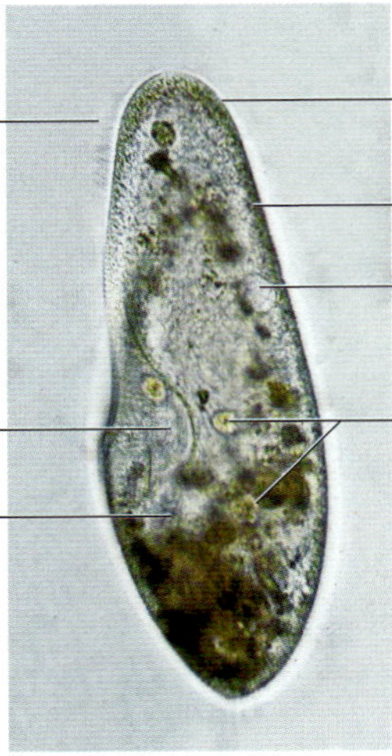

图 5-1 草履虫的显微构造（舒盛供图）

3. 内部构造

选择 1 个比较清晰而又不大活动的草履虫，转高倍镜观察其内部构造（图 5-1）。虫体的表面是表膜，紧贴表膜的 1 层细胞质透明无颗粒，称为外质，外质内有许多与表膜垂直排列的折光性较强的椭圆形刺丝泡；外质以内的细胞质多颗粒，称为内质。

虫体口沟末端有一胞口，胞口后连一深入内质的弯曲短管，称为胞咽，胞咽壁上生有由长纤毛联合形成的波动膜。注意观察口沟纤毛和胞咽波动膜的波动。内质内大小不同的球形泡，多为食物泡。在虫体的前、后端各有一透明的圆形泡，可以伸缩，为伸缩泡的主泡。当伸缩泡主泡缩小时，可见其周围有 6～7 个放射状排列的长形透明小管，即伸缩泡的收集管。

①口沟纤毛和胞咽波动膜的波动有何功用？②草履虫前后 2 个伸缩泡之间及伸缩泡的主泡与收集管之间在收缩上有何规律？

5-3
草履虫内部构造

草履虫有大细胞核和小细胞核（不同种草履虫小核数目不同），位于内质中部。在盖玻片一侧滴 1 滴苯酚品红，另一侧用吸水纸吸引，当染液浸染草履虫后，在低倍镜下观察，可见虫体中部被染成红色、呈肾形的大核；转高倍镜观察染成红色的小核。

（二）食物泡的形成及变化

方法一：取草履虫液于载玻片中央，用牙签蘸取少许洋红粉末掺入草履虫液滴中，混匀，再加少量棉花纤维并加盖玻片。立即在低倍镜下寻找 1 个被棉花纤维阻拦而不易游动，但口沟未受压迫的草履虫，转高倍镜仔细观察食物泡的形成，其大小的变化及在虫体内沿一定路线移动的过程。

食物泡内颜色为什么有变化？

5-4
草履虫体内食物泡的形成

方法二：取 0.5 mL 刚果红酵母菌液加入盛有 1 mL 草履虫液的小指管内，混合均匀，2 min 后，取出草履虫液制临时装片。显微镜下观察食物泡的形成，其大小的变化及在虫体内移动的过程，以及泡内颜色的变化。（刚果红在酸性环境中呈蓝色，碱性环境中呈红色。）

（三）草履虫的应激性实验

1. 刺丝泡的发射

制备草履虫临时装片。在盖玻片一侧滴 1 滴稀释 20 倍的蓝黑墨水，另一侧用吸水纸吸引，使墨水浸过草履虫。低倍镜转高倍镜观察，可见刺丝已射出，在草履虫体周围呈乱丝状（图 5-2）。

2. 草履虫对酸刺激的反应

取高密度草履虫液于载玻片上，使液滴为直径略小于载玻片宽度的圆形薄液层。用毛细滴管吸取 0.01%～0.02% 乙酸溶液，轻轻将滴管尖端小滴乙酸液与

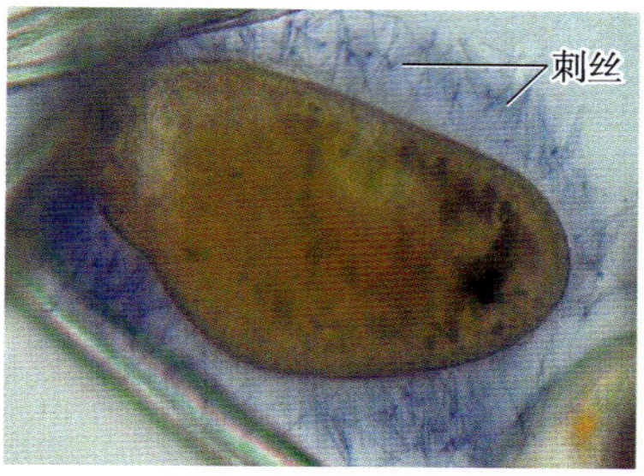

图 5-2　草履虫体周围呈乱丝状刺丝

图 5-3　滴加乙酸于草履虫液层中央

玻片上草履虫液面接触而使酸液缓缓进入草履虫液层中央（图 5-3）。肉眼或用放大镜观察草履虫动态。用 pH 试纸分别轻轻浸入液层中草履虫聚集处和草履虫避开处，检测其 pH。

> 为什么要通过毛细滴管尖端小滴乙酸液与草履虫液面接触而使酸液缓缓进入草履虫液层中？

再取 1 块载玻片，用 0.04%～0.06%乙酸重复以上实验，观察草履虫动态并检测液层中草履虫聚集处和草履虫避开处的 pH。

> 5-5　草履虫对不同 pH 的趋性

分析实验结果，说明草履虫对不同 pH 的趋性及草履虫最喜酸度。

3. 草履虫对电流刺激的反应

取草履虫液于载玻片上，使成一长形的液层。将连于 1.5 V×2 干电池正、负极的两根导线游离端的芯线分别浸入载玻片上草履虫液的两端，即形成电路。观察草履虫如何游动。对换正、负极的位置，观察草履虫游动方向有否变化。

> 草履虫对电流刺激的反应说明什么？

4. 草履虫对温度刺激的反应

将载有长带状草履虫液层的载玻片架在两个培养皿上，使载玻片两端分别伸入培养皿边沿内。一个培养皿内盛碎冰，冰块接触载玻片一端；另一培养皿内盛 80℃左右的热水，使热水蒸气烘热载玻片另一端，数分钟后观察草履虫分布状况，并用温度计测量草履虫聚集处液温。

> 草履虫生活的最适温度是多少？

（四）草履虫对水平衡的调节

1. 用不同浓度氯化钠溶液刺激草履虫

先后取 5 块载玻片，第 1 块滴入蒸馏水作对照，后 4 块分别滴入等量的 1 g/L、3 g/L、5 g/L、6 g/L 氯化钠溶液。再用毛细滴管吸取密集草履虫培养液，分别滴 1 小滴于各载玻片的溶液中，混匀，加棉花纤维和盖玻片，制成临时装片。各盐度刺激草履虫 5 min 后，置显微镜下观察。

2. 伸缩泡收缩频率的测定

由低倍镜转高倍镜观察，用秒表记录每种浓度氯化钠溶液中 3 只草履虫伸缩泡的收缩周期，各重复 3 次计数，然后计算各浓度氯化钠溶液中 3 只草履虫伸缩泡的平均收缩频率。比较草履虫在蒸馏水和不同浓度氯化钠溶液中伸缩泡的收缩频率。

此外，注意观察草履虫在 6 g/L 氯化钠溶液中时，其体形和运动有何变化。

①为什么要重复计数和计算平均收缩频率？②伸缩泡有何功能？草履虫如何调节体内水平衡？

5-6

草履虫伸缩泡的舒缩活动

分裂生殖和接合生殖各有何生物学意义？

在盖玻片一侧滴加蒸馏水，另一侧用吸水纸吸引，使蒸馏水替代 6 g/L 氯化钠溶液，这时观察到草履虫有何变化？以上现象说明什么？

● ①吸取不同浓度氯化钠溶液的滴管应做好标记，不得混用，以免混淆氯化钠溶液浓度，影响实验结果。②各氯化钠溶液中加入的草履虫液量应一致，且不宜多，以免稀释了氯化钠溶液。

（五）草履虫的生殖

活体观察草履虫生殖现象，或取草履虫分裂生殖和接合生殖装片，于低倍显微镜下观察。

1. 草履虫无性生殖

观察草履虫无性生殖行横二分裂（图 5-4A），注意观察虫体分裂过程。

2. 草履虫接合生殖

注意观察两虫体在何处接合（图 5-4B）。

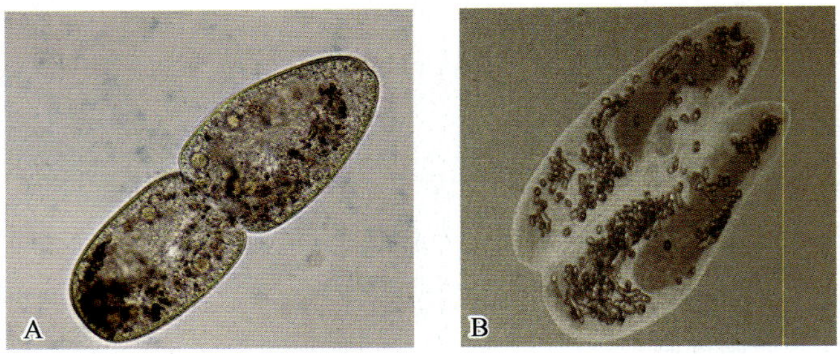

图 5-4 草履虫的生殖
A. 无性生殖（舒盛供图） B. 接合生殖

六、问题与思考

分析总结各项实验，举例说明：

1. 为什么原生动物是最原始最简单的动物。
2. 为什么说原生动物的单个细胞是一个完整的能独立生活的动物个体。

七、拓展性实验

1. 根据草履虫的趋性，设计一装置和方法，将含有草履虫的自然水样中的草履虫分离出来，用于草履虫纯培养。
2. 设计实验，研究草履虫检测水质污染的指示作用和净化污水的能力。
3. 设计钟虫水平衡调节实验。

实验报告

（黄诗笺）

实验 6 水螅的形态结构与生命活动

腔肠动物门（Coelenterata）又称刺胞动物门（Cnidaria），是辐射对称或两辐射对称的两胚层动物，开始出现了组织分化和简单的器官，能适应固着或漂浮生活，是最原始的真后生动物。淡水水螅隶属于无鞘螅目（Anthoathecatae）水螅科（Hydridae），在淡水水域分布广泛。水螅有非凡的再生能力，对环境毒物的微毒毒性敏感。有水螅生存的水域，难以孳生蚊子孑孓。水螅是生命探索领域重要的模式生物之一，其全基因组序列的测序工作已经完成。刺细胞为腔肠动物所特有，水螅刺细胞内的刺丝囊是物种分类鉴定的重要依据之一。由于水螅种间生物学特性存在较大差异，开展实验研究工作需对其进行物种鉴定和单系培养繁殖。

6-1 6种水螅的鉴定特征

一、实验目的

1. 通过实验了解腔肠动物门的主要特征，认识腔肠动物在动物进化过程中的重要地位。

2. 认识常见腔肠动物。

二、实验内容

1. 水螅的活体观察与实验。

2. 水螅刺丝囊的鉴别。

3. 水螅玻片标本的观察。

4. 腔肠动物主要类群常见种类示范。（参见数字课程）

6-1 腔肠动物主要类群

三、实验材料

活水螅，活水蚤，水螅带芽整体装片，水螅具精巢和卵巢的整体装片，水螅横切和纵切片标本，水螅过精巢和过卵巢横切片标本，水螅神经网装片。

6-1 水螅的采集与培养

四、实验器具与试剂

体视显微镜，显微镜，解剖针，镊子，刀片，吸管，表面皿，塑料培养皿，载玻片，盖玻片，滤纸片。

6-2
试剂配制

40 g/L 氨基甲酸乙酯，0.1 g/L 亚甲蓝，0.1 g/L 中性红，15% 洗洁精，香柏油，镜头清洁剂。

五、操作与观察

（一）活体观察与实验

1. 外部形态及对刺激的反应

用吸管将水螅从附着物上边吸边刮下来，放入盛有少量原生活水的表面皿中，置于体视显微镜下，待其身体舒展后观察（图 6-1）。水螅体呈圆柱状，附着端称为基盘，另一端有略呈锥状的突起即垂唇，口位于其中央，周围有触手环绕。

刺激强度不同时水螅反应是否不同？

搅动水或用解剖针刺激水螅的触手和身体的不同部位，观察其反应。

2. 水螅摄食活动

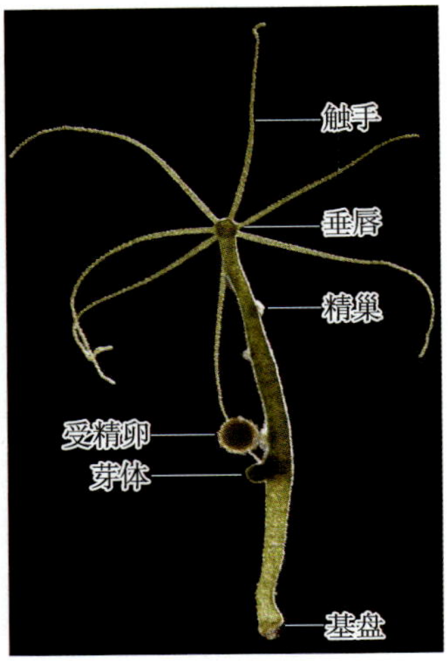

图 6-1 中国水螅（*Hydra sinensis*）

用吸管取数只活水溞，置入表面皿，吸去水分后滴入 0.1 g/L 中性红 3～5 滴，染色 5 min，用水螅培养水快速换洗 3 次，取染色水溞投入有水螅的表面皿，将此皿移到体视显微镜下观察其摄食过程。水螅细胞外消化时间 10～15 min。取已经排遗的水螅置于载玻片上，在低倍镜下，观察红色物质在水螅内胚层的分布情况（细胞内消化过程）。实验结束前再检查一次红色物质的分布范围。

根据观察，比较水螅消化循环腔的体柱上部与下部以及触手的消化机能。

6-2
水螅的摄食特性

6-1
水螅的摄食活动

3. 水螅分离组织的摄食反应

取已饥饿 24 h 的 2 只水螅于 2 个塑料培养皿盖子上，在体视显微镜下，分别将其身体横切成 3～6 段或更多，再切除垂唇周围的全部触手（有兴趣者可以把水螅垂唇纵剖成 2～8 瓣）。取 3～5 只水溞置于另一载玻片，吸去水分，用镊子后端碾压水溞，用解剖针或干净载玻片刮除可见的水溞残骸。将上述制备的 1 只水螅所有体段滴在含有水溞体液的载玻片上，置于体视显微镜下观察。另一水螅所有体段移到干净的载玻片上做对照。此外，用解剖针取碾压水溞时压出的水溞胚胎或水溞卵 1 个，移至分离的水螅垂唇旁或纵剖的水螅垂唇端部，显微镜下观察其行为反应。

水螅哪个体段出现摄食反应？为什么？分析该体段神经系统结构及其生理机能特点。

● 直接在载玻片上切割水螅时，不易切下，且易损坏刀锋，故应在塑料培养皿盖上切割。

6-2
水螅离体垂唇的摄食活动

4. 刺细胞及刺丝囊

（1）刺丝囊种类及其形态　吸取水螅到载玻片上，置于显微镜低倍镜下观察，其体表有许多瘤状的小突起，触手上特别多。小突起称为刺胞架，由皮肌细胞和数个刺细胞组成，每个刺细胞内有一个刺丝囊，是特化的捕杀猎物与防御敌害的细胞器。

水螅有形态和作用方式不同的 4 种刺丝囊（图 6–2）：穿刺丝囊形状似灯泡；钩刺丝囊有椭圆形、短棒形、圆形、鞋底形和香蕉形等，其外部形态和内部刺丝盘旋状态是水螅种类鉴定的重要依据之一；黏刺丝囊外部形态大多呈瓜子形，其基部无刺丝盘旋，镜下呈新月状；卷刺丝囊外形大多呈不对称梨形，内部刺丝粗而短，盘旋一圈多。

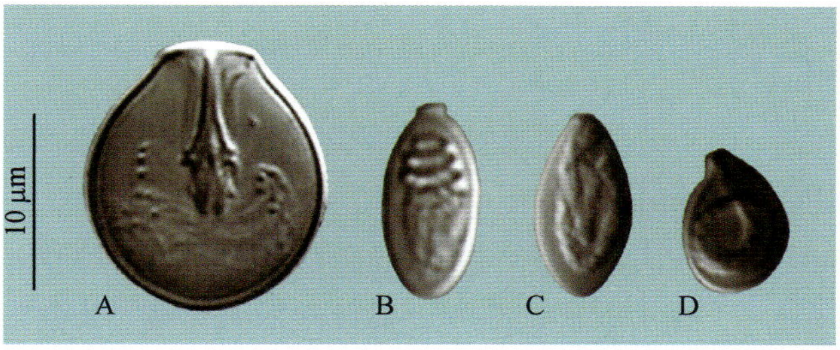

图 6–2　普通水螅（*Hydra vulgaris*）的 4 种刺丝囊
A. 穿刺丝囊（stenotele）　B. 钩刺丝囊（holotrichous isorhiza）
C. 黏刺丝囊（atrichous isorhiza）　D. 卷刺丝囊（desmoneme）

（2）鉴别刺丝囊　取 1 只水螅于塑料培养皿盖上，吸去其周围水分，滴入 1 滴 40 g/L 氨基甲酸乙酯（用水螅培养水现配现用），约 1 min 后水螅被麻醉（用针拨动水螅，无收缩反应）。在体视显微镜下切取 1～2 条触手，移至载玻片上，吸干水分，加 1 滴 15% 洗洁精，立即将盖玻片盖上，在高倍镜下可见刺丝囊从刺细胞中分离出来。转油镜观察，鉴别 4 种刺丝囊。

（3）刺丝囊发射刺丝　取 1 只水螅于载玻片上，保留 1 滴水的水量，盖上盖玻片，随着观察时间延长，水分蒸发，在空气的压力下，可见到刺丝囊发射刺丝的过程；并可观察到发射出的刺丝表面结构，如钩刺丝囊发射出的刺丝表面密布微小的倒钩，卷刺丝囊发射出的刺丝呈“α”形等。此外，待有刺丝发射时，取 0.1 g/L 亚甲蓝溶液滴在盖玻片一侧，用滤纸在另一侧慢慢地吸引，让染液从盖玻片下渗入，还可观察到蓝色染液从刺丝的端部快速进入刺丝囊腔的过程。

根据实验观察，分析刺丝囊发射刺丝的机制。

- 用完显微镜后用擦镜液清洁物镜镜头，禁止使用二甲苯擦洗物镜镜头。

（二）玻片标本的观察

1. 水螅整体装片的观察

分别取具芽体、精巢和卵巢的水螅整体装片，在低倍镜下观察芽体、精巢和卵巢在体壁上的生长位置及其外形。

6-2

水螅有性生殖个体及其组织切片

2. 水螅纵切片和横切片的观察

显微镜下观察水螅纵切片，先在 4× 物镜下辨认水螅的口、垂唇、触手、消化循环腔和基盘等部位。然后在 10× 物镜下，辨认水螅的外胚层、中胶层和内胚层。再观察水螅横切片，联想纵切片，辨认内、外胚层，中胶层和消化循环腔。将水螅纵切或横切片体壁的一部分移到视野中央，换高倍镜观察体壁结构（图 6-3A）。

● 观察切片时要想想，假设一个竹筒被连续纵剖或横截，其切面是什么形状？

（1）外胚层　在体壁外侧见到的较大且细胞核清晰、数目最多的柱状细胞，是外皮肌细胞。在外皮肌细胞之间靠近中胶层处，有些小型的且数个堆在一起的细胞，是间细胞。此外还有感觉细胞，它们与神经细胞相连。神经细胞在外胚层基部（图 6-3B），紧贴中胶层，较稀疏，且非常小，需在油镜下仔细寻找。

（2）中胶层　薄而透明，夹在内外胚层之间，是由内外胚层细胞分泌的一层非细胞结构的胶状物质。

（3）内胚层　内皮肌细胞数目最多、细胞大、核清晰，细胞内常含有许多染色较深的食物泡。在内皮肌细胞间有数目较多的腺细胞，长形，游离端常膨大并含有细小的深色分泌颗粒。此外还有少数感觉细胞和间细胞。

3. 水螅过精巢和卵巢横切片的观察

横切片上精巢位于外胚层与中胶层之间，近似圆锥形（图 6-4），由内向外依次是精母细胞、精细胞和成熟的精子。再取成熟水螅卵巢的横切片观察，卵巢位于外胚层与中胶层之间，呈卵圆形或近似半月形（图 6-5）。成熟的卵巢里一般只有 1 个卵细胞，其余的是营养细胞。但处在不同发育期的精巢和卵巢，其内部生殖细胞发育程度亦有不同。

6-3
水螅的无性生殖与有性生殖

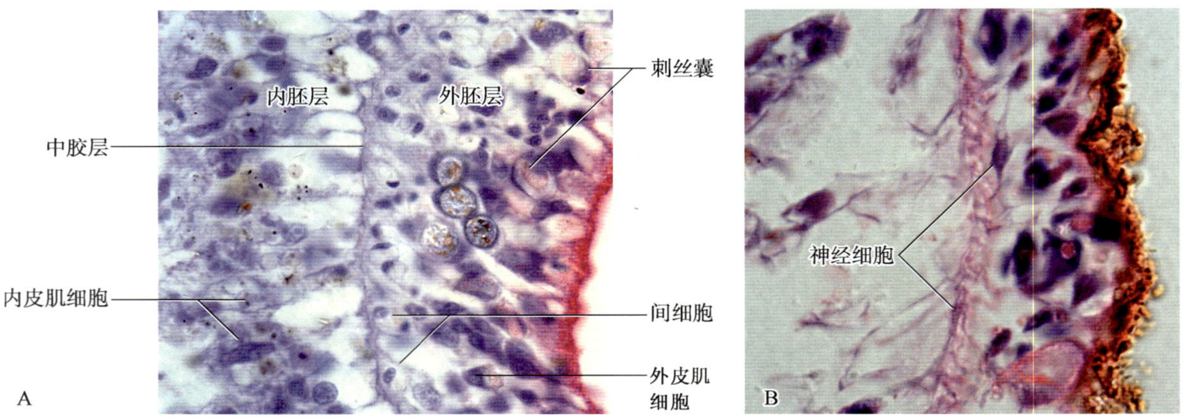

图 6-3　水螅体壁结构
A. 显微结构（纵切面局部）　B. 示神经细胞

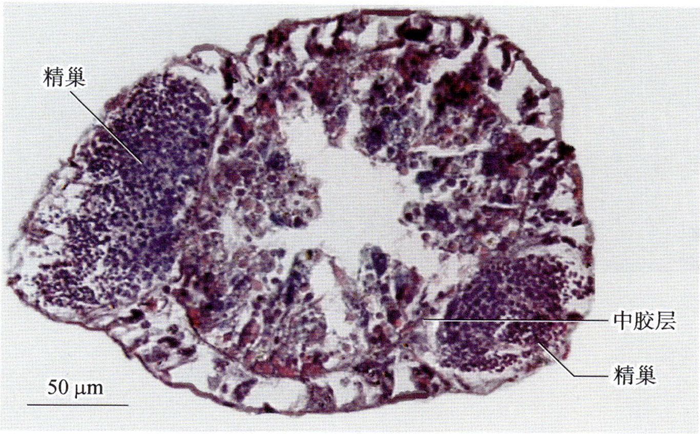

图 6-4　水螅成熟精巢（横切）

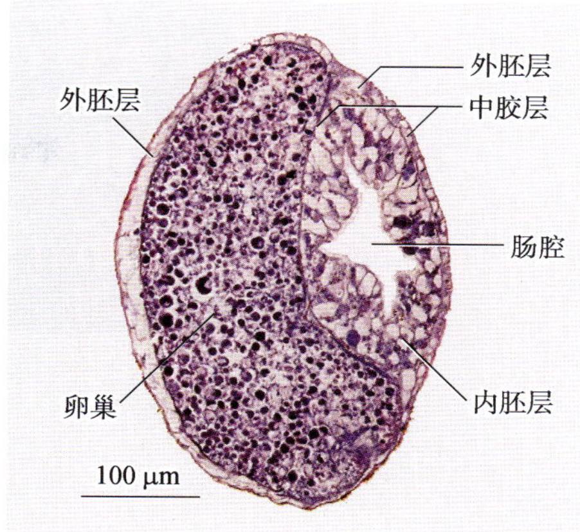

图 6-5　水螅卵巢（横切）

4. 水螅的神经结构

水螅的神经系统呈网状（图 6-6），大多分布于中胶层外侧，外胚层的基部。水螅的垂唇基部与近基盘处分布有较多的神经细胞（见图 6-3B）。

● 在普通的组织切片（H-E 染色）中，神经细胞细胞质呈蓝色，周围有 1 至数个胞突向外延伸，细胞核呈空泡状。

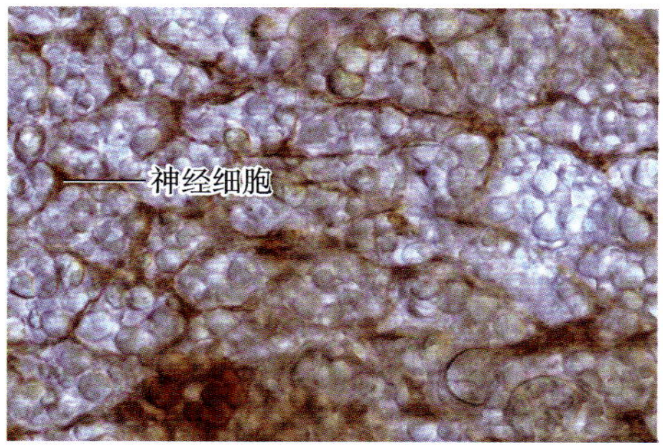

图 6-6　水螅网状神经结构
（乙酰胆碱酯酶组织化学定位）

六、问题与思考

1. 腔肠动物开始出现哪些组织分化？

2. 根据实验总结腔肠动物的主要特征。如何理解它们在动物进化过程中的重要地位？

七、拓展性实验

1. 查阅资料，设计水螅的嫁接实验，探索在不同嫁接方式下愈合体的形态发生特征及其机制。

2. 野外采集水螅，培养观察，查阅资料，对所培养的水螅进行分类学鉴定。

3. 设计毒理学实验，探索水螅对微量毒物毒性的敏感程度。

4. 设计水螅再生实验，了解切割后水螅组织的再生情况。

6-4
水螅组织嫁接的基本方法

6-5
拓展性实验教学建议

实验报告

（汪安泰）

实验 7

涡虫、寄生性扁虫的形态结构与生命活动

动物界发展演化中，继腔肠动物之后，从扁形动物开始，动物的生活方式由固着或漂浮生活过渡到自由爬行生活，由此引起动物在形态结构上的一系列重大变化。扁形动物首次出现了两侧对称体制和中胚层；与此关联，身体结构出现了器官系统的初步分化，从而标志着动物界系统发育进入了一个新的阶段。

涡虫属扁形动物门（Platyhelminthes）涡虫纲（Turbellaria）。涡虫的形态结构和生命活动反映了自由生活扁形动物的基本特征，其中进化特征的出现为动物由水生到陆生提供了重要的基本条件。

7-1 涡虫的分类

寄生性扁形动物的形态结构特征，充分显现了对寄生生活的适应，了解这些特征有助于我们理解生物与环境的统一。

一、实验目的

1. 学习对低等蠕形动物进行活体观察和实验的一般方法。
2. 通过实验，掌握扁形动物的主要特征，理解其进步性特征的生物学意义。
3. 通过实验，了解不同类型扁形动物的形态结构，及其对不同生活环境和生活方式的适应。
4. 认识常见扁形动物。

7-2 教学建议

二、实验内容

1. 涡虫活体观察与实验。
2. 涡虫、华枝睾吸虫、猪带绦虫玻片标本的观察。
3. 不同生活方式扁形动物形态结构的比较与分析。
4. 常见扁形动物示范。（参见数字课程）

7-3 扁形动物常见种类

三、实验材料

活涡虫、涡虫横切面玻片标本、涡虫示神经系统整体装片、涡虫示生殖系统整体装片、华枝睾吸虫成虫整体装片、猪带绦虫头节、成熟节片和妊娠节片装片标本。

7-1
涡虫的采集和培养

四、实验器具与试剂

显微镜，体视显微镜，放大镜，解剖针，镊子，载玻片，盖玻片，培养缸，培养皿，烧杯，滴管，毛笔，吸水纸，黑纸，精密 pH 试纸（pH 范围 0.5～5.0 和 5.7～7.0）。

食盐，硫酸镁结晶，洋红粉末，0.04% 乙酸，熟蛋黄，水。

五、操作与观察

（一）三角涡虫（*Dugesia japonica*）活体观察与实验

用毛笔在培养缸内挑选 1 条活涡虫，置载玻片上的水滴中，用放大镜或在体视显微镜下观察。

1. 外部形态

涡虫体扁长，背部微凸，灰褐色；体前端呈三角形，两侧略突起称为耳突，前端背面、耳突内侧有 1 对黑色眼点；体后端稍尖（图 7-1）。将虫体翻至腹面向上，可见其腹面较平坦，色较浅，密生纤毛，腹面近体后约 1/3 处有口，口后方有一生殖孔。

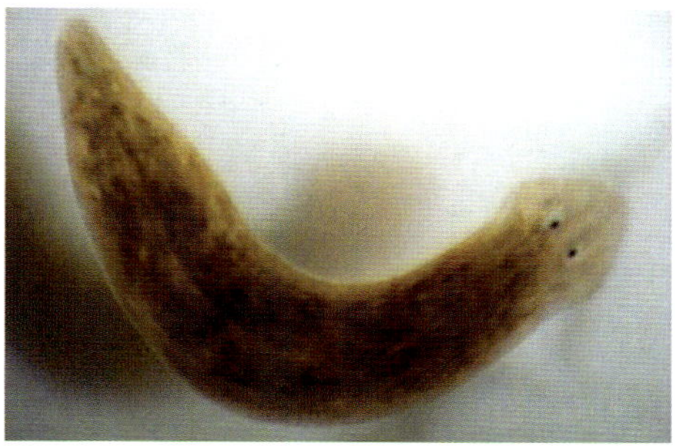

图 7-1　三角涡虫的外形

为什么说涡虫的身体呈两侧对称体型？该体型与虫体各部分功能的分化有何关联？

2. 运动

观察涡虫在载玻片上滑行运动，用镊子挡在涡虫行进方向的前方，涡虫如何行进？

涡虫的运动有定向性吗？涡虫的运动方式与其两侧对称体型、身体内部结构有何相关性？有何进步意义？

3. 涡虫对刺激的反应

（1）用解剖针分别轻触虫体的前端、后端及身体其他部位，观察虫体不同部位对刺激的反应。说明什么？

（2）涡虫的趋性

① 在载玻片上涡虫滑行前方的水中放一小粒食盐，观察涡虫有何反应？

② 取 1 条涡虫于载玻片水滴中，另取 0.04% 乙酸 1 滴于涡虫水滴旁，两液

滴间由液桥连通。观察涡虫的运动，用 pH 试纸检测涡虫水滴和乙酸的 pH。涡虫对酸的趋性如何？

7-1 涡虫的运动及其对刺激的反应

③ 将数条涡虫放入盛水的培养皿中，分布均匀，用黑纸（或黑塑料薄膜）将培养皿的一半盖住，再置培养皿于光下。片刻后，观察涡虫的趋光性反应。

● 注意观察涡虫应答外界环境刺激的运动方式。思考涡虫对刺激的反应与其神经系统和感觉器官的相关性。

4. 涡虫的消化系统

（1）取 1 条涡虫于载玻片上的水滴中，将少许硫酸镁结晶缓缓投入载玻片上的水滴中，可见涡虫逐渐被麻醉，在体视显微镜下观察，可见有一管状结构从口中翻出体外，此即咽（图 7-2）。

涡虫的消化系统由哪些器官组成？有肛门吗？食物残渣如何排出？

7-2 涡虫的咽

（2）取饥饿数日的涡虫于小烧杯中，将熟蛋黄粉末与洋红粉末混匀后投喂涡虫。1～2 h 后，肉眼观察可见虫体内部已显红色。取出涡虫于载玻片上，置体视显微镜下观察已呈红色的肠管分支状况（图 7-3）。

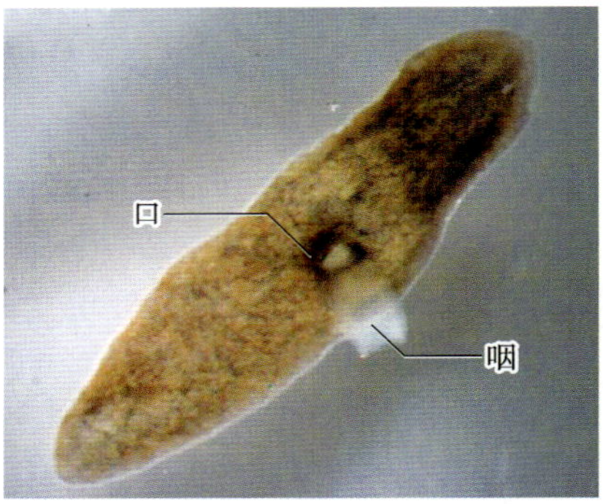

图 7-2 涡虫的咽从口中翻出

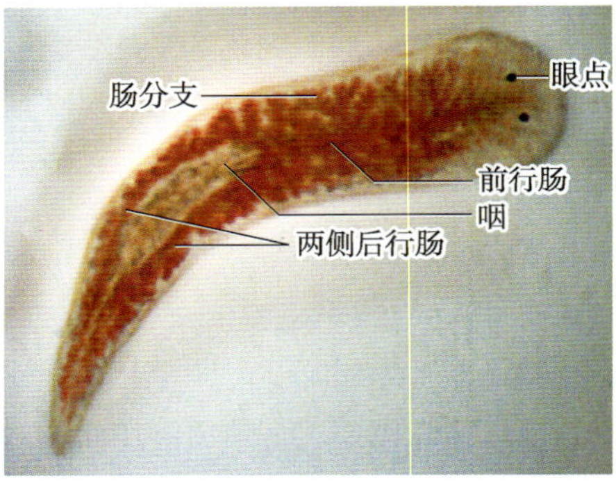

图 7-3 三角涡虫的消化管（洋红染色）

5. 涡虫的排泄系统

取饥饿数日的涡虫，置载玻片上水滴中，待虫体伸展时，加盖盖玻片，随即用铅笔的橡皮头轻压虫体，使虫体被均匀碾开，组织破碎外溢。静置片刻后于低倍镜下观察，可见虫体两侧有一系列不规则闪烁光亮。选取较清晰处转高倍镜观察，可见闪烁处有细管道分支，其中有液体不停地定向流动。流动液体的边界即原肾管管壁，闪烁光亮则为原肾管分支末端焰细胞内纤毛摆动所致。

（二）涡虫整体装片的观察

1. 神经系统

涡虫神经系统和感觉器官比较集中和发达，与其生活方式及两侧对称体制有何相关性？

低倍镜下观察示神经系统的涡虫整体装片，可见体前端有 1 对神经节组成的“脑”，由此沿身体两侧后行有 2 条纵神经索，索间有许多横神经连接，似梯形，“脑”和神经索发出神经到身体各部（图 7-4）。

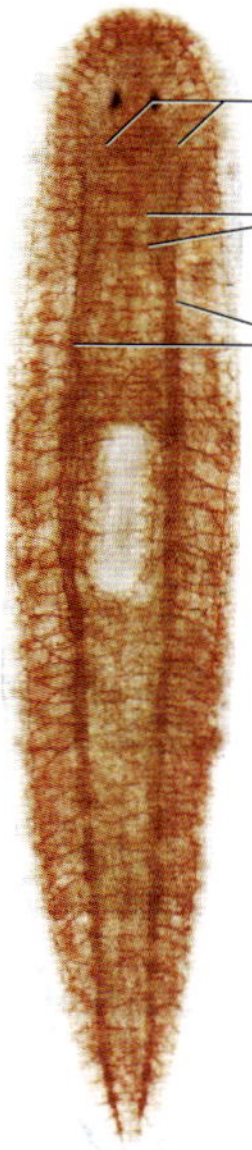

图 7-4　三角涡虫神经系统
（汪安泰供图）

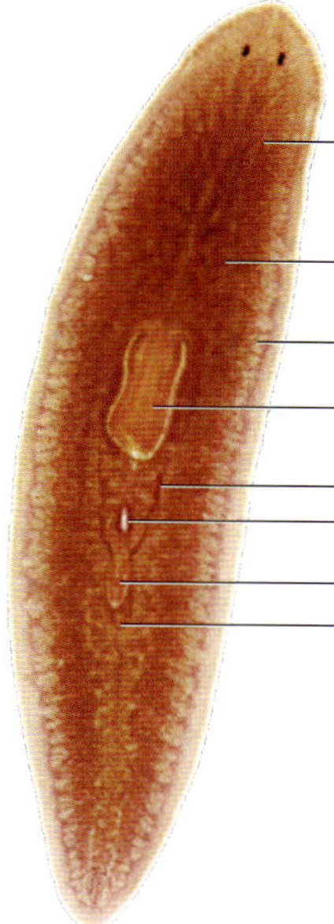

图 7-5　涡虫的生殖系统

2. 生殖系统

取示生殖系统的涡虫整体装片置显微镜下观察（图 7-5）。涡虫为雌雄同体。

雌性生殖器官：虫体前端有深色、椭圆形卵巢 1 对，各有 1 条输卵管沿身体两侧后行，沿途收集其外侧许多分支状卵黄腺产生的卵黄，在咽后方汇合成 1 条阴道通入生殖腔。生殖腔前方有一椭圆形受精囊也通入生殖腔。

雄性生殖器官：虫体两侧与输卵管平行有许多圆球形精巢，每精巢由输精小管（不易看清）通入 1 对输精管，输精管在咽两侧膨大成贮精囊；左右贮精囊在生殖腔前方汇合成阴茎，通入生殖腔。生殖腔有生殖孔通体外。

> 生殖导管和外生殖器的形成有何进化意义？

（三）涡虫横切面玻片标本的观察

涡虫为三胚层无体腔动物（图 7-6）。

1. 外胚层

外胚层为体壁最外层排列紧密的单层柱状上皮细胞，其间夹有色深、条形的杆状体和陷入内层（中胚层）呈囊状、含深色颗粒的腺细胞。转高倍镜观察，可见腹面的表皮细胞具纤毛，表皮细胞的基底为一薄层非细胞构造的基膜。

> 杆状体和腺细胞有何功用？

2. 中胚层

中胚层形成肌肉组织和实质组织。

基膜内侧依次为环肌、斜肌和纵肌，它们与表皮共同构成体壁即皮肤肌肉囊。在背腹体壁间还可见到成束的背腹肌。在体壁与消化管之间充满呈网状、含有许多黄色小泡的结构，为中胚层实质组织，故无体腔。

> 皮肤肌肉囊有何功能意义？实质组织有何功能？中胚层的出现有何意义？

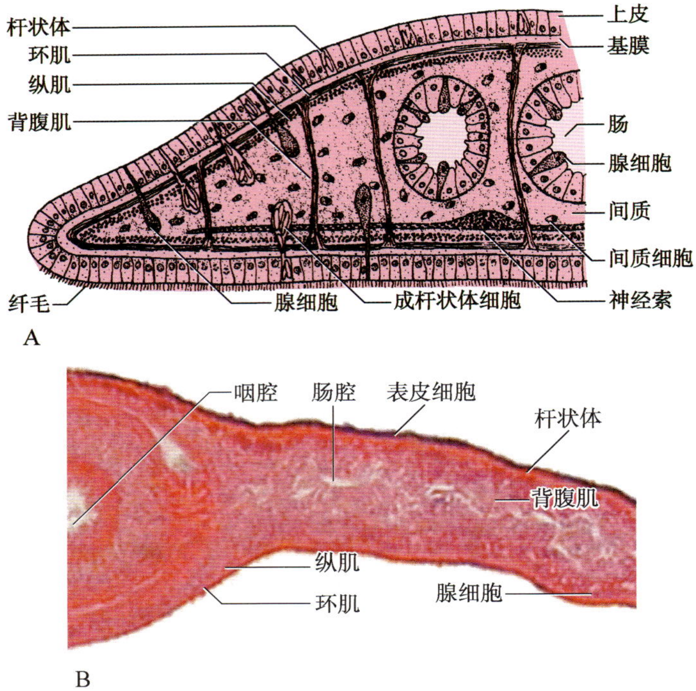

图 7-6 三角涡虫横切面
A. 模式图 B. 过咽局部放大

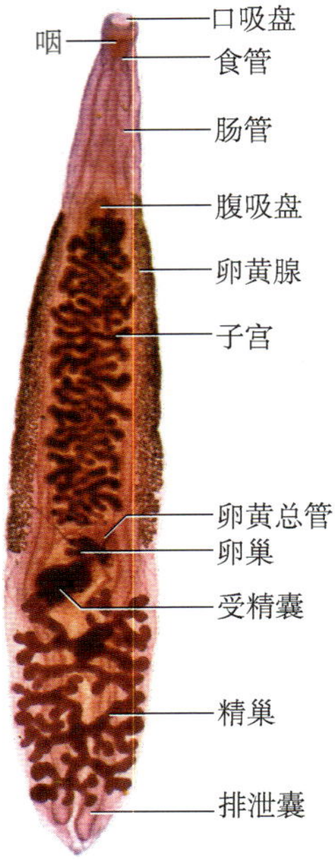

图 7-7 华枝睾吸虫内部构造

3. 内胚层

切片中间可见到几个小空腔，即为肠腔，肠壁由内胚层来源的单层柱状上皮构成。根据横切面上所见到的肠断面的数目，确定所观察的涡虫横切面取材于身体的何部位。

（四）华枝睾吸虫（*Clonorchis sinensis*）成虫整体装片的观察

1. 外形

华枝睾吸虫成虫身体呈柳叶状，前端窄，后端宽。显微镜下观察，可见身体前端有一圆形口吸盘，口吸盘中央凹陷为口，距身体前端 1/5 处腹面有腹吸盘。

2. 内部构造

华枝睾吸虫内部构造参见图 7-7。

（1）消化系统 口后有一椭球形肌肉质咽，咽后细短管为食管，食管后分出 2 条末端封闭的肠管，位于体两侧，直达体后端。

（2）排泄系统 排泄管 2 条，略弯曲，多分支，2 条排泄管汇合成 1 条略曲的粗管即排泄囊，位于体后部中央，开口于身体末端。

华枝睾吸虫成虫具有哪些适应于寄生生活的形态结构特征？

（3）生殖系统 雌雄同体。

① 雄性生殖器官：精巢 2 个，分支状，位于体后部 1/3 处，前后排列；每个精巢近中央处各伸出 1 根较细的输精小管（或称输出管），前行至体中部汇合成

输精管，输精管前方膨大成贮精囊，贮精囊末端为雄性生殖孔，开口于腹吸盘前方。

② 雌性生殖器官：卵巢 1 个，略呈三叶状，位于精巢前方、体中线处；卵巢后方的椭圆形囊为受精囊；卵巢通出 1 条短管为输卵管，输卵管后段为成卵腔，成卵腔周围被梅氏腺包绕；受精囊一侧有 1 条由输卵管通出的劳氏管；身体两侧、体壁与肠管之间的泡状腺体为卵黄腺，两侧卵黄腺各发出的 1 条细卵黄管，在身体 1/2 后处汇合成 1 条卵黄总管，通入输卵管；卵巢和腹吸盘之间，为迂曲盘旋的粗管状子宫，内藏卵，其末端为雌性生殖孔，与雄性生殖孔并列于腹吸盘前方。

（五）猪带绦虫（*Taenia solium*）成虫节片装片的观察

猪带绦虫成虫身体扁平长带状，由许多节片组成，可分为头节、颈部和节片 3 部分。依据节片内生殖器官成熟情况可分为未成熟节片、成熟节片和孕卵节片 3 种（图 7–8）。

1. 头节

球形，其前端中央突出部分为顶突，突上有内外 2 圈小钩，顶突后方侧面有 4 个大而圆的吸盘。头节后为颈部。

2. 未成熟节片

颈部以后的节片，扁长方形，生殖器官尚未发育成熟。

3. 成熟节片

成熟节片为近方形。适当调节光圈，可见每一节片的两侧近边缘处各有 1 条透明的纵排泄管，后端有一条横排泄管与之相通。排泄管外侧各有 1 条神经索。每一节片内有发达的雌、雄性生殖器官。

雄性生殖器官：精巢多个，小球状，每个精巢连一输精小管，输精小管汇合成输精管（不易看清），输精管于节片中央稍膨大为贮精囊（染色较深），其后为阴茎，通入节片一侧较膨大的阴茎囊内。雄性生殖孔开口于阴茎外侧的生殖腔内。

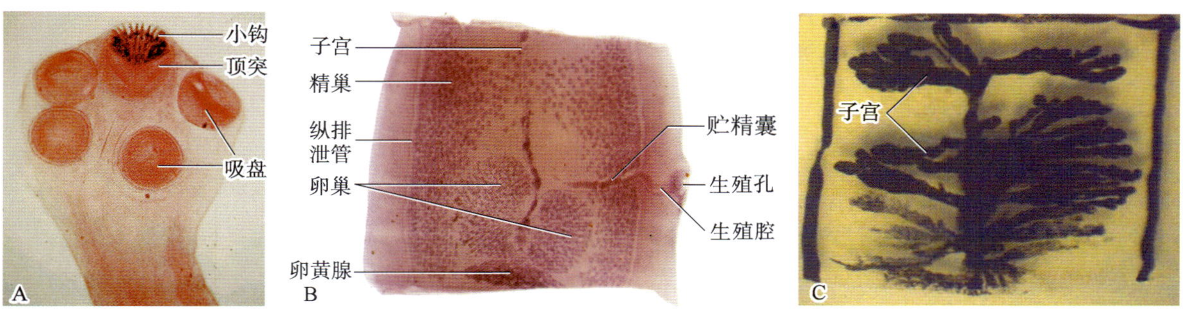

图 7–8　猪带绦虫
A. 头节（明珍平供图）　B. 成熟节片　C. 孕节

雌性生殖器官：卵巢1个，位于节片后部中央，分左右两大叶和中间一小叶；卵巢后端有一卵黄腺，以卵黄管通入成卵腔，成卵腔为梅氏腺包围；成卵腔在节片中央伸出一较粗的盲管为子宫；贮精囊下方染色较深的细管为阴道。雌性生殖孔亦开口于生殖腔内。

猪带绦虫成虫具有哪些高度适应寄生生活的特征？

7-1

猪带绦虫成虫和猪囊尾蚴

4. 孕卵节片

长方形，整个节片几乎为子宫充满，子宫分支状，内充满卵。排泄管和神经索同成熟节片。

（六）不同生活方式扁形动物形态结构的比较与分析

比较涡虫、华枝睾吸虫、猪带绦虫的外部形态、消化系统及神经系统结构上的不同点，分析其差异产生的原因。

六、问题与思考

1. 根据实验观察，比较涡虫应答刺激的运动方式与水螅有何不同。为什么会出现这些不同？

2. 与腔肠动物比较，扁形动物具有哪些进步性特征？这些特征有何进步性意义？

3. 扁形动物的哪些特征为动物由水生进化到陆生奠定了基本条件？说明理由。

4. 根据实验观察与比较，归纳不同类型扁形动物分别适应于自由生活和寄生生活的形态结构特点。

七、拓展性实验

实验报告

设计条件反射实验，检测涡虫是否具有初步的学习能力。

（黄诗笺）

实验 8

蛔虫和环毛蚓的比较

继两侧对称、三胚层、无体腔动物之后，在动物演化过程中便进入到有体腔动物阶段。体腔动物包括假体腔动物和真体腔动物。线虫动物蛔虫是典型的假体腔动物，具有原始体腔（假体腔），完全消化管。环节动物环毛蚓是典型的真体腔动物，它们最早出现身体分节现象，具有了比假体腔进步的真体腔；与此相关联，又具有了闭管型循环系统，按体节排列的后肾管，链状神经索和运动器官等。可以说在动物演化上，从环节动物开始，进入了高等无脊椎动物阶段。蛔虫和环毛蚓的比较，说明前进性的发展是动物进化的主要方面，动物各器官系统的结构和机能在相互联系中向前发展。通过比较解剖，还可进一步认识动物的形态结构对其生活方式的适应。

一、实验目的

1. 学习蠕虫的一般解剖方法。
2. 学习用比较解剖手段进行动物生物学研究。
3. 通过蛔虫的解剖与观察，了解假体腔动物的一般特征及蛔虫对寄生生活的适应。
4. 通过环毛蚓的解剖与观察，了解环节动物门的基本特征及环毛蚓对穴居生活的适应。
5. 通过蛔虫和环毛蚓的比较，了解环节动物的进步性特征，及动物形态结构与机能逐渐演化发展的进化过程。
6. 认识线虫动物、环节动物的常见种类及模式动物秀丽隐杆线虫。

8-1 教学建议

秀丽隐杆线虫

二、实验内容

1. 蛔虫的外形观察，内部解剖和横切面玻片标本的观察。
2. 环毛蚓的外形观察，内部解剖和横切面玻片标本的观察。
3. 蛔虫和环毛蚓外形和内部结构的比较。
4. 线虫动物、环节动物的常见种类及模式动物秀丽隐杆线虫示范。（参见数字课程）

8-2 线虫动物和环节动物的常见种类

8-1
蛔虫和环毛蚓的采集与固定保存

三、实验材料

猪蛔虫浸制标本及横切面玻片标本，环毛蚓浸制标本和横切面玻片标本。

8-2
常用解剖器具及其使用

四、实验器具与试剂

显微镜，放大镜，体视显微镜，解剖器具，蜡盘，大头针，载玻片，烧杯，滴管。

五、操作与观察

- 2人1组,每人以1种材料为主进行操作。2人配合,边操作边交互观察比较。

（一）蛔虫的外形和内部构造

1. 外形

取雌、雄蛔虫浸制标本用清水冲洗、浸泡、除去药液后置蜡盘中观察（图8–1）。

- 注意辨认蛔虫身体的前、后端，背、腹面，雌性和雄性。

蛔虫体呈细长圆筒形，两端渐细，体表光滑，有许多细横纹，在身体背、腹及两侧正中各有1条纵行的细线，2条较粗、略成褐色的为侧线，背、腹线色白但不明显。前端中央有口，用放大镜观察，可见口周围有3片唇，背侧1片为背唇,其两侧各有1个乳突,腹侧有2片较小的腹唇,每腹唇外侧中央有1个乳突。腹面前端，距腹唇约2 mm处有一排泄孔，但不易看清。

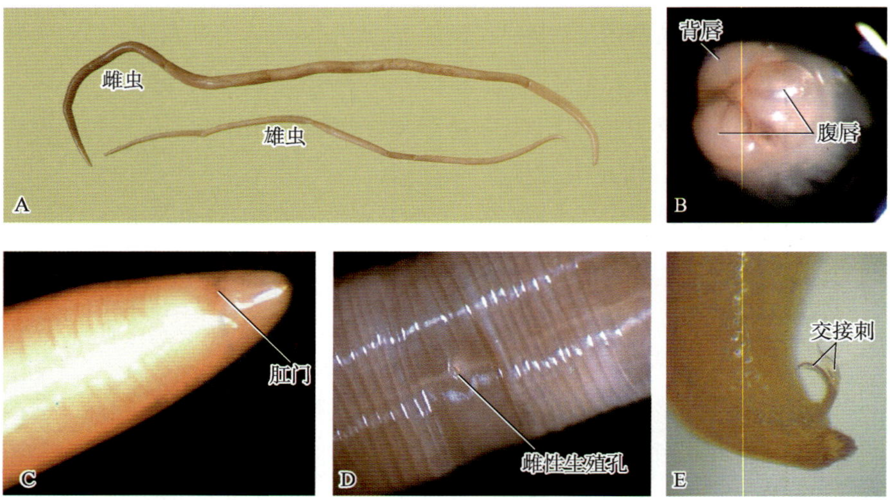

图8–1 猪蛔虫外形
A. 雌蛔虫和雄蛔虫 B. 蛔虫的唇瓣 C. 雌蛔虫的肛门 D. 雌蛔虫的雌性生殖孔 E. 雄蛔虫的交接刺

雌雄异形。雌虫较粗大，后端不弯曲，近末端腹面约 2 mm 处，有一横裂的肛门；距体前端约 1/3 处有一环状狭窄部分，其腹面有一缢陷，为雌性生殖孔。雄虫较小，后端向腹面弯曲，雄性生殖孔与肛门合一，称为泄殖孔，常为有两根交接（合）刺由泄殖孔中伸出。

如何区分蛔虫的背腹面。雄蛔虫的交接（合）刺有何功能?

2. 内部解剖和观察

将蛔虫腹面向下置蜡盘中，用大头针固定其前后端。食指和中指分开轻按虫体，用解剖针从虫体前端略偏背中线处向后小心划开体壁直到体末端，用镊子拉开两侧体壁，用大头针将体壁边缘固定在蜡盘中，大头针左右交错，针体向外倾斜约 45°，加清水没过虫体。

● ①解剖针不要刺入太深，以免损坏内部器官；雄虫体末端弯曲，解剖时更须小心。②以下观察中，注意与环毛蚓内部构造进行比较。

8-1 蛔虫解剖

（1）消化系统　为一条淡黄色直管。口后接肌肉质咽，咽后为扁管状肠，肠近后端为直肠，但二者界限不分明。雌虫肠末端以肛门开口于体外，雄虫肠末端开口于泄殖腔，再由泄殖腔孔通体外（图 8–2）。

肛门的出现有何意义?

（2）生殖系统　雌雄异体。用解剖针和镊子仔细分离缠绕在消化管周围的生殖器官，边分离边观察。

● 浸制标本中生殖管道较脆弱，须仔细分离，以免将生殖管道弄断。

① 雄虫：生殖器官为 1 条长管状结构。管的游离端细长而弯曲的部分为精巢，精巢延续为输精管，输精管通较粗大的管状贮精囊，贮精囊末端连接细直的射精管，射精管开口于泄殖腔，由泄殖孔通体外（图 8–2）。泄殖腔的背方有一交接刺囊，囊内有 1 对交接刺，常由泄殖腔孔伸出体外。

② 雌虫：生殖器官为 2 条细长的管。两管的游离端最细的部分为卵巢，其后逐渐加粗的一段是输卵管，输卵管后较粗大、呈白色的部分是子宫。两子宫在体前约 1/3 处汇合成一短的阴道（图 8–3），阴道末端的生殖孔开口于体腹面（见图 8–1D）。

图 8–2　猪雄蛔虫的消化管和雄性生殖器官

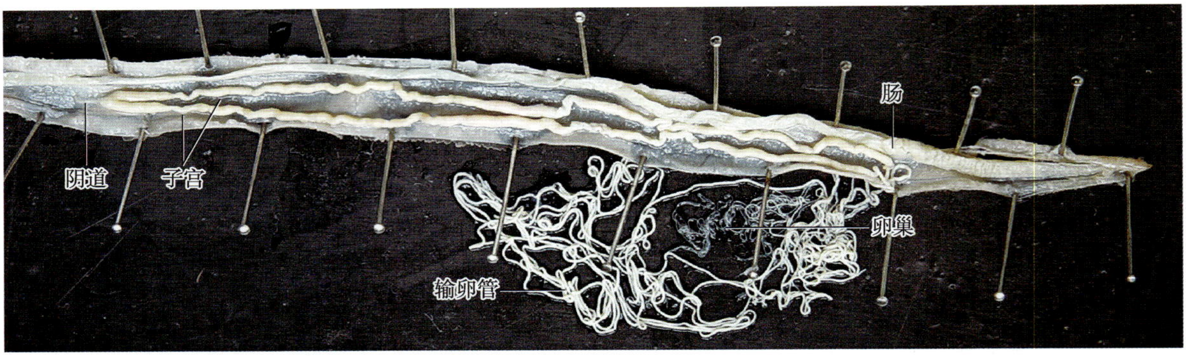

图 8-3　猪雌蛔虫的生殖器官

3. 横切面玻片标本的观察

低倍镜下观察蛔虫横切片标本（图 8-4，图 8-5）。

（1）体壁　由角质层、表皮层和肌肉层组成。体表为一层非细胞结构的角质层，其内侧染色较深的一层是表皮层，细胞界限不分明。表皮层向内增厚形成 4 条纵行体线，体背、腹面正中的 2 条分别为背线和腹线，其内侧膨大呈圆形，内含背神经和腹神经，腹神经较背神经粗，可以此区分背、腹线。侧线位于体两侧，较宽，其内侧各有一圆孔即排泄管。

表皮层以内是肌肉层，较厚，被 4 条体线分隔成 4 个部分，每个部分由许多纵肌细胞组成。每个肌细胞基部狭窄，染色较深，为收缩部，有收缩机能；端部膨大呈泡状，伸入假体腔，内含细胞核，染色较浅，称为原生质部。

（2）肠　是假体腔中横切面呈较大的扁圆形的管，管壁由单层柱状上皮细胞组成。

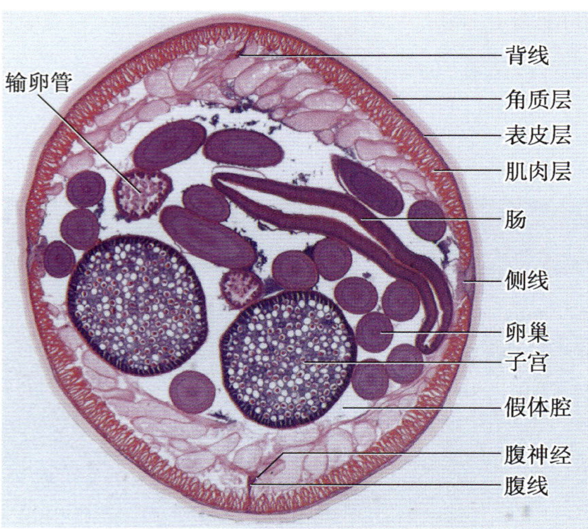

图 8-4　雌蛔虫的横切面

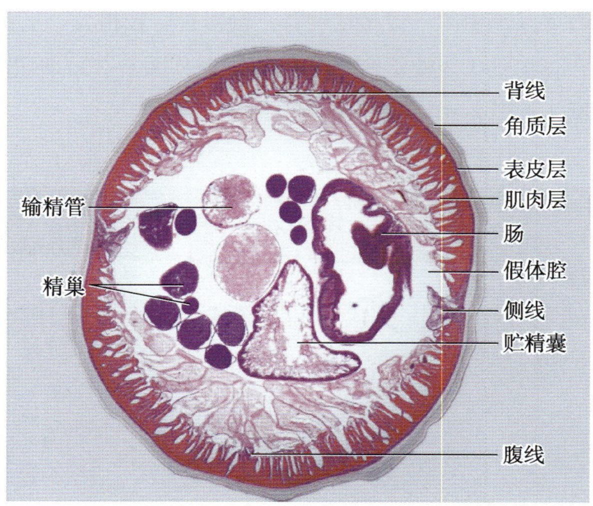

图 8-5　雄蛔虫的横切面

（3）假体腔　为肠与体壁之间的空腔，腔内除肠管外，充满生殖器官。

观察过程中注意与环毛蚓横切面所示构造进行比较。

（4）生殖器官　假体腔中可见雌蛔虫和雄蛔虫生殖器官的横切面。

① 卵巢、输卵管和子宫：假体腔中管径小，形似车轮，中心有轴，卵原细胞呈辐射状排列的为卵巢；管径较粗，管内轴已消失的是输卵管；管径最粗，内有明显空腔的是子宫，腔内有卵。

② 精巢、输精管和贮精囊：假体腔中染色较深，管径最小的是精巢；染色较浅，管较粗，内有颗粒状精细胞的是输精管；管径更大，有明显的腔，腔内有条形精子的是贮精囊。

虫体以何种方式运动？为什么以这种方式运动？

（二）环毛蚓的外部形态和内部构造

取环毛蚓浸制标本，清水洗去药液，置蜡盘中或手执，用肉眼和放大镜观察。

1. 外形

环毛蚓身体圆长，由许多体节组成，体节之间有节间沟（图 8-6）。除第一节和最后一节外，各节中部环生一圈刚毛，用手向前和向后抚摸，感觉刚毛是怎样排列的。

身体可分前、后端，背、腹面。背面体色较深，腹面体色较浅，性成熟个体有环带（生殖环带）的一端为前端，前端第 1 节为围口节，其腹面中间是口，口背侧有肉质的口前叶。环带位于第 14～16 节，无节间沟，棕红色隆肿呈环状。身体末端纵裂状的开口为肛门。

①环毛蚓共有多少体节？身体分节有何意义？②口前叶、刚毛、环带以及体腔液从背孔不断流出各有何功能？对蚯蚓穴居生活有何意义？

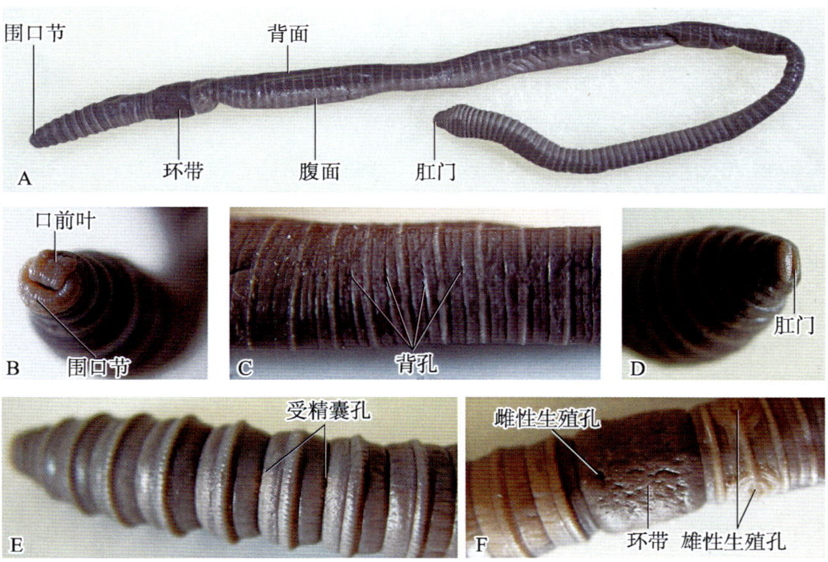

图 8-6　环毛蚓外形
A. 环毛蚓整体外形　B. 示围口节和口前叶　C. 示背孔　D. 示肛门　E. 示受精囊孔
F. 示雌性生殖孔和雄性生殖孔

观察身体背面，除前几节外，背中线上每节间沟处有背孔。将环毛蚓背面擦干，用手指轻捏身体两侧，有液体自节间沟背中线冒出处，即为背孔。

观察体前部腹面，在 6/7、7/8、8/9 节间沟两侧有 2～3 对裂缝状受精囊孔（数量随种而异）；在环带的第 1 节，即第 14 节腹中线上有 1 个雌性生殖孔；第 18 节腹面两侧各有 1 个雄性生殖孔，在受精囊孔和雄性生殖孔附近常有小而圆的生殖乳突。

2. 内部解剖和观察

将环毛蚓背面向上置蜡盘内，一只手展开食指和中指轻压环毛蚓背侧（或手执环毛蚓，食指和中指挟持环毛蚓身体前段，拇指和无名指挟持其后段），另一只手持手术剪，沿身体背面略偏背中线处（避开背血管），从身体前段 1/3 处开始，由后向前剪开体壁至口。剪至第 3～4 节处需十分小心，勿损坏了咽上神经节（脑）。用镊子将剪开的体壁略掀开，可见体腔中相当于体表节间沟处均有隔膜，将体腔分隔成许多小室。用解剖针划开消化管与体壁之间的隔膜联系，将剪开的体壁向两侧展平，并在近切口处用大头针将体壁固定在蜡盘上，约每 5 节插一针，左右交错，针体向外倾斜约 45°。原位观察环毛蚓内部构造（图 8-7A）。

● ①剪开体壁时，注意剪刀尖稍向上挑起，以免损伤内部器官；②划开隔膜至第 19 节之前时，注意不要划伤生殖器官；第 14 节往前的隔膜越来越厚，需用眼科剪剪开并适当清除隔膜。

8-2 环毛蚓解剖

（1）消化系统 消化系统为体腔中央的一条直管即消化管（图 8-7A），由前至后依次为：

口腔：位于第 1～3 节内。

咽：位于第 4～5 节内，梨形，肌肉发达。

食道：位于第 6～8 节内，细长形。

嗉囊：位于第 9 节前部，不明显。

砂囊：位于第 9～10 节，球状或桶状，囊壁富肌肉，较发达。

胃：位于第 11～14 节内，细长管状，其外方被贮精囊包围，将贮精囊掀开即可见。

消化管各部分各有何功能?

肠：自第 15 节向后均为肠，直通肛门。在第 26 或 27 节肠两侧向前伸出 1 对角状盲肠。

（2）循环系统 循环系统为闭管式，经福尔马林（甲醛溶液）固定后血管常呈紫黑色（图 8-7A）。观察以下几个主要部分：

背血管：位于消化管背中线的 1 条长血管。

心脏：连接背、腹血管的环血管，共 4 对，分别在第 7、9、12 及 13 节内。（不同种类的心脏数目和位置存在差异）。

腹血管：消化管腹面的 1 条略细的血管，将肠掀起即可见。从第 10 节起腹

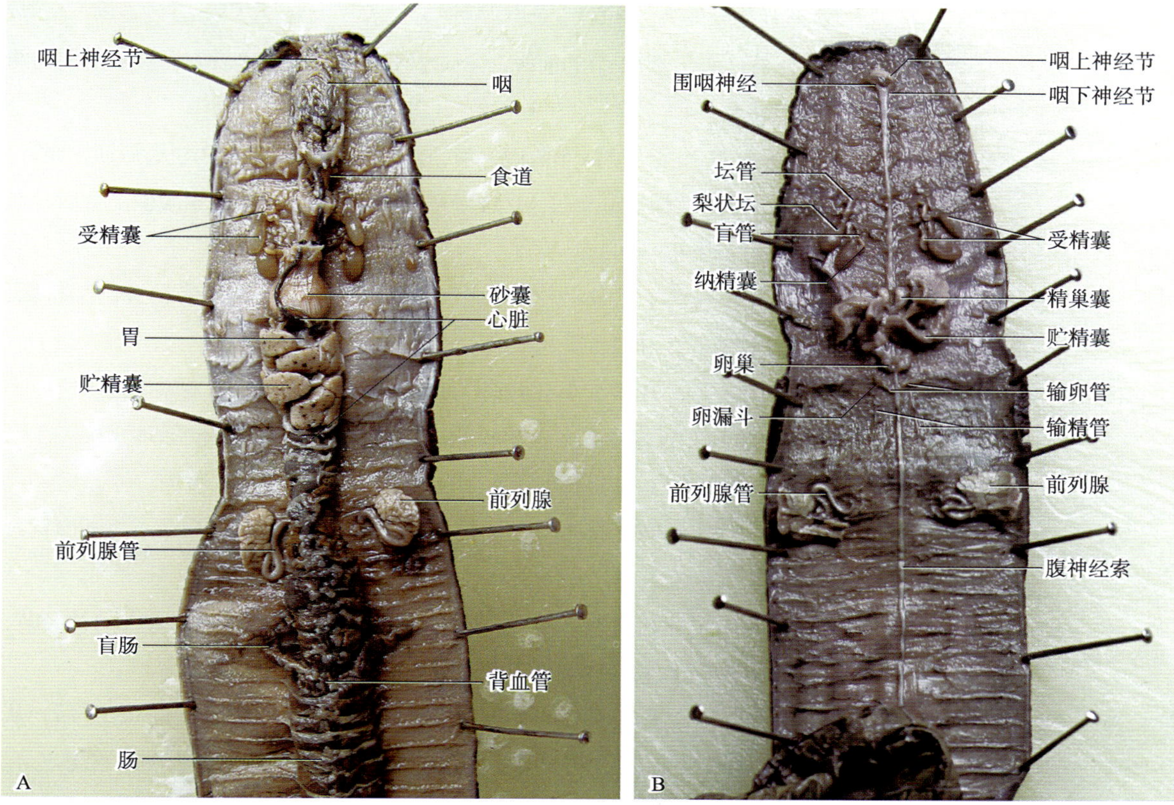

图 8-7　环毛蚓的内部构造
A. 原位观察　B. 示生殖系统和神经系统

血管有分支到体壁上。

神经下血管：位于腹神经索下面的 1 条很细的血管。小心移开肠管和腹神经索即可见。

蛔虫有血液循环系统吗?

食道侧血管：位于体前端（第 15 节前）消化管两侧的 1 对较细的血管。

（3）生殖系统　雌雄同体（图 8-7B）。用肉眼和放大镜观察。

① 雄性生殖器官

精巢囊：2 对，白色囊状物，位于第 10、11 节内，紧贴于 10/11 和 11/12 隔膜前，腹神经索两侧，将覆盖在其外方的贮精囊掀起即可见。用解剖针戳破精巢囊，用水冲去囊内物，在体视显微镜下可见精巢囊前方内壁上有小白点状物即精巢；囊内后方皱纹状的结构即精漏斗，精漏斗后部穿出精巢囊，成为输精管。

贮精囊：2 对，位于第 11、12 节内，紧接在精巢囊之后，呈分叶状，大而明显。

输精管：细线状，两侧的前后输精管各汇合成 1 条，向后通到第 18 节处，和前列腺管汇合，由雄性生殖孔通出。

前列腺：1 对，发达，白色或浅红色，分叶状，位于第 18 节及其前后几节内消化管两侧，有前列腺管通出与输精管合并，开口于雄性生殖孔。

② 雌性生殖器官

卵巢：1 对，在第 13 节的前缘，紧贴于 12/13 节隔膜之后方，腹神经索的两侧，呈绒球状。

卵漏斗：1 对，位于 13/14 节隔膜之前，腹神经索的两侧，呈喇叭状，后通输卵管。

输卵管：1 对，极短，穿过 13/14 节隔膜在第 14 节腹神经索腹侧汇合后，通至第 14 节腹面雌性生殖孔。

受精囊：2～3 对，在 7～9 节内消化管两侧腹壁上，每一受精囊由梨状坛、坛管和一盲管组成，开口于受精囊孔，盲管末端为纳精囊。

（4）神经系统　用镊子小心剥除口腔管和咽部周围肌肉后观察（图 8-7B）。

咽上神经节（脑）：白色，在第 3 节，咽的背面，由双叶神经节构成。

围咽神经：由咽上神经节两侧下行的 1 对神经绕过咽穿入腹侧。

咽下神经节：两侧围咽神经在咽下方汇合处的神经节，可用镊子将咽向背方掀起再观察。

蛔虫的神经系统也呈链状吗？链状神经系统有何功能特点？

腹神经索：链状，由咽下神经节向后通出，每体节内有一略膨大的神经节，每神经节发出神经分支到体壁和内脏器官。可将肠管移到一侧后观察。

8-1

环毛蚓部分器官局部放大显示

在咽上神经节（脑）前方将咽剪断，仔细剥离咽上神经节和咽的粘连后，从围咽神经后方抽出咽，进而将整个消化管移去，可观察完整的中枢神经系统。

3. 环毛蚓横切面玻片标本的观察

环毛蚓横切面见图 8-8。

（1）体壁　体表为一薄层非细胞构造的角质膜，其内侧为表皮层，主要由单层柱状上皮细胞组成，其间夹有深色的腺细胞。表皮之内是体壁肌肉层，可分为外层较薄的环肌和内层较厚的纵肌。紧贴于纵肌层之内的是由单层扁平细

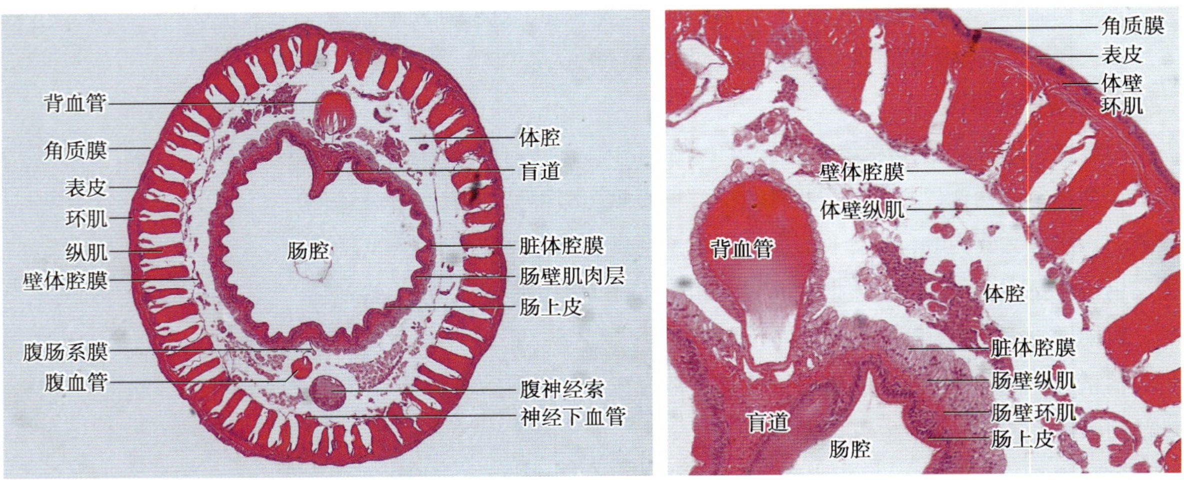

图 8-8　蚯蚓横切面
A. 体中部横切面　B. 局部放大示组织结构

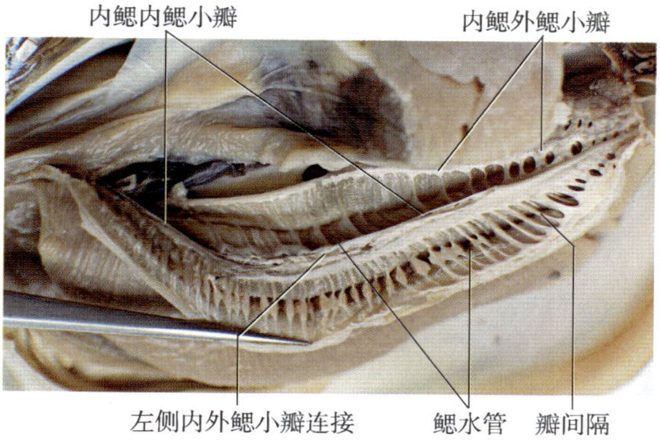

图 9–3　去除外套膜后雄河蚌内部结构
A. 示瓣鳃　B. 示鳃的结构

⑤ 丝间隔：为鳃丝间相连的部分。其间分布有许多鳃小孔，水由此进入鳃水管。

⑥ 鳃上腔：为内、外鳃小瓣之间背方的空腔。

> 河蚌是如何完成呼吸作用的？

（6）循环系统

① 围心腔：位于内脏团背侧贝壳绞合部下方，由一透明的围心腔膜所包围的空腔。

② 心脏：位于围心腔内。剪开围心腔膜，可见心脏由一心室二心耳组成（图 9–4A）。心室为 1 个长圆形富肌肉的囊，有 2 个心孔（图 9–4B），能收缩，其中有直肠贯穿。心耳在心室腹方左右侧，2 个，为三角形的薄壁囊。

③ 动脉干：由心室向前及向后发出的血管，沿肠的背方前行的为前大动脉；沿直肠腹侧后行的为后大动脉。

（7）排泄系统　由肾和围心腔腺组成。

① 肾：1 对，位于围心腔腹面左右两侧，由肾体及膀胱（图 9–5A）构成。

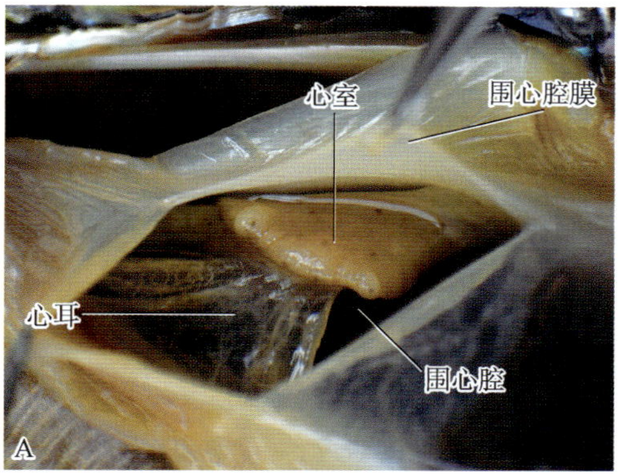

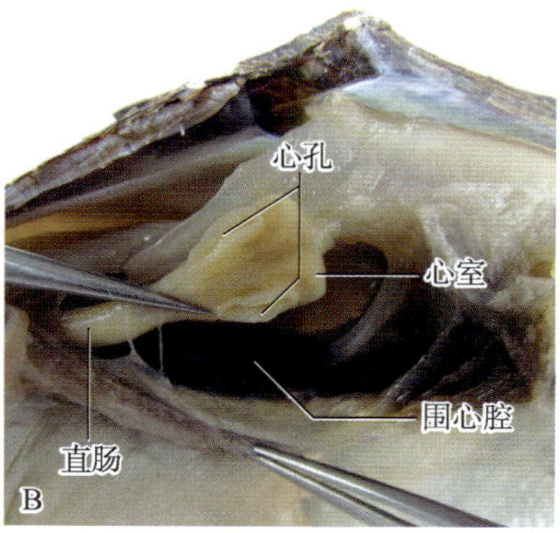

图 9–4　河蚌心脏结构
A. 心脏　B. 示心孔

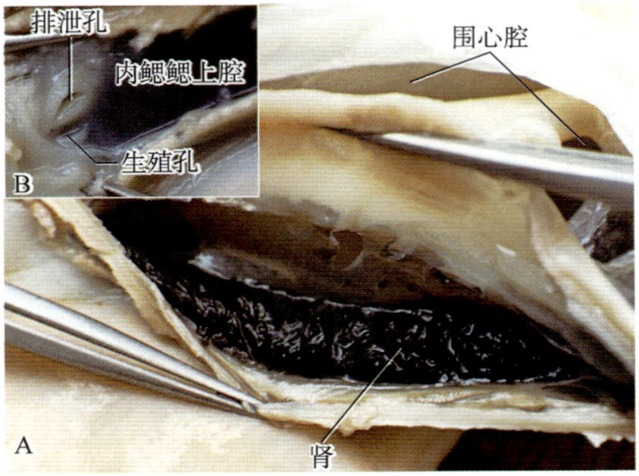

图 9-5 河蚌的肾
A. 肾脏 B. 排泄孔和生殖孔

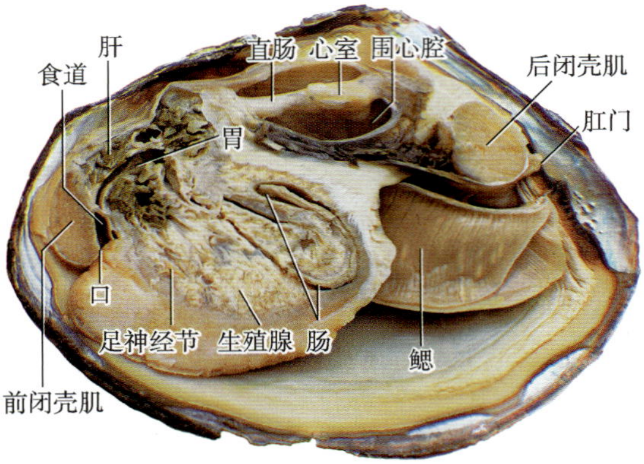

图 9-6 河蚌内脏团纵剖

沿着鳃的上缘剪除外套膜及鳃，即可见到。

肾体紧贴于鳃上腔上方，呈黑褐色、海绵状。前端以肾口开口于围心腔前部腹面。膀胱位于肾体背方，薄膜状，末端有排泄孔，开口于内鳃瓣的鳃上腔，位于生殖孔背方（图 9-5B）。

② 围心腔腺：位于围心腔前端两侧，分支状，略呈赤褐色。

（8）生殖系统 雌雄异体但不异形。

如何判断河蚌雌雄？联系鳃的结构，说明河蚌是如何完成受精和胚胎发育的。

生殖腺位于内脏团中，肠的周围（图 9-6）。除去内脏团的外表组织，可见葡萄状的腺体，白色的腺体为精巢，黄色的腺体为卵巢，生殖腺左右两侧各以生殖孔开口于内鳃瓣的鳃上腔，排泄孔的前下方（图 9-5B）。

（9）消化系统 包括口、食道、胃、肝、肠、直肠和肛门等。

口位于前闭壳肌腹侧，横裂缝状，两侧各有 2 片内外排列的三角形唇瓣（见图 9-3A）。唇瓣有何功用？口后的短管为食道；食道后膨大的部分是胃；胃的周围被一对淡绿色的肝包裹，肝有一对肝管开口于胃。肠接胃后盘曲在内脏团内。小肠后为直肠，直肠折向背方，穿过围心腔中的心室以肛门开口于后闭壳肌后方的出水管附近（图 9-6）。

（10）神经系统 主要由 3 对神经节组成，其间有神经索相连。

① 脑神经节：1 对，位于前闭壳肌和伸足肌之间。用尖头镊子小心撕去该处少许结缔组织，并轻轻掀起伸足肌，即可看到淡黄色的神经节（图 9-7A）。

② 足神经节：1 对，包埋在靠近足前 1/3 处的内脏团中，淡黄色。用解剖刀从足开始将整个内脏团纵剖开即可看到（图 9-6）。

③ 脏神经节：1 对，蝴蝶状，紧贴于后闭壳肌腹面，扁平，淡黄色。用尖头镊子小心撕去该处表面的一层组织膜即可看到（图 9-7B）。

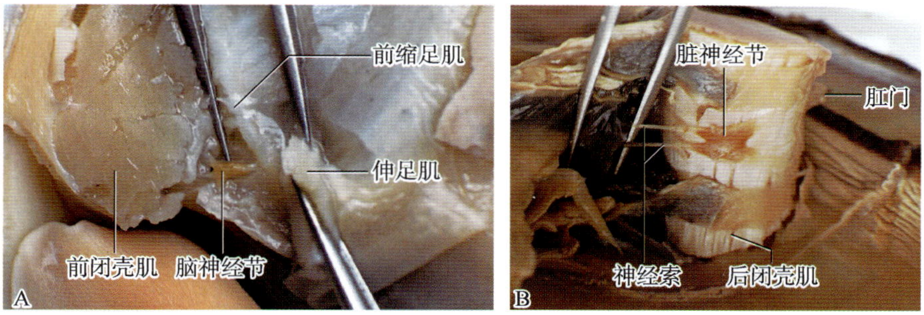

图 9–7 河蚌的神经系统
A. 示脑神经节 B. 示脏神经节

（二）萝卜螺的外形观察及内部解剖

1. 外形

萝卜螺具贝壳 1 个，呈椭圆形，右旋。壳质薄，易碎，壳面呈黄褐色，具有明显的生长纹。4～5 个螺层，壳顶尖锐，螺旋部短，体螺层膨大。壳口椭圆形，外缘薄，内缘外翻贴覆于体螺层上，轴缘略扭转。脐孔小，位于轴褶的后边（图 9–8）。

9-5
腹足类形态学相关知识

如何判断腹足类壳左旋还是右旋？如何计数腹足类的螺层？

2. 萝卜螺的解剖

用镊子将壳轻轻夹碎，从壳内取出软体部分，置于体视显微镜下观察软体部分表面的结构。将外套腔打开，仔细将外套膜剥离，然后依次将各器官、系统分离开进行观察。

● 对于壳质较硬的种类，用尖嘴钳子夹碎螺壳，但要注意保持软体部分的完整性。

3. 内部结构

（1）头部 位于身体前端，短，扁平（图 9–9A）。前端为吻，分成 2 页。口位于吻前端凹入处。触角呈宽大、扁平的三角形。眼 1 对，黑色，位于触角基部内侧。

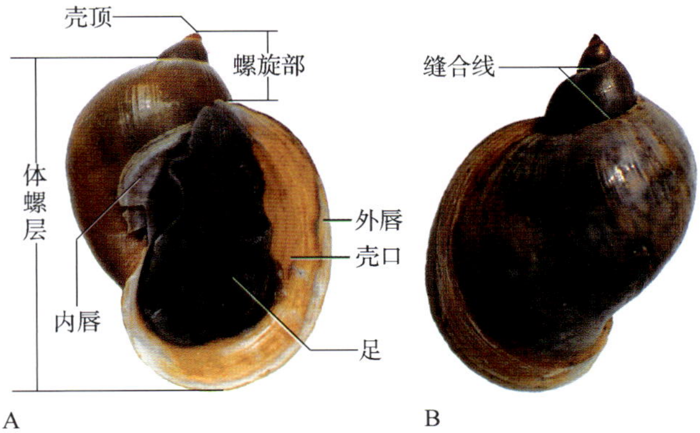

图 9–8 萝卜螺壳的形态
A. 腹面观 B. 背面观

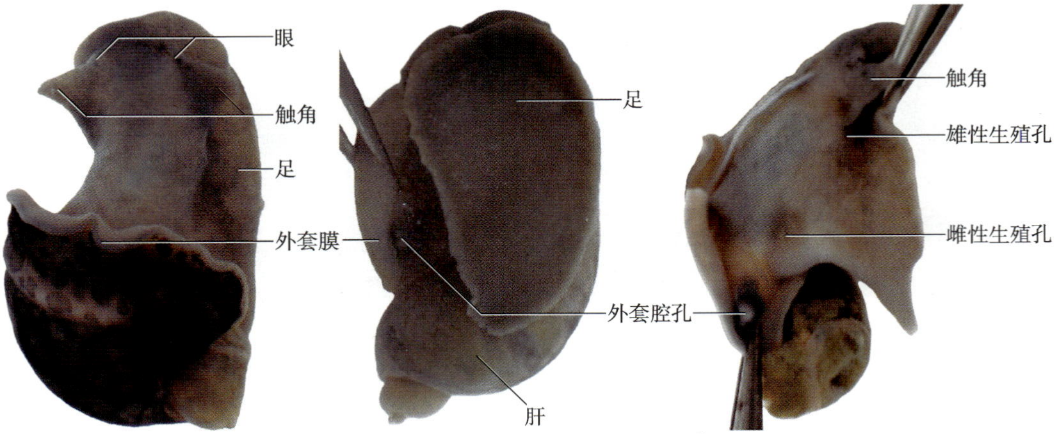

图 9-9　去壳后软体部分形态
A. 背面观　B. 腹面观　C. 右侧面观

（2）足　宽大、扁平，呈椭圆形，位于身体腹面（图 9-9B）。

（3）外套膜与外套腔　外套膜为包裹着萝卜螺软体部分的 1 层膜，表面有很多不规则的褐色斑点，边缘游离部分明显增厚。外套膜所包围的空腔即为外套腔。外套腔孔开口于身体右侧，周围有体壁突起包裹形成（图 9-9）。

萝卜螺如何进行呼吸？

（4）呼吸器官　肺是萝卜螺的呼吸器官，由外套膜特化形成，位于身体背面，紧贴游离边缘，明显增厚（图 9-10A）。

（5）循环系统（图 9-10）

① 围心腔：位于内脏团的右侧，为 1 透明的围心腔膜所包围的空腔。

② 心脏：位于围心腔内，由 1 心室 1 心耳组成。心室壁厚，心耳在心室前方，壁囊。

③ 动脉：由心室向后发出 1 支动脉，随即分成 2 支，1 支弯曲向前，1 支向后。

（6）排泄系统　肾 1 个，位于围心腔右侧，肠前端左侧，壁薄。

（7）消化系统　包括口球、食道、胃、肠、盲肠、直肠、肛门、唾液腺和肝等（图 9-11）。

① 口球：紧接在口后，为一个肌肉质的椭圆形囊，内有颚和齿舌囊。

② 食道：前端与口球相连，为一狭长的管，其后与膨大的胃相通。

③ 胃：由嗉囊、肌胃和幽门胃组成，肌胃又分为左右 2 个囊，嗉囊和幽门胃壁薄，肌胃的壁厚，富含肌肉。

④ 肠：细长，壁薄；由胃后端发出后，沿胃左侧前行，到达胃前端，从食道背面弯向右侧，沿胃右侧后行，在胃后形成一个大的弯曲，然后沿身体右侧前行。

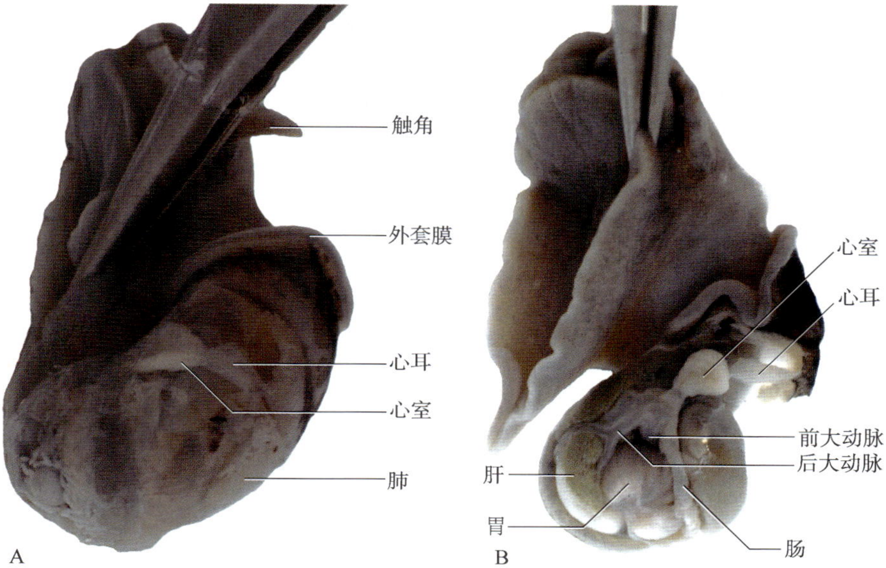

图 9-10　萝卜螺的呼吸和循环系统（左侧面观）
A. 示肺和心脏　B. 示心脏和动脉

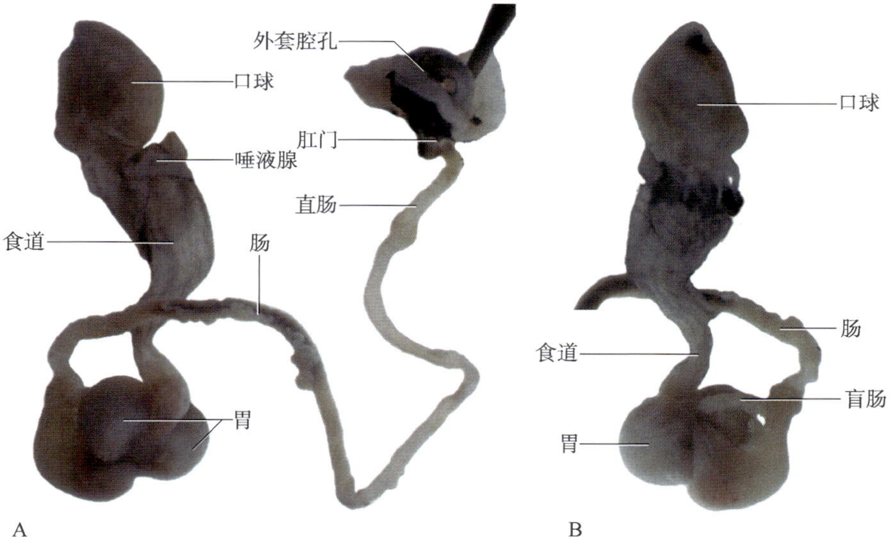

图 9-11　萝卜螺的消化系统
A. 背面观　B. 腹面观

⑤ 盲肠：为胃后由肠向前发出的分支形成，位于胃的腹面。

⑥ 直肠与肛门：直肠位于身体右侧，通肛门；肛门位于外套腔孔的后背侧。

⑦ 唾液腺：1 对，位于食道背面两侧，呈分支管状，通过唾液腺管从口球背面开口于的口腔，两唾液腺末端愈合。

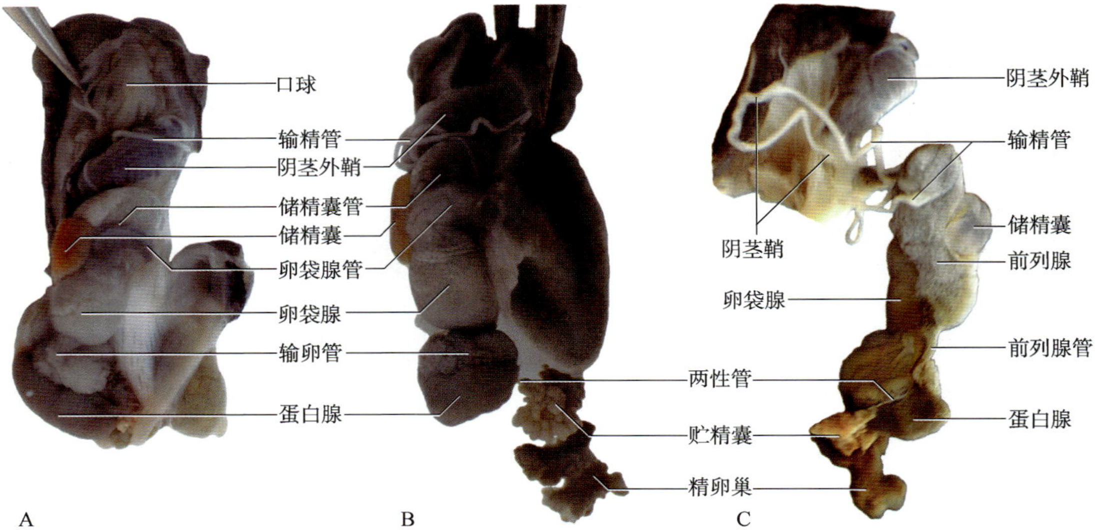

图 9-12 萝卜螺的生殖系统
A，B. 背面观 C. 腹面观

⑧ 肝：为 1 个大型的黄色葡萄状腺体，弥散状分布于整个内脏团，其开口位于肠前端，与幽门胃基部相连处。

（8）生殖系统 雌雄同体，可自体受精和异体受精（图 9-12）。

① 两性生殖器官 包括精卵巢和两性管。

精卵巢：为一黄色或淡黄褐色的葡萄状腺体，位于内脏团末端，包裹在肝中。

两性管：为精卵巢前端延伸形成的一白色细长的管，其中间部分膨大并发出大量突起形成贮精囊，因而两性管分为两段。

② 雌性生殖器官 由储精囊、蛋白腺、受精腔、输卵管、输卵管盲管、卵袋腺、阴道及雌性生殖孔组成。

受精腔：为输卵管前端略膨大形成的 1 个小囊，是卵子受精的场所，四周通过两性管、蛋白腺管、输卵管及前列腺管与相应的器官相通。

蛋白腺：白色，肾形，位于胃的前端右侧，通过蛋白腺管与受精腔相通。

输卵管：为一弯曲的腺质管道，分化不同的部分来执行不同的功能。

输卵管盲管：由输卵管分支形成的一盲管，又称为黏液腺，分泌黏液蛋白。

卵袋腺：为 1 个扁圆形的囊，紧接输卵管，分泌 1 种凝胶质物质形成卵袋。

阴道及雌性生殖孔：阴道为卵袋腺管和储精囊管汇合后形成的 1 段管状结构，其末端为雌性生殖孔，开口于外套腔孔前端，呈小突起状。

储精囊：为1个椭圆形或球形的囊，主要起到暂时储存精子的作用，通过储精囊管与阴道连通。

③ 雄性生殖器官 由贮精囊、输精管、前列腺和阴茎复合体构成。

贮精囊：由两性管中间膨大，并向两侧发出大量盲管形成，主要起暂时储存精子的作用。

输精管：由受精腔至阴茎鞘的管状结构，被前列腺分为两段，前列腺至受精腔的一段有时被称为前列腺管。

前列腺：为输精管特化形成的1个腺质器官，为1空心的扁平囊，后端以前列腺管与受精腔相连，后端发出输精管。

阴茎复合体：主要包括阴茎鞘、阴茎外鞘及两者内部的一些器官；阴茎鞘介于输精管与阴茎外鞘之间，长管状，其内包裹着长圆锥形的阴茎；阴茎外鞘位于雄性生殖管顶端，通过雄性生殖孔开口体外，雄性生殖孔开口于右触角外侧基部。

● 输精管在内脏团中蜿蜒盘曲，分离时要从一端开始仔细剥离。

（三）河蚌与萝卜螺形态结构的比较与分析

1. 比较河蚌和萝卜螺的头、足形态结构的差异，分析导致其差异形成的有关因素。

2. 比较河蚌和萝卜螺消化系统、循环系统、排泄系统和呼吸器官的异同，分析这两类软体动物内脏器官结构和功能的差异形成的可能原因。

3. 比较河蚌和萝卜螺生殖系统结构和生殖方式的差异，分析软体动物生殖系统结构和生殖方式的演化与其生活方式的关联。

六、问题与思考

1. 结合水流在河蚌体内的流动路线，说明河蚌是如何完成呼吸与消化过程的？

2. 思考河蚌受精卵在何处进行发育？成熟后又是如何排出体外的？

3. 与河蚌相比，为什么萝卜螺的内脏器官多不对称？

4. 结合河蚌和萝卜螺的比较解剖，总结软体动物形态结构的共同特征，及不同类别软体动物的形态结构对其生活方式的适应？

七、拓展性实验

1. 查阅资料，设计实验，证明钩介幼虫的变态发育过程，以及证明钩介幼虫对宿主是否具有选择性。

2. 运用所学河蚌的解剖与观察方法，解剖其他双壳类动物，识别并比较分析它们形态结构的异同。

3. 运用所学萝卜螺的解剖与观察方法，解剖肺螺亚纲常见种类如蜗牛、前鳃亚纲的常见种类如圆田螺等，比较前鳃亚纲与肺螺亚纲形态结构的异同，探讨它们对环境的适应性。

实验报告

（舒凤月）

实验 10

螯虾（或日本沼虾）和棉蝗的比较

辐射适应极端多样化的环境，使节肢动物进化成为动物界中种类最多、数量最大、分布最广的类群。甲壳类和昆虫分别是节肢动物中适应水生生活和陆生生活的两大类群，其代表动物螯虾（或日本沼虾）和棉蝗的比较，不仅能充分反映动物体的结构适应于其机能，动物体结构和机能的演变与环境的密切联系，而且能说明动物各器官系统在演变过程中的相关性及动物体的整体性。而宏观上的进化发展又启发人们从多个角度乃至分子水平上去探讨动物进化的机理。

一、实验目的

10-1 教学建议

1. 学习虾类和昆虫的一般解剖方法。

2. 通过实验，了解节肢动物高度发展与广泛适应性的主要特征；甲壳类适应水生生活的主要特征；昆虫适应陆生生活的主要特征。

3. 通过螯虾与棉蝗的比较解剖，进一步认识动物体结构适应于其机能，动物与环境的统一及动物体的整体性。

4. 认识甲壳动物其他种类和模式动物果蝇。

果蝇

二、实验内容

1. 螯虾（或日本沼虾）的外形观察和内部解剖。

2. 棉蝗的外形观察和内部解剖。

3. 螯虾（或日本沼虾）和棉蝗的比较。

4. 甲壳动物其他常见种类和模式动物果蝇示范。（参见数字课程）

10-2 甲壳动物常见种类

10-1 螯虾和蝗虫的采集与固定保存

三、实验材料

雌、雄螯虾（或日本沼虾）和雌、雄棉蝗的新鲜浸制标本。

四、实验器具与试剂

显微镜，放大镜，解剖器具，解剖盘，载玻片，盖玻片，培养皿。

0.5 g/L 亚甲蓝染液。

五、操作与观察

● 两人1组，每人以1种材料为主进行操作，两人配合，边操作边交互观察比较。

（一）螯虾（或日本沼虾）的外形观察和内部解剖

将浸制标本用清水冲洗、浸泡，除去药液后放解剖盘内进行以下实验。

1. 外形

螯虾（*Cambarus*）身体分头胸部和腹部，体表被以坚硬的几丁质外骨骼，深红色或红黄色，随年龄而不同（图 10-1）。

图 10-1 螯虾的外形

（1）头胸部 由头部（6节）与胸部（8节）愈合而成，外被头胸甲，头胸甲约占体长的一半。头胸甲前部背面中央有一背腹扁的三角形突起，称为额剑，其边缘有锯齿（日本沼虾的额剑侧扁，上下缘具齿）。额剑的形状和齿式是分类的依据之一。头胸甲的近中部有一弧形横沟，称为颈沟，为头部和胸部的分界线，颈沟以后，头胸甲两侧部分称为鳃盖，鳃盖下方与体壁分离形成鳃腔，内有鳃片。额剑两侧各有1个可自由转动的眼柄，其上着生复眼，用刀片将复眼削下一薄片置载玻片上，于显微镜下观察，可见复眼由许多近方形小眼组成。

> 虾腹部各体节间外骨骼如何连接？此连接对虾腹部的伸屈运动有何作用？

（2）腹部 螯虾的腹部短而背腹扁（日本沼虾的腹部长而侧扁），体节明显为6节，其后还有尾节。各节的外骨骼可分为背甲，腹甲及两侧下垂的侧甲。尾节扁平，腹面正中1条纵裂缝为肛门。

（3）附肢 共19对，除第1对触角是单枝型外，其他都是双枝型，但随着生部位和功能的不同而有较大的形态变化。

手持虾，使其腹面向上，首先观察各附肢着生位置，然后用镊子，由身体后部向前依次将虾一侧附肢摘下，并按着生顺序排列在解剖盘或硬纸片上，自前向后依次观察。

10-1 摘取螯虾的附肢

10-3 单枝型和双枝型

● 摘取附肢时，用镊子夹住其基部，垂直向外拔取。如附肢外骨骼厚硬，可用剪刀剪开（或用解剖针戳开）附肢基部与体壁的连接再拔取，注意保证附肢的完整性。

① 头部附肢（图 10–2）

小触角：位于额剑下方。原肢 3 节，末端有 2 根短须状触鞭（日本沼虾小触角基部外缘有一明显的柄刺，外鞭内侧有一短小的附鞭）。触角基部背面有一凹陷容纳眼柄，凹陷内侧丛毛中有平衡囊。

大触角：位于眼柄下方，原肢 2 节，基节的基部腹面有排泄孔。外肢呈片状，内肢成一细长的触鞭。大小触角有何功能？

大颚：原肢坚硬，形成咀嚼器，分为扁而边缘有小齿的门齿部和齿面有小突起的臼齿部；内肢形成细小的大颚须，外肢消失。

小颚：2 对。原肢 2 节，薄片状，内缘具毛（日本沼虾原肢内缘具刺）。第 1 对小颚内肢在外侧，呈小片状，外肢退化；第 2 对小颚内肢细小，外肢宽大叶片状，称为颚舟叶，颚舟叶有何功用？

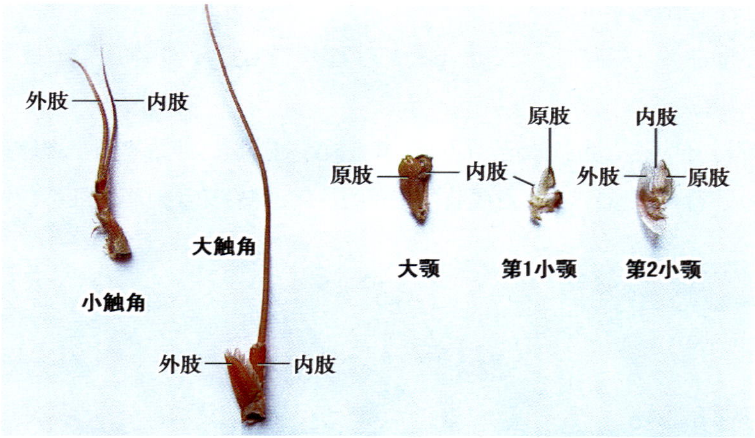

图 10–2 螯虾头部附肢

② 胸部附肢 共 8 对，原肢均 2 节（图 10–3）。

颚足：3 对。第 1 对颚足外肢基部大，末端细长，内肢细小。外肢基部有一薄片状肢鳃。第 2、3 对颚足内肢发达，分 5 节（日本沼虾第 3 对颚足内肢分 3 节），屈指状，外肢细长。足基部都有羽状的足鳃和关节鳃。3 对颚足和头部附肢大颚、小颚参与虾口器的形成。

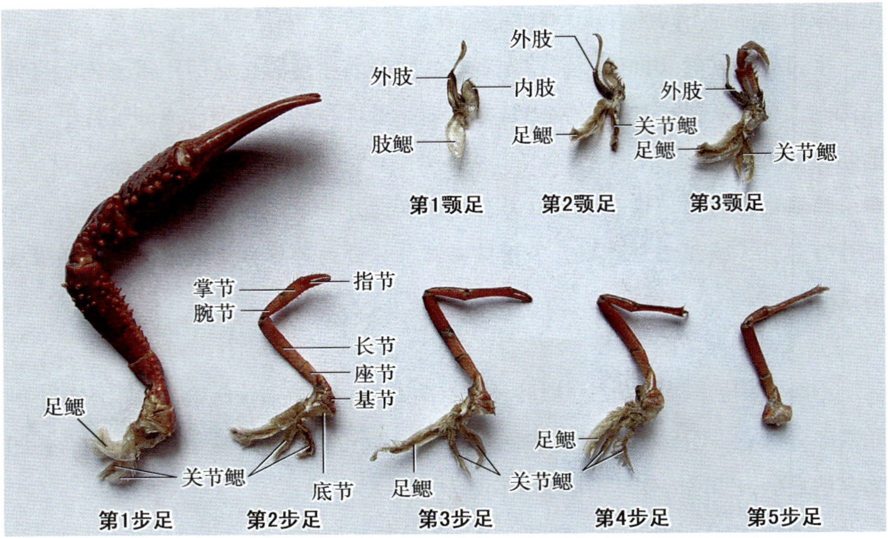

图 10-3 螯虾胸部附肢

步足：5 对。原肢 2 节，即底节和基节；内肢发达，分 5 节，即座节、长节、腕节、掌节和指节；外肢消失。前 3 对末端为钳状，第 1 对步足的钳特别强大，称为螯足；其余 2 对步足末端呈爪状（日本沼虾前 2 对步足末端为钳状，其中第 2 对特别大，尤其是雄虾），雄虾的第 5 对步足基部内侧各有 1 个雄性生殖孔，雌虾的第 3 对步足基部内侧各有 1 个雌性生殖孔。注意各步足基部鳃的着生情况。

③ 腹部附肢　共 6 对，第 1 ~ 5 对称腹肢，第 6 对称尾肢（或尾足）（图 10-4）。

腹肢：不发达，为游泳足。原肢 2 节。前 2 对腹肢，雌雄有别。雄虾第 1 对腹肢变成管状交接器，第 2 对腹肢形态有所特化；雌虾第 1 对腹肢细小，外肢退

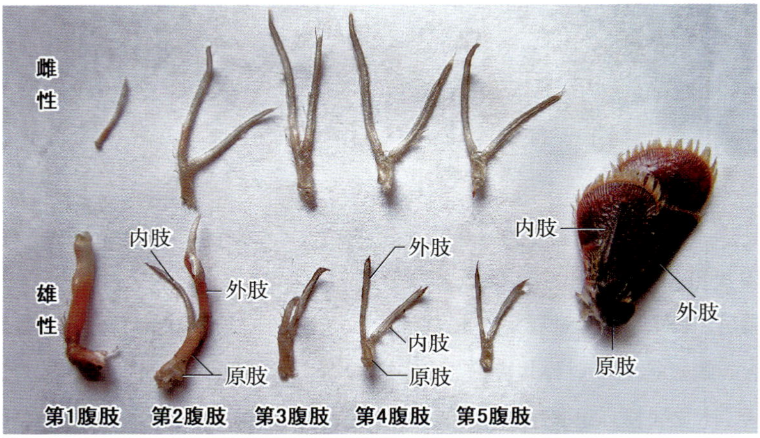

图 10-4 螯虾腹部附肢

化（日本沼虾第 1 对腹肢的外肢大，内肢很短小；雄虾第 2 对腹肢在内附肢内侧有一指状突起的雄性附肢）；其余的腹肢形状相同，内、外肢细长而扁平，密生刚毛（日本沼虾的内、外肢呈片状，内肢具内附肢）。

尾肢：内外肢特别宽阔呈片状，外肢比内肢大，有横沟分成 2 节。尾肢与尾节构成尾扇。

2. 内部解剖与观察

● 解剖与观察过程中，注意比较螯虾和棉蝗各器官系统的形态结构，分布等特点。

（1）呼吸器官（图 10-5）　剪去螯虾头胸甲右侧鳃盖，露出鳃腔中的呼吸器官鳃。先原位观察。然后用镊子稍作分离，观察着生在第 1 对颚足至第 4 对步足基部的足鳃、体壁与附肢间关节膜上的关节鳃和着生在第 1 对颚足基部的肢鳃。（日本沼虾自第 2 对颚足至第 5 对步足基部共 7 对羽状鳃。）

螯虾的鳃除呼吸作用外，还有何功能?

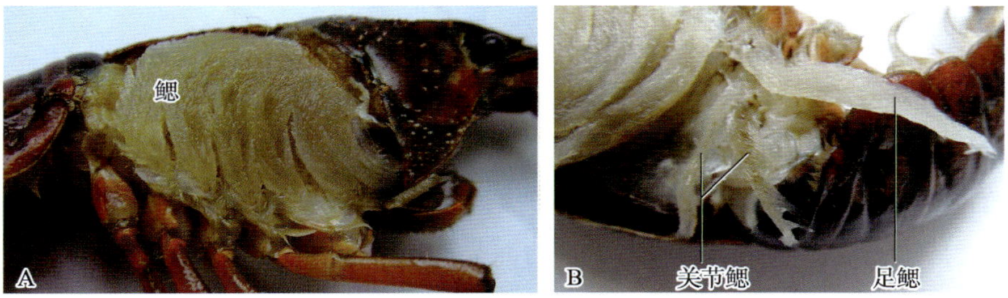

图 10-5　螯虾的呼吸器官鳃
A. 原位观察　B. 示关节鳃和足鳃

观察完呼吸器官后，用眼科剪剪开头胸甲后缘膜，用镊子自头胸甲后缘至额剑处，仔细分离头胸甲与其下方器官的联系，再用剪刀自头胸甲前部两侧到额剑后剪开并移去头胸甲。然后用剪刀自前向后，沿腹部两侧背甲与侧甲交界处剪开腹部外骨骼，用镊子略掀起背甲，观察肌肉附着于外骨骼内的情况，最后小心地剥离背甲和肌肉的联系，移去背甲。

10-1 螯虾的解剖

● 分离外骨骼时，注意勿损伤其内部的各内脏器官。

（2）肌肉　虾腹部背方肌肉呈束状，观察其分布状况。取少许肌肉，参照实验 3 中的分离法，制作肌肉装片，置显微镜下观察。

虾的肌肉属哪种类型？此类肌肉与虾的运动有何关联？螯虾和棉蝗的肌肉有何共同特征？

（3）循环系统　主要观察心脏及其发出的动脉（图 10-6）。

① 心脏：心脏位于头胸部后半部背侧的围心窦内，为半透明多角形的肌肉囊，用镊子轻轻撕开围心膜即可见到。在观察血管后，将心脏取下置于培养皿内的水中，用放大镜观察，在心脏的背面、前侧面和腹面，各有 1 对心孔。

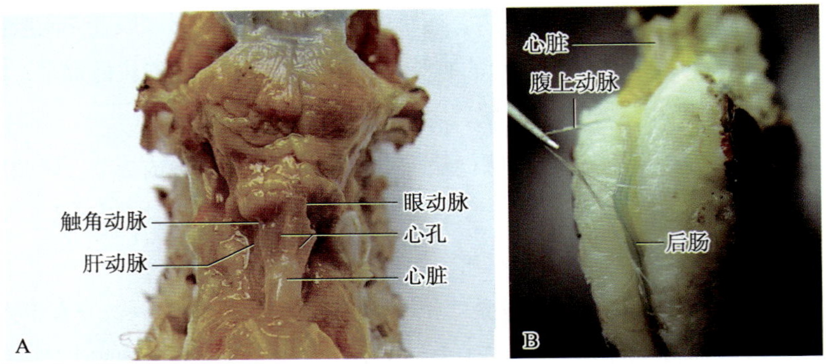

图 10-6　螯虾的心脏及其发出的动脉
A. 示心脏和眼动脉、触角动脉和肝动脉　B. 示腹上动脉

② 动脉：用镊子轻轻提起心脏，可见心脏发出 7 条细且半透明的血管。

由心脏前端发出 1 条前大动脉，前大动脉基部两侧是 1 对触角动脉，触角动脉外侧各有 1 条肝动脉。由心脏后端发出 1 条腹上动脉，沿后肠背方后行至腹部末端。

在胸腹交接处，腹上动脉基部，心脏发出 1 条弯向胸部腹面的胸直动脉。剪去第 4、5 步足处胸部左侧壁，用镊子将该处肌肉轻轻向背方托起，即可见到胸直动脉通到腹面（注意此血管极易被拉断），达腹神经索腹方后，再向前后分为 2 支，向前的 1 支为胸下动脉，向后的 1 支为腹下动脉。此外，透过腹面体壁可见腹中线处有 1 条暗绿色条纹，是体壁内侧的神经下动脉。

根据观察，思考螯虾的血液在体内是如何循环流动的？

● 血管细，易被拉断，须仔细分离观察。

（4）生殖系统　虾为雌雄异体。生殖腺位于围心窦腹面，摘除心脏，即可见到。

① 雄性（图 10-7A）：具精巢 1 对，乳白色，前部分离为 2 叶，后部合并为 1 叶。每侧精巢发出 1 条细长的输精管，其末端开口于第 5 对步足基部内侧的雄性生殖孔。

② 雌性（图 10-7B）：具卵巢 1 对，性成熟时为淡红色或淡绿色，浸制标本呈褐色。颗粒状，也分 3 叶，前部 2 叶，后部 1 叶（沼虾 1 对卵巢前端愈合，后端分离），其大小随发育时期不同而有很大差别。卵巢向两侧腹面发出 1 对短小的输卵管，其末端开口于第 3 对步足基部内侧的雌性生殖孔。在第 4、5 对步足间的腹甲上，有一椭圆形突起，中有一纵行开口，内为空囊，即受精囊（图 10-7C）。

从外形上如何区分雄虾和雌虾？

（5）消化系统（图 10-8A、B）　用镊子轻轻移去生殖腺，可见其下方左右两侧各有 1 团黄色腺体，即为肝。剪去一侧肝，可见肠管前接囊状的胃。胃可分为位于体前端的壁薄的贲门胃（透过胃壁可看到胃内有深色食物）和其后较小、壁略厚的幽门胃。剪开胃壁，除去胃内食物，观察贲门胃内由 3 个钙齿组成的胃磨及幽门胃内刚毛着生的情况（图 10-8C），它们各有何功能？

图 10-7　螯虾的生殖系统
A. 示精巢和输精管　B. 示卵巢　C. 示雌、雄性生殖孔、交接器和受精囊

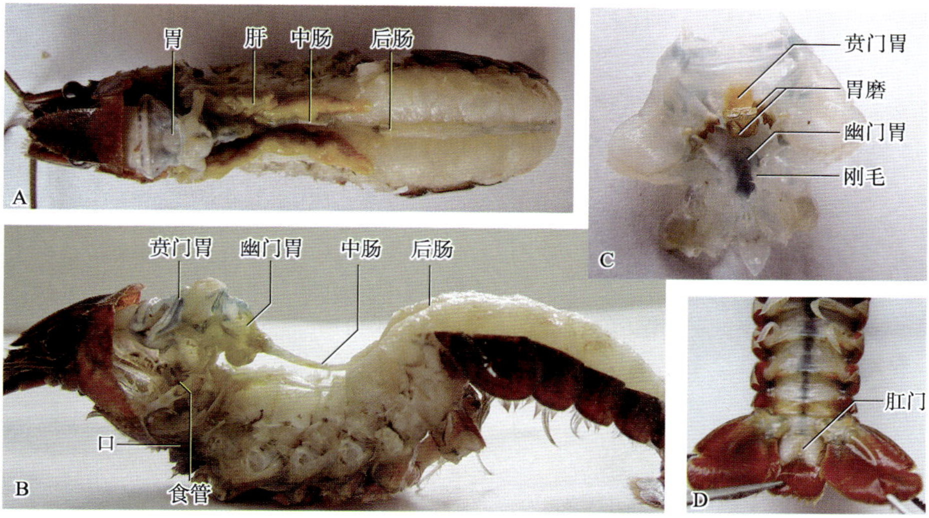

图 10-8　螯虾消化系统
A. 消化管侧面观　B. 消化系统背面观　C. 示胃内部构造　D. 示肛门

用镊子轻轻提起胃，可见贲门胃前腹方连有1根短管，即食管，食管前端连接由口器包围的口腔。幽门胃后接中肠，中肠很短，1对肝即位于其两侧，各以1肝管与之相通。中肠之后即为贯穿整个腹部的后肠，后肠位于腹上动脉腹方，略粗，透过肠壁可见内有深色食物残渣（图10–8A），后肠以肛门开口于尾节腹面（图10–8D）。

触角腺的主要功能是什么?

（6）排泄和渗透调节器官（图10–9） 剪去胃和肝，在头部腹面大触角基部外骨骼内方，可见到1团扁圆形腺体即触角腺，为成虾的排泄和渗透调节器官，生活时呈绿色，故又称为绿腺，浸制标本常为乳白色，它以宽大而壁薄的膀胱伸出的短管，开口于大触角基部腹面的排泄孔。

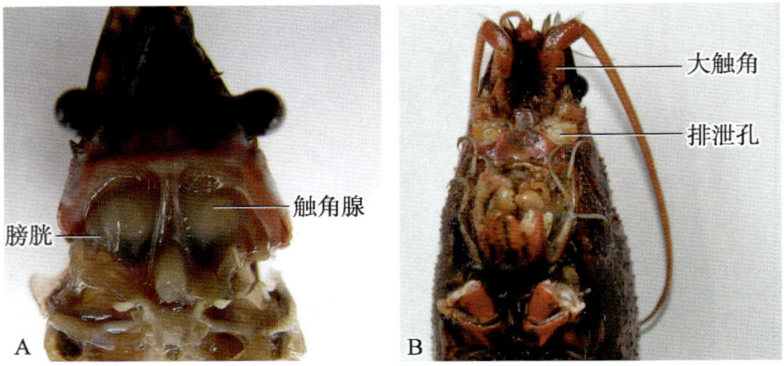

图10–9 螯虾排泄器官
A. 示触角腺 B. 示排泄孔

螯虾腹神经链上共有多少个神经节？各神经节发出的神经分别分布到身体何部位?

10-2
螯虾部分器官局部显示

（7）神经系统（图10–10） 除保留食管外，将其他内脏器官和肌肉全部除去，便可看到身体腹面正中线处有1条白色索状物，即为虾的腹神经链，它由2条神经干愈合而成，在胸直动脉穿过处极易看清。用镊子在食管左右两侧小心地剥离，可找到1对白色的围食管神经。沿围食管神经向头端寻找，可见在食管之上，两眼之间有一较大白色块状物，为食管上神经节或脑神经节。围食管神经绕到食管腹面与腹神经链连接处有一大白色结节，为食管下神经节。自食管下神经节，沿腹神经链向后端剥离，可见链上还有多个白色神经节。

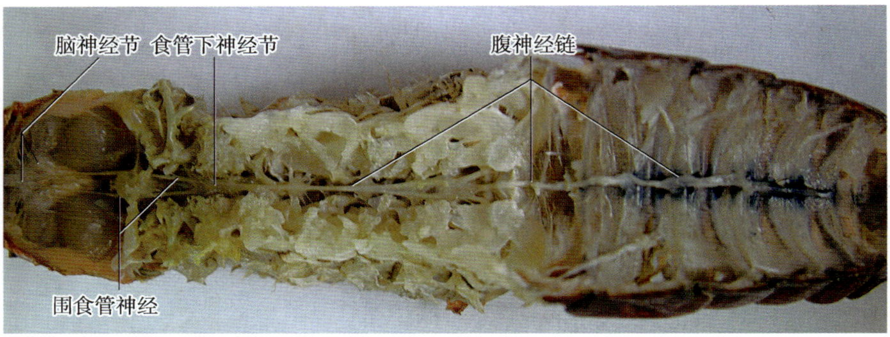

图10–10 螯虾的神经系统

图 10-11　棉蝗的外形

（二）棉蝗的外形观察和内部解剖

将浸制标本用清水冲洗、浸泡，除去药液后置解剖盘内。

1. 外形

棉蝗一般体呈青绿色，浸制标本呈黄褐色。体表被有几丁质外骨骼。身体明显分为头、胸、腹 3 部分（图 10-11）。雌雄异体，雄虫比雌虫小。

● 观察时注意思考身体各部形态结构及其功能。

（1）头部　位于身体最前端，卵圆形，其外骨骼愈合成一坚硬的头壳。头壳的正前方为略呈梯形的额，额下连一长方形的唇基；额的上方，两复眼之间的背上方为头顶；复眼以下，头的两侧部分为颊；头顶和颊之后为后头（图 10-12）。头部具有下列器官：

① 眼　棉蝗具有 1 对复眼和 3 个单眼。

复眼：椭圆形，棕褐色，较大，位于头顶左右两侧。用刀片自复眼表面削下一薄片，置载玻片上，于显微镜下观察，可见复眼由许多六角形小眼组成。

单眼：形小，黄色。1 个在额的中央，2 个分别在两复眼内侧上方，3 个单眼排成 1 个倒“品”字形。

② 触角　触角 1 对，位于额上部两复眼内侧，细长呈丝状，由柄节、梗节及鞭节组成，鞭节又分为许多亚节。

③ 口器　典型的咀嚼式口器（图 10-13）。原位观察口器各部分着生的位置，然后左手持蝗虫，使其腹面向上，拇、食指将其头部夹稳，右手持镊子自前向后将口器各部分取下，摘取方法同螯虾，依次放在载玻片上，用放大镜观察其构造。

上唇：1 片，连于唇基下方，覆盖着大颚，可活动。上唇略呈长方形，其弧状下缘中央有一缺刻；外表面硬化，内表面柔软且密生细毛。

图 10-12 棉蝗头部

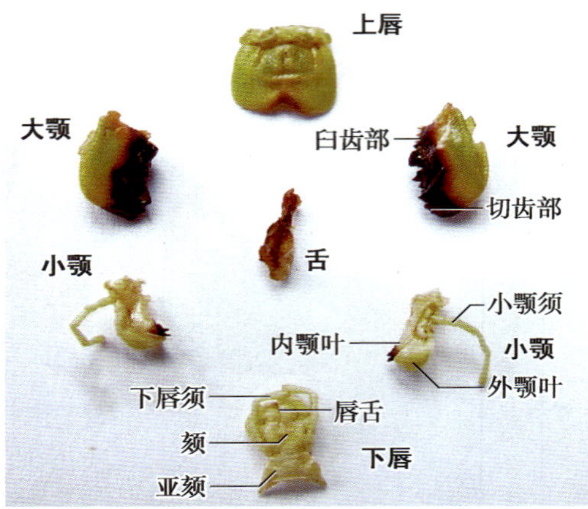

图 10-13 棉蝗的口器

大颚（上颚）:为 1 对坚硬棕黑色的几丁质块，位于颊的下方，口的左右两侧，被上唇覆盖。两大颚相对的一面有齿，下部的齿长而尖，为切齿部；上部的齿粗糙宽大，为臼齿部。

小颚（下颚）:1 对，位于大颚后下方，下唇前方。小颚基部分为轴节和茎节，轴节连于头壳，其前端与茎节相连。茎节端部着生 2 个活动的薄片，外侧的呈匙状，为外颚叶，内侧的较硬，端部具齿，为内颚叶。茎节中部外侧还有 1 根细长具 5 节的小颚须。

下唇：1 片，位于小颚后方，成为口器的底板。下唇的基部称为后颏，后颏又分为前后 2 个骨片，后部的称为亚颏，与头部相连，前部的称为颏。颏前端连接能活动的前颏，前颏端部有 1 对瓣状的侧唇舌，其间有极小的中唇舌，前颏两侧有 1 对具 3 节的下唇须。

> 蝗虫的复眼和单眼各有何视觉功能？口器各部分各有何功能？口器结构与其功能有何相关性？

舌：位于大、小颚之间，为口前腔中央的 1 个狭长的囊状物，表面有毛和细刺。

（2）胸部 头部后方为胸部，由 3 节组成，由前向后依次称前胸、中胸和后胸。每胸节各有 1 对足，中、后胸背面各有 1 对翅。

① 外骨骼 为坚硬的几丁质骨板，背部的称为背板，腹面的称为腹板，两侧的称为侧板。

背板：前胸背板发达，背面中央隆起呈屋脊状，两侧向下扩展成马鞍形，几乎盖住整个侧板，后缘中央伸至中胸的背面。中、后胸背板较小，被两翅覆盖（图 10-14 A）。用剪刀沿前胸背板第 3 条横缝线剪去背板后部，将两翅拨向两侧，即可见中、后胸背板略呈长方形，表面有沟（图 10-14 B）。

腹板：前胸腹板在两前足间有一囊状突起，向后弯曲，称为前胸腹板突。中、后胸腹板合成 1 块，但明显可分；每腹板表面有沟，将骨板分成若干骨片（图 10-14 C）。

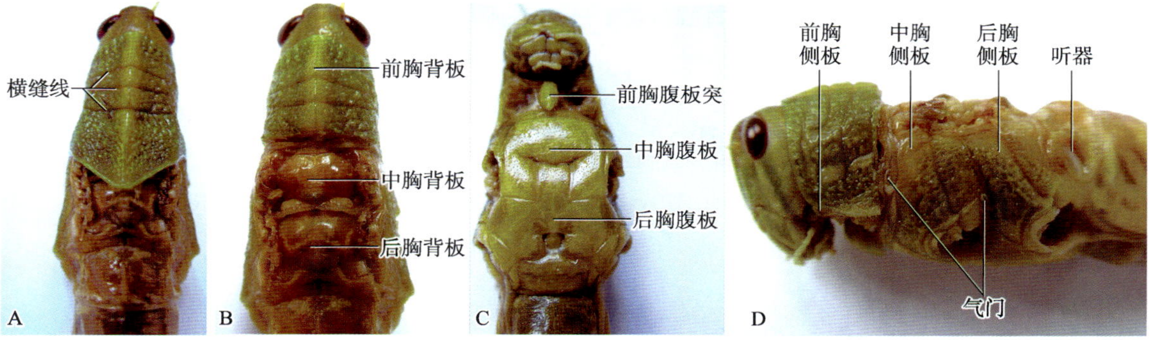

图 10-14　棉蝗胸部外骨骼
A. 前胸背板　B. 示中、后胸背板　C. 示腹板　D. 示侧板

侧板：前胸侧板位于背板下方前端，为 1 个三角形小骨片。中、后胸侧板发达，其表面均有 1 条斜行的侧沟，将侧板分为前后 2 部。胸部有 2 对气门，1 对在前胸与中胸侧板间的膜上，另 1 对在中、后胸侧板之间、中足基部的膜上（图 10-14 D）。可用放大镜观察。

② 胸足　胸部各节依次着生前足、中足和后足各 1 对。前、中足较小，为步行足；后足强大，为跳跃足。用镊子取下一侧各足，观察足的形态和组成。各足均由基节、转节、腿节、胫节、跗节、前跗节等 6 肢节构成（图 10-15）。胫节后缘有 2 行细刺，末端还有数枚距，注意刺的排列形状与数目。跗节又分 3 节，第 1 节较长，有 3 个假分节，第 2 节很短，第 3 节较长，跗节腹面有 4 个跗垫。前跗节为 1 对爪，两爪间有 1 中垫。

③ 翅　2 对。有暗色斑纹，各翅贯穿翅脉。前翅着生于中胸，革质，狭长形，休息时覆盖在背上，称为覆翅。后翅着生于后胸，休息时折叠而藏于覆翅之下，将后翅展开，可见它宽大，膜质，薄而透明，翅脉明显。

（3）腹部　与胸部直接相连，由 11 个体节组成。

① 外骨骼

几丁质外骨骼较柔软，只由背板和腹板组成，侧板退化为连接背、腹板

图 10-15　棉蝗的后足

的侧膜。雌、雄蝗虫第1～8腹节形态构造相似，在每个背板两侧下缘前方各有1个气门。在第1腹节气门后方各有1个大而呈椭圆形的膜状结构，称为听器。

螯虾和棉蝗外骨骼形态上有何共同特点？该特点何以使外骨骼在动物运动方面有重要作用？

第9、10两节背板较狭，部分愈合；第11节背板形成背面三角形的肛上板，盖着肛门；第10节背板的后缘、肛上板两侧各有1个小突起，即尾须，雄虫的尾须比雌虫的大；2尾须内侧各有1个三角形的肛侧板。腹部末端还有外生殖器。

② 外生殖器（图10-16）

雄虫的交配器：雄虫第9节腹板发达，向后延长并向上翘起形成匙状的生殖下板，将生殖下板向下压，可见内有一突起，即阳茎。

雌虫的产卵器：雌虫第9、10节无腹板，第8节腹板特长，其后有1对尖形的产卵腹瓣（下产卵瓣）；在背侧肛侧板后也有1对尖形的产卵瓣，为产卵背瓣（上产卵瓣），产卵背瓣和腹瓣构成产卵器。

2. 内部解剖与观察

从翅和足的基部剪去翅和足，再从腹部末端两侧尾须处开始，自后向前沿气门上方将左右两侧体壁剪开，剪至前胸背板前缘；然后在虫体前后端两侧体壁已剪开的裂缝之间，剪开头部与前胸间的颈膜和腹部末端的背板。将蝗虫背面向上置解剖盘中，用解剖针自前向后仔细地将背壁与其下方的内部器官分离开，再将完整的背壁取下。原位观察棉蝗内部器官后依次观察下列器官系统。

10-3
棉蝗的解剖

● 剪开体壁时，剪刀尖向上翘，以免损伤内脏。

棉蝗和螯虾的血管复杂程度相同吗？棉蝗血液的主要功能是什么？

（1）循环系统　观察取下的背壁，可见其腹部背壁内面纵中线上有1条半透明的细长管状构造，即为心脏。心脏按体节有若干略膨大的部分，为心室。观察棉蝗有几个心室？各在何腹节？心脏前端连1细管，即大动脉。心脏两侧有扇形的翼状肌（图10-17）。

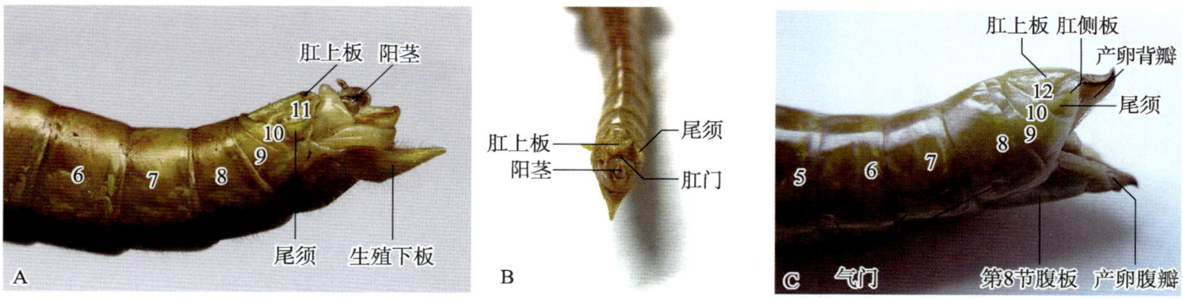

图10-16　棉蝗尾部
A. 雄虫　B. 示阳茎　C. 雌虫

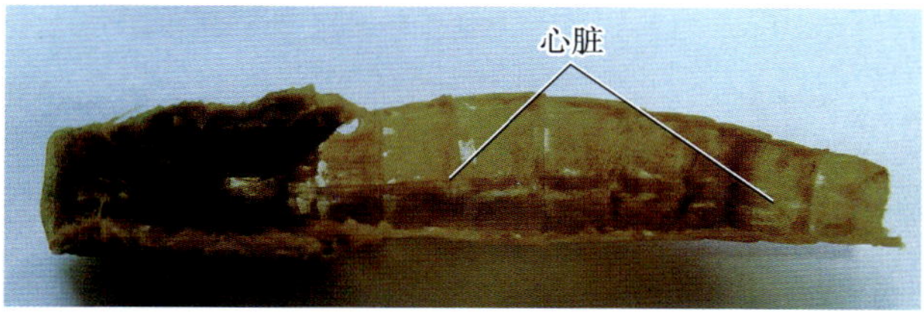

图 10-17　棉蝗的心脏

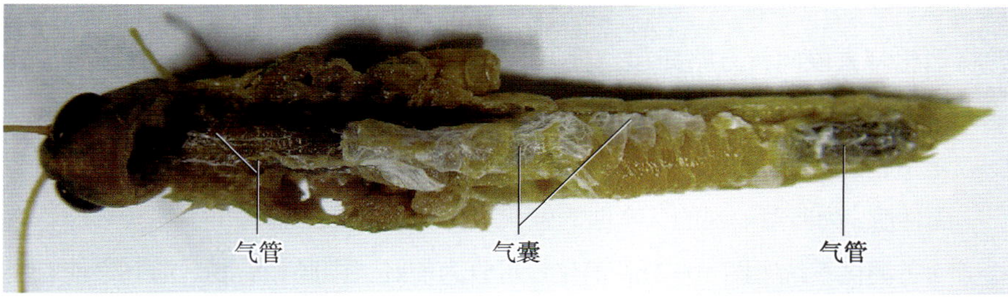

图 10-18　棉蝗的呼吸系统

（2）呼吸系统　自气门向体内，可见许多白色分支的小管分布于内脏器官和肌肉中，即为气管；在内脏背面两侧还有与气管相连的许多膨大的白色气囊（图 10-18）。气囊有何作用？用镊子撕取胸部肌肉少许，或剪取一段气管，放在载玻片上，加水制成水封片，置显微镜下观察，即可看到许多小管，其管壁内膜有几丁质螺旋丝。螺旋丝有何作用？

> 根据观察进行分析，昆虫如何进行气体交换？为什么说昆虫的气管是动物界的一种高效呼吸器官？

（3）生殖系统　棉蝗为雌雄异体异形，实验时可互换不同性别的标本进行观察。

① 雄性内生殖器官（图 10-19）

精巢：位于腹部消化管的背方，1 对，左右相连成一长椭圆形结构，仔细观察，可见由许多小管即精巢管组成。

输精管和射精管：精巢腹面两侧向后伸出 1 对输精管，分离周围组织可看到，2 管绕到消化管腹方汇合成 1 条射精管，射精管穿过下生殖板，开口于阴茎基部。

副性腺和贮精囊：射精管前端两侧，有一些迂曲细管，即副性腺。仔细将副性腺的细管拨散开，还可看到 1 对贮精囊，通入射精管基部。观察时可将消化管末段向背方略托起，以便寻找，但勿将消化管撕断。

② 雌性内生殖器官（图 10-20）

卵巢：1 对，位于腹部消化管的背方，由许多自中线斜向后方排列的卵巢管组成，卵巢管的端丝在卵巢前端汇合成悬带，连于胸部背板内方。

卵萼和输卵管：卵巢两侧有 1 对略粗的纵行管，各卵巢管与之相连，此即卵萼，是产卵时暂时贮存卵粒的地方，卵萼后行为输卵管。沿输卵管走向分离周围组织，

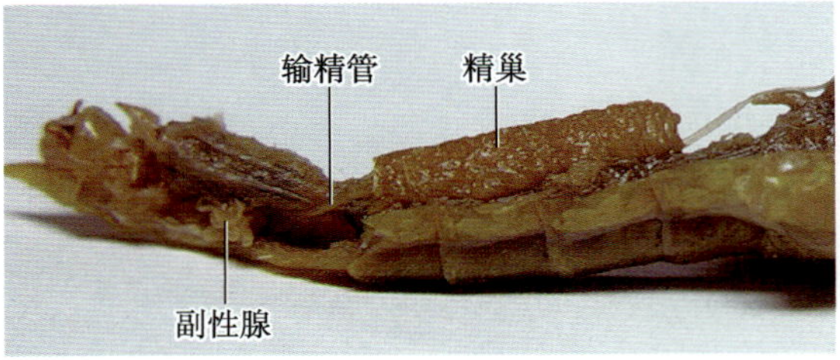

图 10-19　雄棉蝗内生殖器官

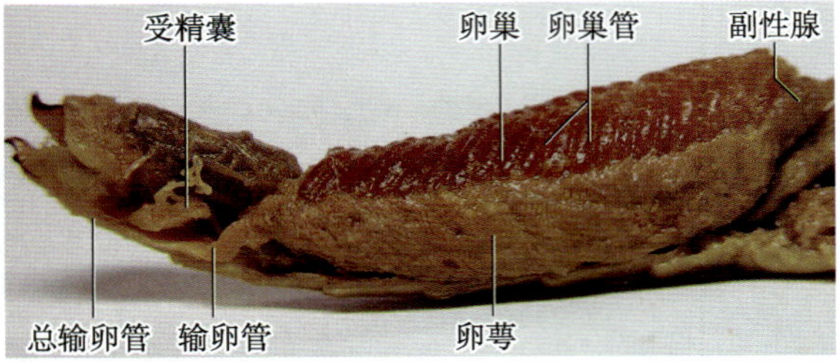

图 10-20　雌棉蝗内生殖器官

并将消化管末段向背方略托起，可见 2 输卵管在身体后端绕到消化管腹方汇合成 1 条总输卵管，开口于产卵腹瓣之间的生殖孔。

受精囊：自生殖腔背方伸出一弯曲小管，其末端形成一椭圆形囊，即受精囊。

副性腺：为卵萼前端的一弯曲的管状腺体。

（4）消化系统（图 10-21）消化管可分为前肠、中肠和后肠。前肠之前有由口器包围而成的口前腔，口前腔之后是口。移去精巢或卵巢后进行观察。

① 前肠：前肠自咽至胃盲囊，包括口后的一短肌肉质咽，咽后的食道，食道后方膨大囊状的嗉囊，嗉囊后略细的前胃。

② 中肠：中肠又称胃，在与前胃交界处有 12 个呈指状突起的胃盲囊，6 个伸向前方，6 个伸向后方。

③ 后肠：后肠包括与胃连接的回肠，回肠之后较细小、常弯曲的结肠和结肠后部较膨大的直肠，直肠末端开口于肛门，肛门在肛上板之下。

蝗虫各消化器官分别具有什么功能?

④ 唾液腺：1 对，位于胸部嗉囊腹面两侧，色淡，葡萄状，有 1 对导管前行，汇合后通入口前腔。

马氏管如何收集和排出代谢废物?

（5）排泄器官　为马氏管，着生在中、后肠交界处。将虫体浸入培养皿内的水中，用放大镜观察，可见马氏管是许多细长的盲管，游离于血体腔中（图 10-22）。

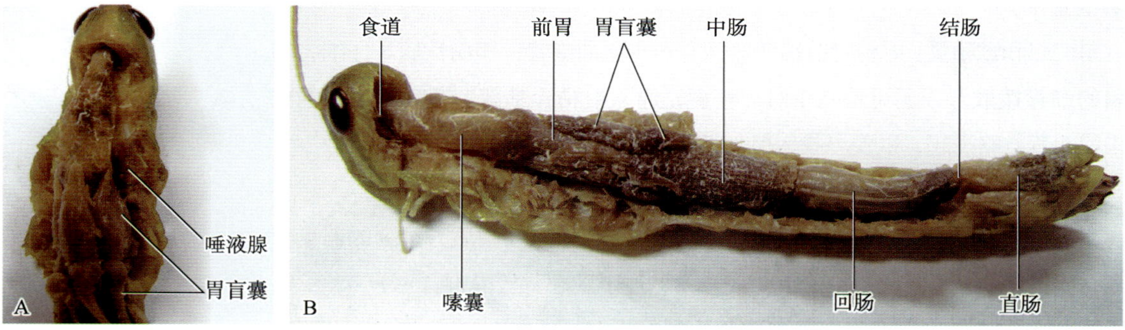

图 10-21　棉蝗的消化系统
A. 示唾液腺和胃盲囊　B. 示消化管

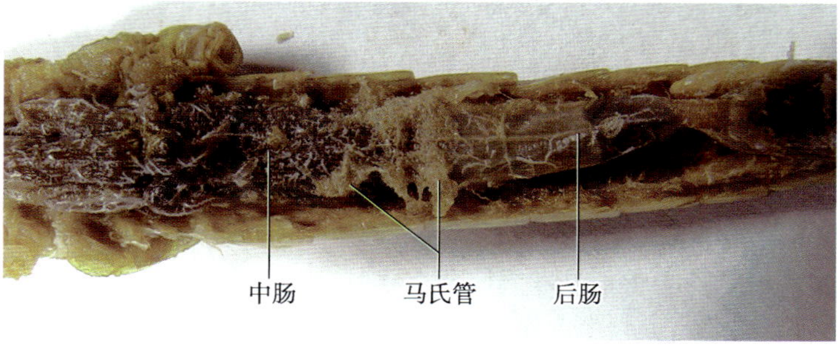

图 10-22　棉蝗的马氏管

（6）神经系统（图 10-23）剪开两复眼间头壳，剪去头顶和后头的头壳，但保留复眼和触角；用镊子小心地除去头壳内的肌肉后，再行观察。

去头壳及其内肌肉时，勿损伤脑；观察时注意脑向前发出的主要神经，各通向哪些器官？

棉蝗和螯虾神经系统的共同特点是什么？

10-4
棉蝗部分器官局部显示

① 脑：位于两复眼之间，为淡黄色块状物。

② 围食管神经：为脑向后发出的 1 对神经，到食管两侧；用镊子将消化管前端轻轻挑起，可见围食管神经绕过食道后，与食道下神经节相连。

除保留小段食道外，将消化管除去；再将腹隔和胸部肌肉除去，然后观察。

③ 腹神经链：为胸部和腹部腹板内面腹中线处的白色神经索，它由 2 股组成，在一定部位合并成神经节，神经节发出神经通向其他器官。有多少个神经节，各在什么部位？

（三）螯虾（或日本沼虾）与棉蝗的比较与分析

1. 外形

比较螯虾和棉蝗附肢形态结构的共同特征及不同类型附肢各自的形态结构特点，分析不同附肢形态结构对功能的适应，探讨附肢形态结构多样性的意义。

2. 呼吸器官

比较螯虾和棉蝗呼吸系统结构的不同点，分析探讨动物呼吸器官形态结构对生活环境的适应。

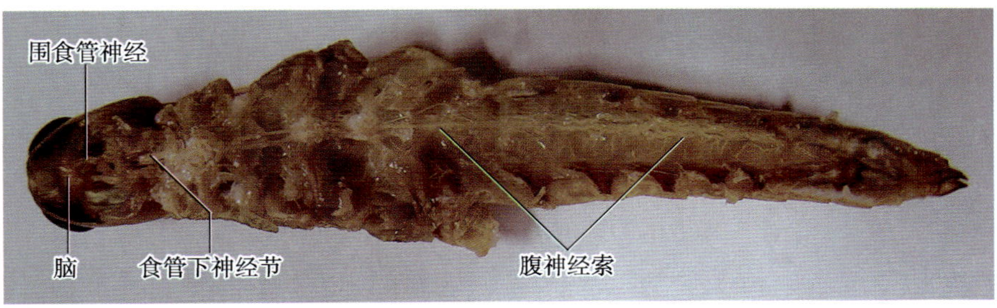

图 10-23　棉蝗的神经系统

3. 循环系统

比较螯虾和棉蝗循环系统结构和功能的共同特点和不同点，分析探讨它们循环系统结构和功能出现不同特点的可能相关因素？如何认识动物的整体性？

4. 排泄器官

比较螯虾和棉蝗排泄器官形态结构及功能的异同点，分析探讨动物排泄器官的功能与生活方式的相关性。

六、问题与思考

1. 通过实验，总结甲壳类动物和昆虫纲各有何主要特征；分析说明这两类动物各有哪些形态结构和生理特征体现了它们对水生生活、陆生生活的适应。

2. 通过实验观察，分析说明为什么节肢动物能成为动物界中种类最多、数量最大的一类动物。

3. 根据实验观察比较，探讨动物各器官系统的结构与功能在演化过程中的相关性及动物体的整体性。

七、拓展性实验

1. 运用所学昆虫的观察与解剖方法，对蜚蠊、果蝇、家蚕、螽斯、蝉和金龟子等昆虫的幼体和/或成体进行外形观察，内部解剖和内部器官的识别、比较。

2. 运用所学螯虾的观察与解剖方法，对刀额新对虾（基围虾）、糠虾等虾类进行外形观察和内部解剖，并列表比较各类虾的主要形态鉴别特征。

实验报告

（黄诗笺）

实验 11 昆虫的分类

昆虫纲是动物界里最大的一纲，占节肢动物门种数的 94%以上，占整个动物界种数的 80%以上。其外形主要特征为：身体分头、胸、腹 3 部分，胸部具 3 对足，多数种类胸部具 1～2 对翅。昆虫的多样性充分体现了生物体结构与功能的统一、生物与环境的统一。

昆虫与人类关系极为密切，是一类重要的生物资源，如食用（饲用）昆虫、药用昆虫、传粉昆虫、天敌昆虫和观赏昆虫等。有的还是重要的科研材料，如果蝇就是遗传学、发育生物学和神经生物学等学科研究中常用的模式生物。

昆虫纲动物种类多，分类复杂。昆虫纲分目通常依据口器、触角、足和翅的类型及发育过程中的变态类型。

一、实验目的

1. 学习掌握昆虫分类的基本知识，初步学会检索表的使用和编制方法。
2. 了解昆虫纲各重要目的主要特征，认识一些常见的代表种类。
3. 了解昆虫的多样性及其系统发育，理解生物体结构与功能、生物与环境的统一和物种多样性的形成机制。

11-1 教学建议

二、实验内容

1. 观察、识别昆虫常用的重要分类特征。
2. 使用检索表，将待鉴定昆虫鉴定到目。
3. 了解昆虫纲重要目的主要特征，认识常见代表种类。（参见数字课程）

11-2 昆虫纲常见目的主要特征及其常见昆虫

三、实验材料

各种昆虫成虫的干制针插、浸制标本，部分卵块、幼虫和蛹的浸制标本；供实验鉴定用的若干种昆虫标本。

四、实验器具与试剂

显微镜，体视显微镜，放大镜，解剖针，镊子，记录纸等。

五、操作与观察

（一）昆虫常用的重要分类特征的观察

用检索表进行昆虫分类之前，必须先了解掌握昆虫常用的重要分类特征。通过仔细观察了解代表性昆虫标本的特定分类特征，对昆虫各特征所属类型作出正确的判断。

1. 昆虫口器的类型

参见图 11-1。

（1）咀嚼式 具有发达坚硬的上颚，可咀嚼食物，适于取食固体食物。观察蝗虫的口器（见图 10-13）。

（2）刺吸式 口器各部分延长成细长针状，相互抱握成一针管状的喙，用以刺穿和吮吸液态食物。观察蚊、蝉的口器。

（3）嚼吸式 兼有咀嚼与吸收两种功能。上颚发达，颚齿状，与咀嚼式口器相同，适宜咀嚼固体食物与筑巢；下颚、舌及下唇延长并合拢而成一管状喙，适于吮吸液态食物，由外颚叶和中唇舌抱合成食物道。观察蜜蜂的口器。

（4）虹吸式 口器大部分结构退化，仅下颚的外颚叶延长并左右合抱而成管状喙，用于吮吸花蜜，不用时可盘卷成发条状，置于头下方。观察蛾、蝶类的口器。

（5）舔吸式 双翅目蝇类特有口器。上、下颚退化，由头壳一部分及下唇等延长成基喙，基喙的前壁具槽，槽内藏上唇及舌，两者闭合为食物管；喙末端膨大成 1 对唇瓣，其上有许多拟气管，能吸取液体食物。观察蝇类的口器。

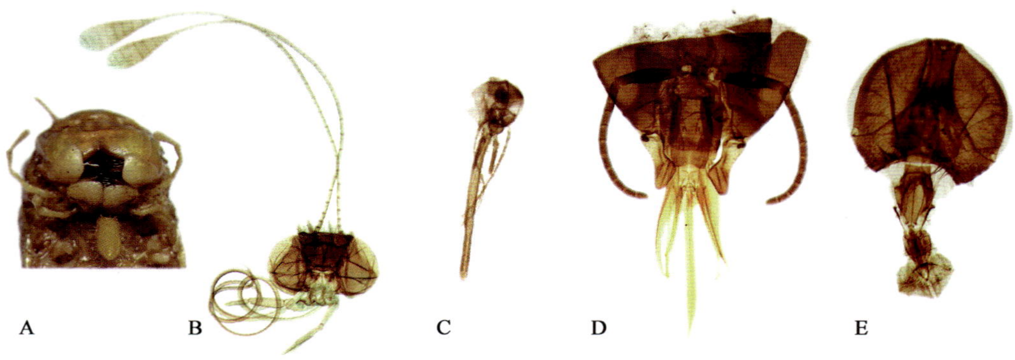

图 11-1 口器的类型
A. 咀嚼式口器（蝗虫） B. 虹吸式口器（蝴蝶） C. 刺吸式口器（蚊） D. 嚼吸式口器（蜜蜂） E. 舐吸式口器（家蝇）

昆虫的口器除上述几种常见类型外，还有刺舐式（牛虻）、锉吸式（蓟马）等多种形式。

2. 昆虫触角的类型

昆虫的触角由柄节、梗节及鞭节 3 节组成。鞭节多由若干亚节组成，亚节的数量和形态构造常有较大的变化。触角常依据鞭节的形态构造命名。识别下列常见的类型（图 11–2）：

（1）刚毛状　触角短；鞭节短小、纤细、似刚毛，观察蜻蜓、豆娘、蝉等的触角。

（2）丝状　鞭节各节细长，大小形状相似，无特殊变化。观察蝗虫的触角。

（3）念珠状　鞭节各节呈大小相近的圆球或者椭球状，如白蚁的触角。

（4）球杆状（棒状）　鞭节末端数节逐渐稍膨大，似棒球杆。观察蝶类的触角。

（5）锤状（头状）　鞭节末端数节突然膨大，如露尾虫、郭公虫等的触角。

（6）锯齿状　鞭节各节的端部向一侧突出成三角形，故整个触角呈锯条状。观察叩头虫、芫菁的触角。

（7）栉齿状（梳状）　鞭节各节的端部向一侧有一长形突起，故整个触角呈栉（梳）状，如一些甲虫、蛾类雌虫的触角。

（8）羽状（双栉状）　鞭节各节端部两侧均有细长突起，因而整个触角形状似羽毛。观察家蚕雄蛾的触角。

（9）芒状　鞭节仅 1 节，肥大，其上着生 1 根芒状刚毛。观察蝇类的触角。

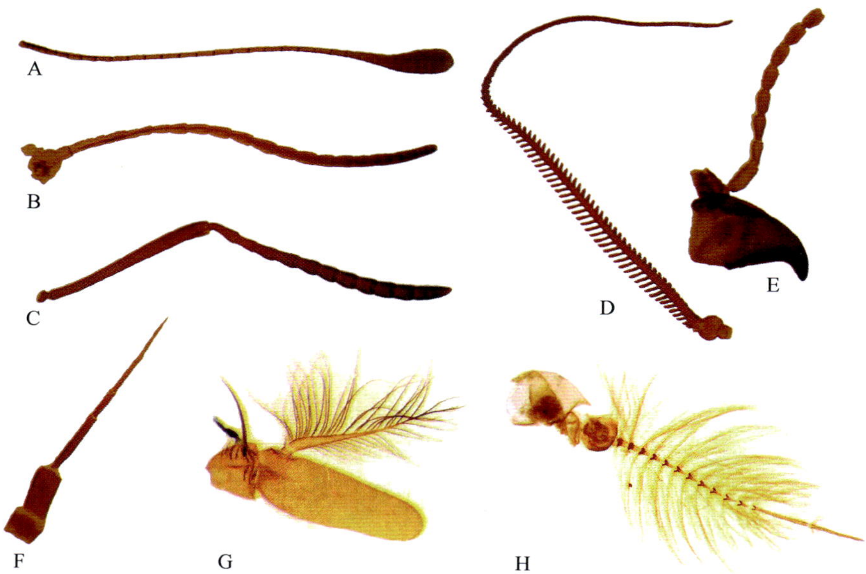

图 11–2　触角的类型
A. 球杆状（蝴蝶）B. 丝状（蝗虫）C. 念珠状（白蚁）D. 栉齿状（蛾）E. 锯齿状（芫菁）F. 刚毛状（蜻蜓）G. 具芒状（家蝇）H. 环毛状（雄蚊）

（10）鳃状 鞭节端部数节向一侧各具1片状突起，各片重叠在一起形似鱼鳃。观察金龟子的触角。

（11）膝状 鞭节与梗节之间弯曲呈一定角度，观察蚂蚁、蜜蜂的触角。

（12）环毛状 鞭节各节基部着生1圈刚毛。观察摇蚊、雄蚊的触角。

3. 昆虫足的类型

昆虫的3个胸节各具有足1对。胸足有基节、转节、股节（腿节）、胫节、跗节及前跗节，共6节组成（图11-3）。

（1）步行足 各节均细长，无特殊变化，适于步行或者疾走。观察蟑螂、步甲等的足。

（2）跳跃足 股节特别发达，长而粗壮；胫节细长而多刺，有端距，适于跳跃。观察蝗虫、蟋蟀等的后足。

（3）捕捉足 基节多延长；股节发达，腹缘有一凹槽，槽的两侧缘皆具成列的刺；胫节腹缘亦具2列刺，弯折时恰好嵌合在股节的槽内，故能有效地捕食和挟持猎物。观察螳螂的前足。

（4）开掘足 各节均粗短、较宽；胫节扁平强大，端部有4个发达的齿；跗

图11-3 足的类型
A. 跳跃足（蝗虫后足） B. 开掘足（蝼蛄前足） C. 步行足（蜚蠊） D. 捕捉足（螳螂前足） E. 游泳足（松藻虫） F. 携粉足（蜜蜂后足）

节 3 节，着生在胫节外侧，呈齿状，适应挖掘。观察蝼蛄的前足。

（5）游泳足　胫节和跗节扁平，具较密缘毛，适于游泳。如龙虱、松藻虫的后足。

（6）抱握足　较短粗；跗节 5 节，基部 3 节变宽，并列呈盘状，边缘有缘毛，每节有横走的吸盘多列；端部 2 节很小，末端具 2 爪。适宜交配时抱握雌性，如雄龙虱的前足。

（7）携粉足　各节均具长毛；胫节端部扁宽，背面光滑而凹陷形成花粉篮，两侧缘有成列长毛覆盖其上；跗节 5 节，第 1 节膨大，内侧具数排横列小型硬毛，形成花粉梳，可收集黏附在身体上的花粉；胫节与基跗节相接处的缺口为压粉器，可将花粉梳收集的花粉挤压成密实的花粉球，存放在花粉篮内。观察蜜蜂的后足。

（8）攀附足　胫节腹面有一指状突，可与跗节和爪合抱以握持毛发或衣服纤维，如虱的足。

4. 昆虫翅的类型

对照标本，识别下列不同类型的翅（图 11-4）。

（1）膜翅　膜质，薄而透明，翅脉清晰可见。观察膜翅目昆虫（蜂类）的前、后翅。

（2）革翅　革质，比膜翅稍厚而有弹性，半透明，翅脉仍可见，观察直翅目昆虫（蝗虫、蟋蟀等）的前翅（不飞翔时覆盖后翅及腹部的背面，起保护作用，

图 11-4　翅的类型
A. 鳞翅（鳞翅目猫蛱蝶） B. 膜翅（双翅目食蚜蝇，示平衡棒） C. 膜翅（蜻蜓目） D. 前翅鞘翅、后翅膜翅（鞘翅目深山锹甲）。（A、B、C 由董立坤提供）

前足第 1 跗节不特别膨大，不能纺丝 ……………………………………………………………11

11. 前足为捕捉足 ……………………………………………………………… 螳螂目（Mantodea）

前足非捕捉足 ………………………………………………………………………………12

12. 后足为跳跃足 ………………………………………………………………直翅目（Orthoptera）

后足非跳跃足 ………………………………………………………………………………13

13. 体扁，卵圆形；前胸背板很大，向前延伸至少覆盖头部大部分 …… 蜚蠊目（Blattaria）

体非卵圆形；前胸背板小，头部外露 ……………………………………………………14

14. 体细长杆状 ……………………………………………………………… 竹节虫目（Phasmida）

体非杆状，社会性昆虫 ………………………………………………………… 等翅目（Isoptera）

15. 跗节至多 3 节 …………………………………………………………………………………16

跗节 4～5 节 ……………………………………………………………………………………17

16. 触角 3～5 节，寄生于鸟类或兽类体表 ……………………………… 食毛目（Mallophaga）

触角 13～15 节，非寄生性 ……………………………………………………… 啮虫目（Psocoptera）

17. 腹部第 1 节并入后胸，第 1 节和第 2 节之间紧缩呈柄状 ………膜翅目（Hymenoptera）

腹部第 1 节不并入后胸，第 1 节和第 2 节之间不紧缩为柄状 …… 鞘翅目（Coleoptera）

18. 体密被鳞片，翅全部或部分被有鳞片，口器虹吸式 …………… 鳞翅目（Lepidoptera）

体无鳞片；口器刺吸式、舔吸式等或退化 ………………………………………………19

19. 跗节 5 节 ………………………………………………………………………………………20

跗节至多 3 节 …………………………………………………………………………………21

20. 体左右侧扁 ……………………………………………………………… 蚤目（Siphonaptera）

体不侧扁 ……………………………………………………………………… 双翅目（Diptera）

21. 跗节端部有能伸缩的泡，爪很小 ……………………………… 缨翅目（Thysanoptera）

跗节端部无能伸缩的泡 ……………………………………………………………………22

22. 足具 1 爪，适于攀附在毛发上，外寄生于哺乳动物 ………………… 虱目（Anoplura）

足具 2 爪；如具 1 爪则寄生于植物上，极不活泼或固定不动，体呈球状，

介壳状等，常被有蜡质、胶质等分泌物 ……………………… 同翅目（Homoptera）

23. 翅 1 对 …………………………………………………………………………………………24

翅 2 对 …………………………………………………………………………………………32

24. 前翅或后翅特化成平衡棒 ……………………………………………………………………25

无平衡棒 ………………………………………………………………………………………27

25. 前翅形成平衡棒，后翅大 ……………………………… 捻翅目（雄）（Strepsiptera）

后翅形成平衡棒，前翅大 …………………………………………………………………26

26. 跗节 5 节 ……………………………………………………………… 双翅目（Diptera）

跗节仅 1 节（雄介壳虫） ……………………………………………… 同翅目（Homoptera）

27. 腹部末端有 1 对尾须 ……………………………………………………………28
腹部末端无尾须 ……………………………………………………………………30
28. 尾须细长分节，或更有 1 条相似的中尾丝；翅竖立背上 …… 蜉蝣目（Ephemeroptera）
尾须短小不分节，无中尾丝；翅平覆在腹部背面 ……………………………29
29. 跗节 5 节，后足非跳跃足，体细长杆状或扁宽叶状 ………… 竹节虫目（Phasmida）
跗节 4 节以下，后足为跳跃足 …………………………………直翅目（Orthoptera）
30. 前翅角质，鞘翅，口器咀嚼式 …………………………………鞘翅目（Coleoptera）
翅膜质，口器非咀嚼式 …………………………………………………………31
31. 翅上有鳞片，鳞翅；口器虹吸式 ……………………………… 鳞翅目（Lepidoptera）
翅上无鳞片，属缨翅；口器锉吸式 ……………………………缨翅目（Thysanoptera）
32. 前翅全部或部分较厚为角质或革质，后翅膜质 ……………………………33
前翅与后翅均为膜质 ……………………………………………………………40
33. 前翅基半部为角质或革质，端半部为膜质，半鞘翅 ……………… 半翅目（Hemiptera）
前翅基部与端部质地相同，或虽局部较厚但不如上所述 ……………………34
34. 口器刺吸式 …………………………………………………… 同翅目（Homoptera）
口器咀嚼式 ………………………………………………………………………35
35. 前翅有翅脉 ………………………………………………………………………36
前翅无明显翅脉，角质 …………………………………………………………39
36. 跗节 4 节以下，后足为跳跃足或前足为开掘足 ……………直翅目（Orthoptera）
跗节 5 节，后足与前足不如上所述 ……………………………………………37
37. 前足为捕捉足，头呈三角形 ……………………………………… 螳螂目（Mantodea）
前足非捕捉足 ……………………………………………………………………38
38. 前胸背板很大，向前延伸至少覆盖头部大部分 ……………………… 蜚蠊目（Blattaria）
前胸背板小，头部外露；体似杆状或叶片状 …………………… 竹节虫目（Phasmida）
39. 腹部末端有 1 对尾铗；前翅短小，不能盖住腹部中部 ………… 革翅目（Dermaptera）
腹部末端无尾铗；前翅一般较长，至少盖住腹部大部分 …………鞘翅目（Coleoptera）
40. 翅至少部分被有鳞片，口器虹吸式或退化 ……………………… 鳞翅目（Lepidoptera）
翅无鳞片，口器非虹吸式 ………………………………………………………41
41. 口器为刺吸式 ……………………………………………………………………42
口器为咀嚼式、嚼吸式或退化 …………………………………………………44
42. 下唇形成分节的喙，翅缘无长毛 ………………………………………………43
无分节的喙；翅极狭长，翅缘具缨状长毛 ……………………缨翅目（Thysanoptera）
43. 喙自头的前方伸出 …………………………………………………半翅目（Hemiptera）
喙自头的后方伸出 ………………………………………………… 同翅目（Homoptera）

44\. 触角极短小，刚毛状 ……………………………………………………………………45

触角长而显著，非刚毛状 ………………………………………………………………46

45\. 尾须细长多节，或更有一条相似的中尾丝；后翅很小 ……… 蜉蝣目（Ephemeroptera）

尾须短而不分节，无中尾丝；后翅与前翅大小相似 …………………蜻蜓目（Odonata）

46\. 头部向下延伸呈喙状 ………………………………………………… 长翅目（Mecoptera）

头部不延长呈喙状 ……………………………………………………………………47

47\. 前足第 1 跗节特别膨大，能纺丝 ………………………………… 纺足目（Embioptera）

前足第 1 跗节不特别膨大，不能纺丝 …………………………………………………48

48\. 前、后翅几乎相等，翅基部有一条横的肩缝，翅易沿此缝脱落 …… 等翅目（Isoptera）

前、后翅无肩缝 ………………………………………………………………………49

49\. 后翅前缘有 1 排小钩形成的翅钩列，用以和前翅相连 …………膜翅目（Hymenoptera）

后翅前缘无翅钩列 ……………………………………………………………………50

50\. 跗节 2～3 节 …………………………………………………………………………51

跗节 5 节 ………………………………………………………………………………52

51\. 前胸不小于头部，腹部末端有 1 对尾须 ………………………… 襀翅目（Plecoptera）

前胸很小如颈状，无尾须 ………………………………………………… 啮虫目（Psocoptera）

52\. 翅面密被明显的毛，口器（上颚）退化 ………………………… 毛翅目（Trichoptera）

翅面无明显的毛，毛仅着生在翅脉和翅缘上；口器（上颚）发达 …………………53

53\. 后翅基部宽于前翅，具发达的臀区，休息时后翅臀区纵向折叠；

头为前口式 ………………………………………………………………… 广翅目（Megaloptera）

后翅基部不宽于前翅，无发达的臀区，休息时也不折叠；头为下口式 ………………54

54\. 头长；前胸很长，圆筒状；前足正常；雌虫具伸向后方的针状

产卵器 …………………………………………………………………… 蛇蛉目（Raphidiodea）

头短；前胸一般不很长，若很长时则前足为捕捉足（似螳螂）；

雌虫一般无针状产卵器，若有则弯在背上向前伸 ……………… 脉翅目（Neuroptera）

● ①查检索表时，注意避免选错检索途径；②检索到标本所属的目之后，还必须与该目的特征进行全面对照，才能确定检索结果是否正确。

六、问题与思考

1\. 列表记录所鉴定标本主要形态特征和鉴定结果，总结昆虫纲相关类群的演化关系。

2\. 依据实验中所观察到的昆虫形态结构的多样性，试分析说明生物体结构与功能、生物与环境的统一和物种多样性的形成机制。

七、拓展性实验

1. 查阅有关参考书，将已鉴定到目的 1～2 种昆虫标本进一步鉴定到科、属或种。

2. 野外采集若干不同的昆虫，进行分类鉴定，选取部分种类编制一个简单的昆虫纲分目检索表（不低于 12 个目）。

11-5
检索表的编制方法

实验报告

（谢志雄）

实验12
硬骨鱼的系列实验

鱼类是典型的水生脊椎动物，是脊椎动物中种类最多、数量最大的类群。纺锤形体型、鳍运动、鳃呼吸、侧线器官等是鱼类在长期演化过程中形成的适应水生生活的典型特征。进化程度不同、游泳能力不同、食性不同的硬骨鱼形态结构的差异，充分体现了鱼类的多样性。

鱼的外形测量、活体采血、内部解剖是硬骨鱼实验中常用的技术方法；硬骨鱼形态结构的比较，有助于理解生物体结构与功能、生物与环境相适应的这一自然界的一般规律。

12-1 教学建议

一、实验目的

1. 学习掌握鱼类活体采血技术、硬骨鱼的一般测量方法和解剖方法，学习利用年轮推测鱼类年龄的方法。

2. 通过对实验用鱼外形和内部构造的观察，了解硬骨鱼类的主要特征及适应于水生生活的形态结构特征。

12-2 鱼的分类检索

斑马鱼

3. 通过对实验用鱼形态结构的比较分析，认识鱼类的多样性，理解生物体结构与功能、生物与环境相适应的自然规律。

4. 认识模式动物斑马鱼。

二、实验内容

1. 硬骨鱼外形观察和测量。
2. 硬骨鱼活体采血。
3. 硬骨鱼内部解剖。
4. 鲤鱼（或鲫鱼）年轮与年龄鉴定。
5. 硬骨鱼形态结构的比较与分析。
6. 硬骨鱼类骨骼系统示范。
7. 模式动物斑马鱼示范。（参见数字课程）

三、实验材料

根据当地常见硬骨鱼类资源，选择进化程度、游泳速度和食性不同的硬骨鱼若干种。

硬骨鱼骨骼标本。

四、实验器具与试剂

体视显微镜，解剖盘，解剖器具，培养皿，载玻片，刷子，胶布，棉球，钢卷尺，游标卡尺，灭菌注射器（5 mL），针头（5～6 号）和试管。

肝素（或其他抗凝剂）。

五、操作与观察

● 小组与个人相结合。每组分发若干种鱼，在个人独立操作基础上，组内相互交流，进行若干种鱼的比较解剖与分析。

以鲤鱼（或鲫鱼）为例，参照进行其他硬骨鱼的实验。

（一）外形

鲤鱼（或鲫鱼）体呈纺锤形，略侧扁，背部灰黑色，腹部近白色。

身体可区分为头、躯干和尾 3 部分。

> 鱼的体色与其生活环境有何适应关系？

1. 头部

自吻端至鳃盖骨后缘为头部。口位于头部前端（口端位），两侧各有 2 条触须（鲫鱼无触须）。吻背面有鼻孔 1 对，用解剖针从鼻孔探入，鼻腔通口腔吗？眼 1 对，位于头部两侧，形大而圆，无眼睑。眼后头部两侧为宽扁的鳃盖，鳃盖后缘有膜状的鳃盖膜，覆盖鳃孔。

> ①触须有何功能？②鼻腔参与呼吸过程吗？

12-3 硬骨鱼口的形状大小和位置

● 注意观察不同种硬骨鱼口的形状大小和位置。

2. 躯干部和尾部

自鳃盖后缘至肛门为躯干部；自肛门至尾鳍基部最后一枚椎骨为尾部。躯干部和尾部体表被以覆瓦状排列的圆鳞，鳞外覆有一薄层表皮，用手抚摸鱼体表，是否黏滑？躯体两侧从鳃盖后缘到尾部，各有 1 条由侧线鳞（具有侧线孔的鳞片）上的小孔排列成的点线结构，此即侧线。

> ①皮肤为何黏滑？这有何作用？②侧线器官有何功能？

体背和腹侧有鳍，背鳍 1 个，臀鳍 1 个；尾鳍末端凹入分成上下相称的 2 叶，为正尾型；胸鳍 1 对，位于鳃盖后方左右两侧；腹鳍 1 对，位于胸鳍之后，肛门之前，属腹鳍腹位。

肛门紧靠臀鳍起点基部前方，紧接肛门后有 1 泄殖孔。

12-1 鲤鱼的外形

● 注意观察不同种硬骨鱼各鳍的形态特征。

（二）硬骨鱼的一般测量和常用术语

12-2

硬骨鱼可量性状的测量

1. 可量性状

可量性状的描述和测量见图 12−1。

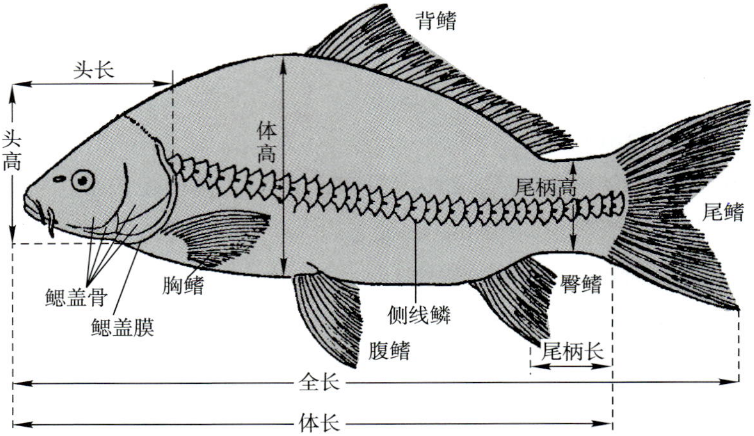

图 12−1 硬骨鱼的外形与测量
全长：自吻端至尾鳍末端的长度；体长：自吻端至尾鳍基部或最后一枚尾椎为止的长度；体高：躯干部最高处的垂直高；头长：由吻端至鳃盖骨后缘（不包括鳃盖膜）的长度；躯干长：由鳃盖骨后缘到肛门的长度；尾长：由肛门至尾鳍基部的长度；吻长：由上颌前端至眼前缘的长度；眼径：眼的最大直径；眼间距：两眼间的直线距离；口裂长：吻端至口角的长度；眼后头长：眼后缘至鳃盖骨后缘的长度；尾柄长：臀鳍基部后端至尾鳍基部的长度；尾柄高：尾柄最低处的垂直高。

2. 可数性状

（1）鳞式 侧线鳞数$\dfrac{\text{侧线上鳞数}}{\text{侧线下鳞数}}$

侧线鳞数：从鳃盖上方直到尾部的有侧线孔（带孔鳞）的鳞数。

侧线上鳞数：从背鳍起点斜列到侧线鳞的鳞数。

侧线下鳞数：从臀鳍起点斜列到侧线鳞的鳞数。

● 尾部以最后一枚脊椎骨为其末端。此末端之后或在尾鳍基部上有侧线孔的鳞片不是侧线鳞。

（2）鳍式 鳍由鳍条和鳍棘组成。鳍条柔软而分节，末端分支的为分支鳍条，末端不分支的为不分支鳍条。鳍棘坚硬，由左右两半组成的鳍棘为假棘，不能分为左右两半的鳍棘为真棘（图 12−2）。

鳍式中一般用 D 代表背鳍，A 代表臀鳍，C 代表尾鳍，P 代表胸鳍，V 代表腹鳍。用罗马数字表示鳍棘数目，用阿拉伯数字表示鳍条数目。鳍式中的半字线（-）代表鳍棘与鳍条相连，逗号（,）表示分离，罗马字或阿拉伯字中间的一字线（—）示范围。

12-4

硬骨鱼的鳍

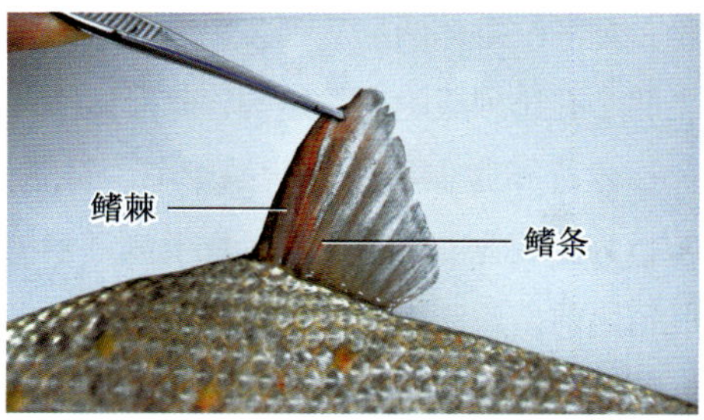

图 12−2 鳍条和鳍棘

（三）年轮的观察

鱼类周期性不平衡生长的特点，反映在鳞片上为鳞片表面一圈一圈的环片，环片间距离随春夏季和秋冬季生长强度不同而变化，每年形成一个宽窄相间的生长带，即为年轮，可用来作为鉴定年龄的标志。

各种鱼类形成环片的具体情况不同，因而年轮特征也不同，鲤科鱼中大多数种类年轮属切割型。这类鱼鳞片的环片在同一生长周期中排列是相互平行的，但与前后相邻的生长周期所形成的环片具不平行现象，即切割现象，这就形成了年轮。

1. 制作鳞片标本

选择鲜活、体表完整无伤的鲫鱼（或鲤鱼），用镊子夹取鱼体背鳍前部与侧线之间的鳞片，放入盛有温水的培养皿中，用刷子轻轻清除其表面的上皮组织和鳞片下的结缔组织，再用清水冲洗干净。自然晾干后，将鳞片夹在 2 块载玻片之间，用胶布固定玻片两端。

● 注意制作鳞片标本时不要伤及鳞片前部。

2. 观察

① 肉眼观察鳞片，在外观上可分为前、后两部分，前部埋入皮肤内，后部露在皮肤外，并覆盖住后一鳞片的前部。比较前、后两部分的范围和色泽上的差别。

② 将鳞片装片置于体视显微镜下。先在较低倍数下观察鳞片表面可分成 4 个区（图 12−3A）。鳞片前部较透明区域称为前区，后部称为后区，即未被周围鳞片覆盖的区域；前后区之间的上、下方称为侧区。

鳞片表面一圈一圈的轮纹称为环片或鳞嵴，环片围绕的中心区域称为鳞焦。在鳞片前部，环片以鳞焦为圆心平行排列。

③ 将鳞片前区和侧区的交接处移至视野中央，调高镜头放大倍数仔细观察，可见某些彼此平行的数行环片轮纹被其前部的环片轮纹割断，这就是 1 个年轮（图 12−3B）。如果是年龄较大的个体，在鳞片上会相应存在数个年轮。

④ 依据年轮出现的数目，推算出该鱼的年龄。

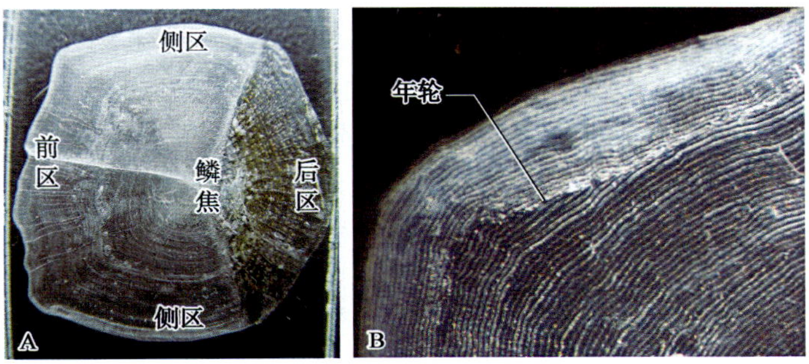

图 12−3　鲫鱼的鳞片
A. 示分区　B. 示年轮

图 12-4 鱼体尾动脉（静脉）采血

（四）鱼体尾动脉（或尾静脉）采血

① 取灭菌干燥的 5 mL 注射器和 5（或 6）号针头，吸取少量抗凝血剂（肝素等）润湿针管。

② 将鱼体腹部朝上，用手术刀刮去臀鳍后的鳞片，干布擦去该部位的水分。

③ 执毛笔式持注射器在鱼体尾部臀鳍后约 5 mm 处，针头与鱼体长轴垂直进针（图 12-4），当手感针尖从两相邻尾椎骨的脉棘间穿过，抵达椎体时，即到达尾动脉（或尾静脉）。抽取血液使之进入针管内，抽血速度不宜太快或太慢，以免溶血。抽血完毕，将针头从鱼体内垂直退出。

④ 取下针头，将注射器管口紧靠一干燥试管内壁，将血液缓缓注入试管内。若针管内最后剩有带泡沫的血，则不要注入试管以防溶血。及时用自来水冲洗注射器和针头。

12-1 鱼体尾动脉（静脉）采血

除此方法外，还可以从鳃血管以及腹大动脉等处采血。

（五）内部解剖与观察

1. 解剖

将鲤鱼（或鲫鱼）置解剖盘，使其腹部向上，用手术刀在肛门前与体轴垂直方向切一小口。使鱼侧卧，左侧向上，将剪刀尖插入切口，向背方剪开体壁到脊柱，再沿脊柱下方向前剪至鳃盖后缘，然后沿鳃盖后缘剪至下颌。自切口处夹起左侧体壁，用镊子将体壁与体腔膜剥离开，然后掀开左侧体壁，暴露心脏和内脏。将剪刀插入口腔，剪开左侧口角除去鳃盖，暴露口腔和鳃。用棉花拭净器官周围的血迹和组织液，原位观察鱼各内脏器官在体部位。

12-3 鲤鱼内部解剖

● 剪开体壁时，注意剪刀尖不要插入太深，且应向上翘起，以免损伤内脏。

2. 原位观察

在腹腔前方、最后 1 对鳃弓的腹方，有一小腔，为围心腔，它借横膈与腹腔分开。心脏位于围心腔内，心脏背上方有头肾。在腹腔里，脊柱腹方是白色囊状的鳔，覆盖在前、后鳔室之间的三角形暗红色组织，为肾的一部分。鳔的腹方是长形的生殖腺，在成熟个体，雄性为乳白色的精巢，雌性为黄色的卵巢。腹腔腹侧盘曲的管道为肠管，在肠管之间的肠系膜上，有暗红色、弥漫状分布的肝胰脏。在肠管和肝胰脏之间一细长红褐色器官为脾（图 12-5）。

3. 生殖系统

12-4 鲤鱼的生殖系统

生殖系统由生殖腺和生殖导管组成。

（1）生殖腺　生殖腺外包有极薄的膜。雄性有精巢 1 对，性未成熟时往往呈淡红色，性成熟时纯白色，扁长囊状；雌性有卵巢 1 对，性未成熟时为淡橙黄色，长带状，性成熟时呈微黄红色，长囊形，几乎充满整个腹腔，内有许多小型卵粒。

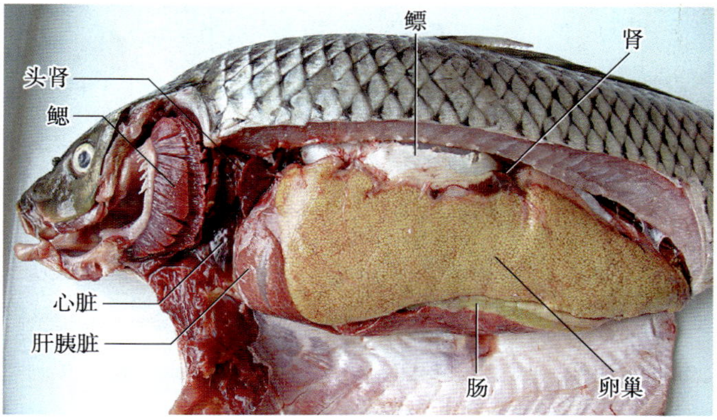

图 12-5　鲤鱼内部构造原位观察

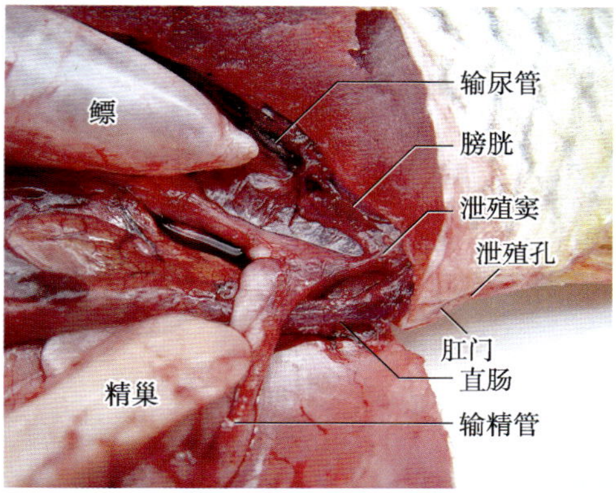

图 12-6　输精管、膀胱和泄殖窦

（2）生殖导管　生殖腺表面的膜向后延伸的短管，即输精管或输卵管。左右输精管或输卵管后端汇合后通入泄殖窦，泄殖窦以泄殖孔开口于体外（图 12-6）。

4. 消化系统

消化系统包括口腔、咽、食管、肠和肛门组成的消化管及肝胰脏和胆囊。

（1）口腔　口腔由上、下颌包围而成，颌无齿（图 12-7），口腔背壁由厚的肌肉组成，表面有黏膜，腔底后半部有一不能活动的三角形舌。

（2）咽　口腔之后为咽，咽左右两侧有 5 对鳃裂，相邻鳃裂间生有鳃弓，共 5 对。第 1～4 对鳃弓内缘各有 2 行鳃耙（三角形骨质突起），左右互生，第 1 对鳃弓的外侧鳃耙较长；第 5 对鳃弓只有 1 行鳃耙。第 5 对鳃弓特化成咽骨，其内侧着生咽齿。齿式为 1·1·3/3·1·1（图 12-8）（鲫鱼的咽齿仅 1 列，齿式为 4/4）。在后面观察呼吸器官鳃完成后，将外侧的 4 对鳃除去，暴露第 5 对鳃弓，可见咽齿与咽背面的基枕骨腹面角质垫相对，能夹碎食物。

鳃耙有何功能?

12-5
硬骨鱼的鳃耙和齿

移去左侧生殖腺，观察腹腔的消化器官。

（3）食管　食管在咽的后方，很短，其背面有鳔管通入，并以此为食管和肠的分界点。

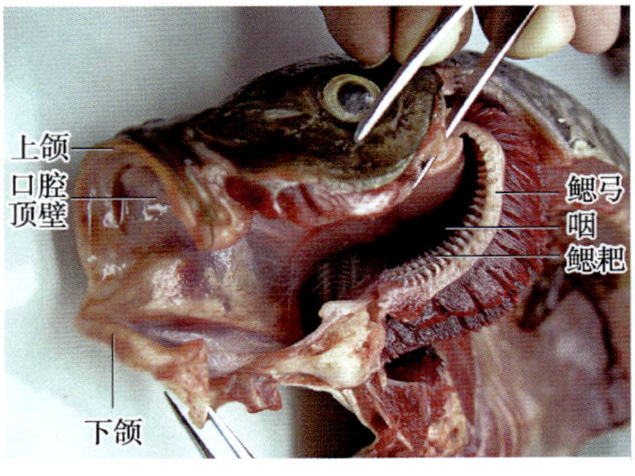

图 12-7　鲤鱼的口腔和咽

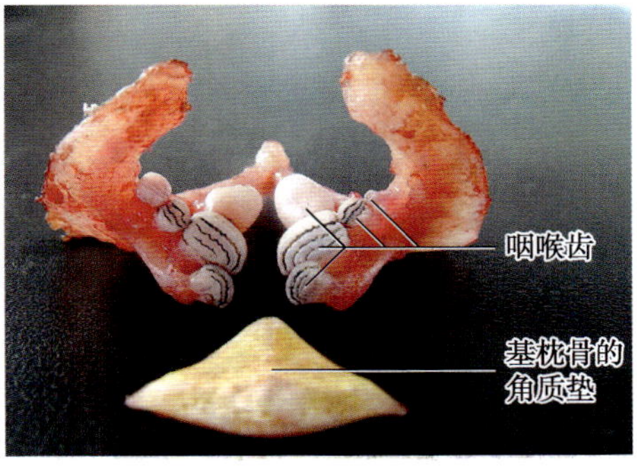

图 12-8　鲤鱼的咽齿

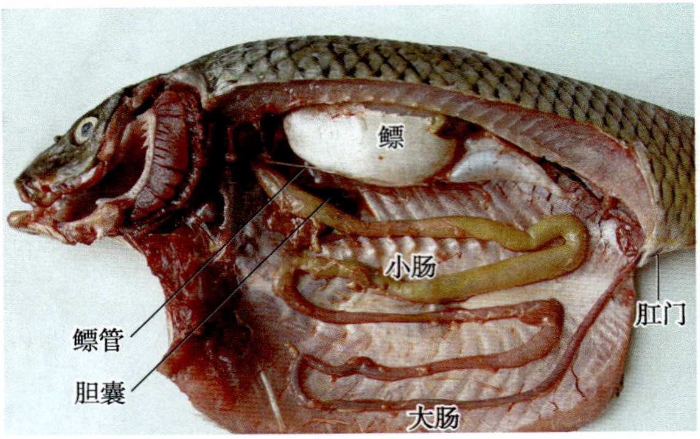

图 12-9 鲤鱼的肠和鳔、鳔管

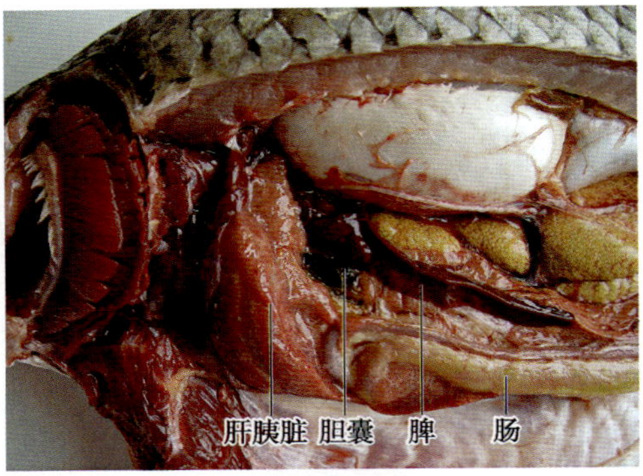

图 12-10 肠、肝胰脏、胆囊和脾

（4）肠 肠接于食道，为体长的 2~3 倍。肠的前 2/3 段为小肠，后部较细的为大肠，最后一部分为直肠，直肠以肛门开口于臀鳍基部前方。但肠的各部外形区别不甚明显，可在观察了肝胰脏和胆囊之后，用钝头镊子将盘曲的肠管展开再行观察（图 12-9）。

（5）肝胰脏 鲤鱼（或鲫鱼）的肝和胰合并在一起，尚未分开，故称为肝胰脏，为紧贴在肠管间的红褐色腺体（图 12-10）。

（6）胆囊 胆囊为一暗绿色椭圆形囊，位于肠管前部右侧，大部分埋在肝胰脏内，用钝头镊子拨开肝胰脏，从胆囊的基部观察胆管如何通入肠前部。

12-6 硬骨鱼的消化管

观察完毕，移开消化管及肝胰脏，以便观察其他器官。

● 注意观察不同种硬骨鱼消化系统各器官的形态特征。

5. 鳔

为位于腹腔消化管背方的银白色胶质囊，从头后一直伸展到腹腔后端，分前后两室，后室前端腹面发出一细长的鳔管，通入食管背壁（图 12-9）。鳔有何功能？

观察毕，移去鳔，以便观察排泄器官。

6. 排泄系统

排泄系统包括 1 对肾、1 对输尿管和 1 个膀胱（图 12-11）。

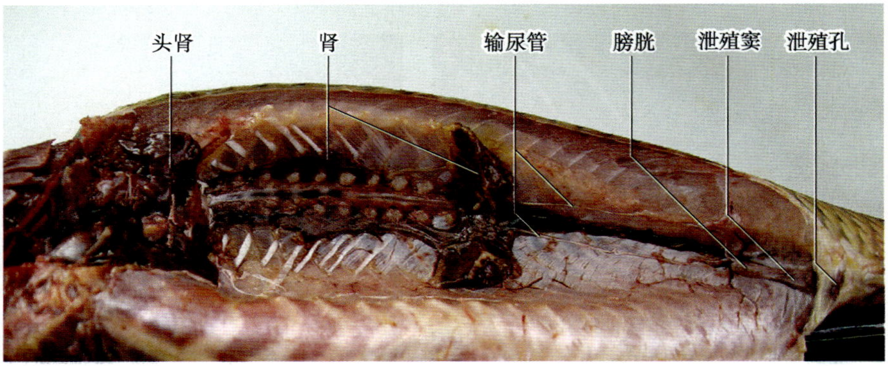

图 12-11 鲤鱼的排泄器官

（1）肾　紧贴于腹腔背壁正中线两侧，为红褐色狭长形器官，在鳔的前、后室相接处是肾最宽处。每肾的前端体积增大，向左右扩展，进入围心腔，位于心脏的背方，为头肾（拟淋巴器官）。

（2）输尿管　左右肾最宽处各通出 1 条细管，即输尿管，沿腹腔背壁后行，在近末端处两管汇合通入膀胱。

（3）膀胱　两输尿管后端汇合后稍扩大形成的囊即膀胱，其末端稍细，开口于泄殖窦。

● 用镊子分别从臀鳍前的 2 个孔插入，观察它们进入直肠或泄殖窦的情况，由此可在体外判断肛门和泄殖孔的开口。

7. 循环系统

主要观察心脏、腹大动脉及入鳃血管。心脏位于 2 个胸鳍之间的围心腔内，由动脉球、1 心室、1 心房和静脉窦（图 12−12）等组成。

（1）动脉球　呈白色，壁厚，圆锥形，向前发出腹大动脉。

（2）心室　接于动脉球后，淡红色，壁厚。

（3）心房　位于心室的背侧，暗红色，薄囊状。

（4）静脉窦　位于心房背侧面，暗红色，壁很薄，长囊状。

（5）腹大动脉　为自动脉球向前发出的 1 条较粗大血管。腹大动脉前行向两侧分出 4 对入鳃血管分别进入鳃弓。

（6）脾　位于小肠前部背面，长条形，红褐色（见图 12−10），属淋巴器官。

● 静脉窦壁薄易破，须仔细分离观察。

8. 呼吸器官

鳃是鱼类的呼吸器官。鲤鱼（或鲫鱼）的鳃由鳃弓、鳃耙、鳃片组成，鳃隔退化（图 12−12）。

（1）鳃弓　鳃弓位于鳃盖之内，咽的两侧，共 5 对。每鳃弓内缘生有鳃耙

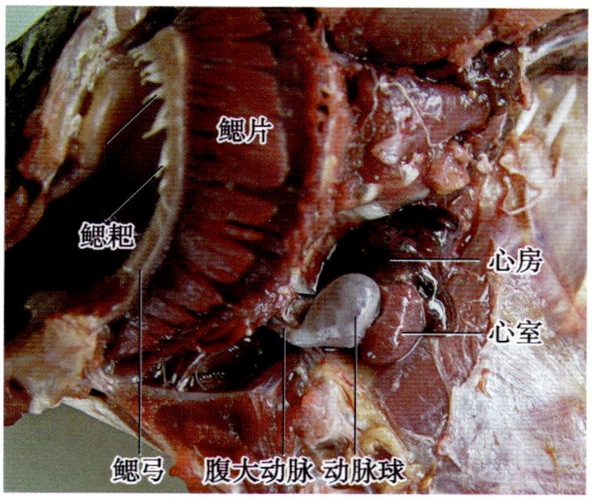

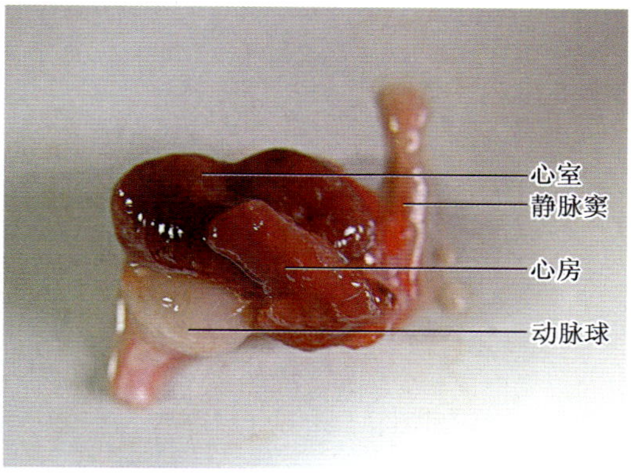

图 12−12　示鲤鱼的心脏、鳃

(如前所述);第 1 ~ 4 对鳃弓外缘并排长有 2 列鳃片,第 5 对鳃弓没有鳃片。

(2)鳃片 鳃片呈薄片状,鲜活时呈红色。每个鳃片称半鳃,长在同一鳃弓上的 2 个半鳃合称全鳃。剪下 1 个全鳃,放在盛有少量水的培养皿内,置体视显微镜下观察。可见每 1 鳃片由许多鳃丝组成,每 1 鳃丝两侧又有许多突起状的鳃小片,鳃小片上分布着丰富的毛细血管,是气体交换的场所。横切鳃弓,可见 2 个鳃片之间退化的鳃隔。

12-5

鲤鱼的鳃

9. 脑

分别从两眼眶处插入中式剪,沿体长轴方向剪开头部背面骨骼,再在两纵切口的两端间横剪,小心地移去头部背面骨骼,用棉球吸去银色发亮的脑脊液,白色的脑便显露出来(图 12-13)。从脑背面观察:

(1)端脑 由嗅脑和大脑组成。大脑分左右 2 个半球,各呈小球状,位于脑的前端,其顶端各伸出 1 条棒状的嗅束,嗅束末端为椭圆形的嗅球,嗅束和嗅球构成嗅脑。

(2)中脑 位于端脑之后,较大,鲤鱼的中脑受小脑瓣所挤而偏向两侧,各成半月形突起,又称视叶(鲫鱼的中脑为 1 对球形视叶)。

(3)间脑 从脑背面看不到间脑本体,仅在大脑与中脑之间的中央可见到从间脑背面发出的脑上腺(松果体)。

(4)小脑 位于中脑后方,为一圆球形体,表面光滑,其前方伸出小脑瓣突入中脑(鲫鱼无小脑瓣)。

(5)延脑 为脑的最后部分,由 1 个面叶和 1 对迷走叶组成,面叶居中,其前部被小脑遮蔽,只能见到其后部,迷走叶较大,左右成对,在小脑的后两侧(鲫鱼有 1 对球形迷走叶位于小脑后方)。延脑后部变窄,连接脊髓。

鲤(鲫)鱼脑的各组成部分有何机能?哪部分较发达,它与鱼类的生活有何联系?

除去脑侧面至腹面的头骨,剪去一侧脑神经,保留另一侧脑神经与脑的联系。观察脑腹面,可见两大脑半球间有间脑,间脑腹面的前方有视神经,并形成神经交叉,视交叉后方有白色近球形小颗粒即脑垂体,脑垂体后方有血管囊。还

12-6

鲤鱼的脑

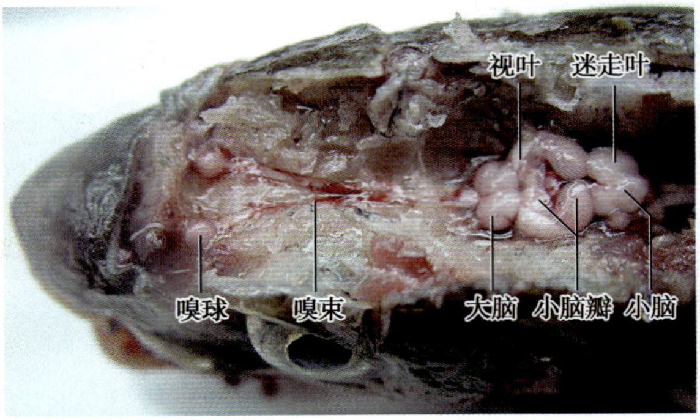

图 12-13 鲤鱼的脑(背面观)

可观察到第Ⅰ～Ⅹ对脑神经由脑发出。

（六）硬骨鱼形态结构的比较与分析

1. 鳍

根据各实验用鱼腹鳍的位置，比较它们进化程度的高低。

比较各实验用鱼胸鳍、尾鳍的形状，推测它们的游泳能力（游速与距离）。

比较各实验用鱼背鳍的形状、大小和数目的差异，分析不同形态背鳍的功能特点，及其与鱼类生活习性、捕食方式的相关性。

2. 消化器官

比较实验用鱼口的大小与位置，牙齿所在部位（颌齿或咽齿）、形状，鳃耙的形状、长短、数目及排列方式，以及胃的明显程度和肠的长度（与体长之比），分析推测各实验用鱼生活的水层、摄食方式及食性。

（七）鲤鱼骨骼标本示范（图 12–14）

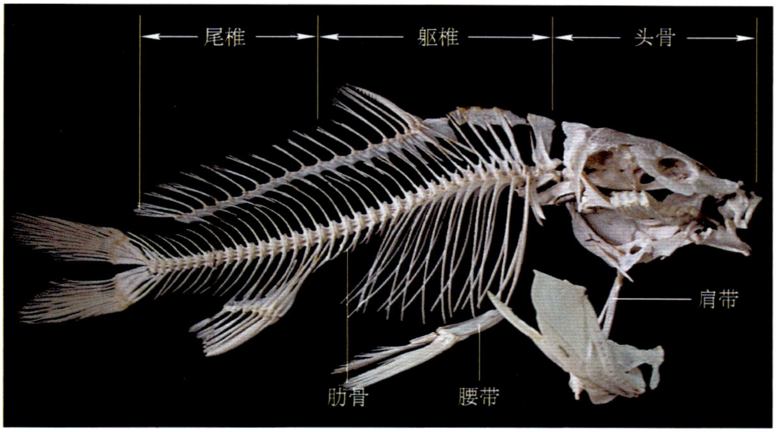

图 12–14　鲤鱼的骨骼

六、问题与思考

1. 根据实验观察，归纳鱼类适应于水生生活的形态结构特征。
2. 硬骨鱼的哪些器官参与呼吸运动？它们是怎样完成鳃呼吸过程的？
3. 鱼体外型测量在科研和生产上可应用于哪些方面？
4. 为什么斑马鱼能成为发育生物学研究的一种理想的模式动物？

七、拓展性实验

1. 查阅资料，设计实验，从鱼的鳃血管和腹大动脉处采血。
2. 设计实验，检测鱼鳔和鱼鳍的功能。

实验报告

（黄诗笺）

实验 13 蛙（或蟾蜍）的系列实验

在脊椎动物进化史上，由水生到陆生是一个巨大的飞跃。两栖类是由水生到陆生的过渡类群，其代表动物蛙（或蟾蜍）的形态结构和生理机能典型地反映了两栖类对陆生生活的初步适应及其不完善性。

蛙类虽为低等脊椎动物，但却是动物生理、药理、发育和临床等研究中常用的实验动物。其循环系统、神经系统及肌肉等均是生理学常用的实验材料；蛙类心脏起搏点的分析、微循环的观察、脊髓反射及反射弧的分析、坐骨神经－腓肠肌等均是重要的基础生理学实验和标本。

形态解剖和生理实验组合进行，既能充分利用实验材料，有效地训练学生综合实验的能力，又能理论联系实际地培养和提高学生综合分析问题的能力，并加深对基础知识和基本原理的理解和掌握。

一、实验目的

1. 学习蛙类外形测量方法、安死术、胸淋巴囊注射方法、毁蛙类动物迷路的方法，蛙类一般解剖技术，肠系膜标本、坐骨神经－腓肠肌标本的制备，非手术结扎技术、反射时的测定，实验现象的观察等基础实验技术方法。

2. 通过对成蛙（或蟾蜍）形态结构的观察，进一步理解两栖类对陆生生活的初步适应及其不完善性。

3. 了解蛙类心脏各部分自动节律性活动的时相、频率和心脏起搏点。

4. 了解微循环区各类血管内血流特点。

5. 了解脊髓反射的特点和反射弧的组成及反射弧各部分的作用。

6. 了解迷路在维持动物姿势平衡和正常运动中的作用。

7. 通过由学生自行选择和合理安排实验项目，在 1 个单位实验时间内，用 1 只蛙（或蟾蜍）完成多个实验项目，初步培养学生独立设计，合理地充分利用实验材料，采用多种实验技能进行综合实验的能力。

13-1 教学建议

二、实验内容

1. 蛙（或蟾蜍）的外形观察和外形测量。
2. 蛙（或蟾蜍）的内部解剖。
3. 蛙类一侧迷路破坏的效应。
4. 脊髓反射和反射弧的分析。
5. 蛙类微循环的观察。
6. 蛙类心脏起搏点的分析。
7. 蛙类坐骨神经—腓肠肌标本的制备。

三、实验材料

活蛙（或蟾蜍）（限 1 人 1 只蛙），蛙（或蟾蜍）神经系统浸制标本，蛙（或蟾蜍）整体骨骼标本。

13-2
实验动物青蛙和蟾蜍

四、实验器具与试剂

显微镜，体视显微镜，解剖器具，毁髓针，玻璃针，蜡盘，有孔橡皮蛙板，铁支架，细铁丝钩或蛙嘴夹，秒表，注射器，烧杯，滴管，小培养皿，大头针，纱布，棉球，细线，小滤纸片，直尺，卡尺。

6.5 g/L 生理盐水，200 g/L 氨基甲酸乙酯，利多卡因，任氏液，0.5%和 1%硫酸溶液。

试剂配制

五、操作与观察

具体实验项目及实验顺序由学生自行选择和安排。

（一）蛙（或蟾蜍）的外部形态

将活蛙（或蟾蜍）静伏于蜡盘内，观察其身体，可分为头、躯干和四肢 3 部分。

1. 头部

蛙（或蟾蜍）头部扁平，略呈三角形，吻端稍尖。口宽大，横裂型，由上下颌组成。上颌背侧前端有 1 对外鼻孔，外鼻孔外缘具鼻瓣，观察鼻瓣如何运动？思考鼻瓣的运动与口腔底部动作的关系。眼大而突出，具上、下眼睑，下眼睑内侧有一半透明的瞬膜。轻触眼睑，观察上、下眼睑和瞬膜是否活动，怎样活动？当眼睑闭合时，眼球位置有何变动？ 两眼后方各有一圆形鼓膜（蟾蜍的鼓膜较小。在眼和鼓膜的后上方有 1 对椭圆形隆起称为耳后腺）。雄蛙口角后方各有一浅褐色膜襞为声囊，鸣叫时鼓成泡状（蟾蜍无此结构）。

眼睑和瞬膜的出现对陆上生活有何适应意义？

2. 躯干部

鼓膜之后为躯干部。躯干部短而宽，其后端两腿之间，偏背侧有一小孔，为泄殖腔孔。

3. 四肢

根据以上观察，从外形上如何区别雄蛙和雌蛙？

13-1

蛙的外部形态

前肢短小，从近体侧起，依次区分为上臂、前臂、腕、掌、指 5 部。4 指，指间无蹼。生殖季节雄蛙（或雄蟾蜍）第 1 指基部内侧有一膨大突起，称为婚瘤，为抱对之用。后肢长而发达，从近体侧起，依次区分为股、胫、跗、跖、趾 5 部。5 趾，趾间有蹼。在第 1 趾内侧有一较硬的角质化距。（蟾蜍四肢短钝，后肢比蛙的短，趾间蹼不发达。）

（二）皮肤

保持皮肤的湿润对蛙（或蟾蜍）的生活有何意义？又有何不利？

13-2

蛙的外形测量

蛙背面皮肤粗糙，背中央常有 1 条窄而色浅的纵纹，两侧各有 1 条色浅的背侧褶。背面皮肤颜色变异较大，有黄绿、深绿、灰棕色等，并有不规则黑斑。腹面皮肤光滑，白色。（蟾蜍体表极粗糙，有大小不等的圆形瘰疣，但头部背面无瘰疣。背面皮肤暗黑色，体侧和腹部浅黄色，间有黑色花纹。）用手抚摸活蛙（或蟾蜍）的皮肤，有黏滑感，其黏液由皮肤腺分泌。

（三）蛙类（无尾两栖类）外形量度和常用术语（图 13–1）

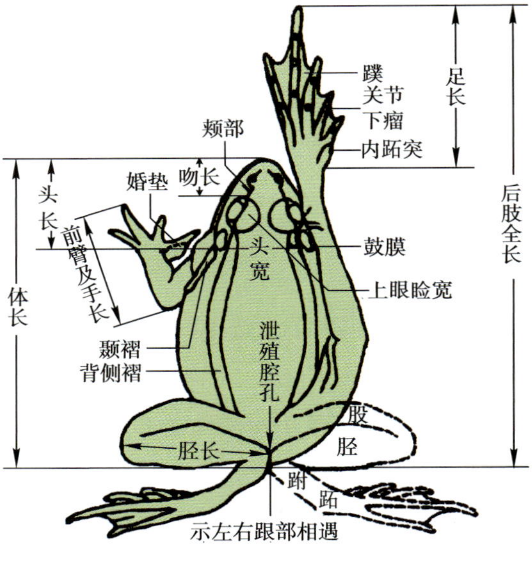

图 13–1　无尾两栖类的外形测量（仿姜乃澄）

体长：自吻端至体后端；头长：自吻端至颌关节后缘。头宽：左右颌关节间的距离；吻长：自吻端至眼前角；鼻间距 左右鼻孔间的距离；眼间距：左右上眼睑内缘之间最窄距离；上眼睑宽：上眼睑最宽处；眼径：眼的纵长距；鼓膜宽：鼓膜最大直径；前臂及手长：自肘后至第 3 趾末端；后肢全长：自体后正中至第 4 趾末端；胫长：胫部两端间的距离；足长：自内跖突近端至第 4 趾末端。

（四）蛙类一侧迷路破坏的效应

蛙类动物的内耳迷路是姿势反射的感受器之一，通过它可以反射性地调节肌紧张，从而维持机体的姿势平衡和正常运动。当动物一侧迷路被破坏后，其肌紧张的协调发生障碍，在静止和运动时失去正常的姿势。

将蛙（或蟾蜍）放在桌面上或水盆中，观察其正常的姿势和运动。

破坏蛙（或蟾蜍）一侧迷路并观察其效应。

① 使蛙（或蟾蜍）腹面向上握于手中，翻开下颌用拇指压住。用手术刀在

口腔内左右耳咽管孔之间的颅底口腔黏膜中央切开一小切口；再将手术剪的剪刀尖从切口插入，并向上挑起，紧贴黏膜分别向左右两侧横剪至耳咽管孔的内侧；分开黏膜，可见迷路位于“十”字形副蝶骨左右横突的端部（图 13-2）。

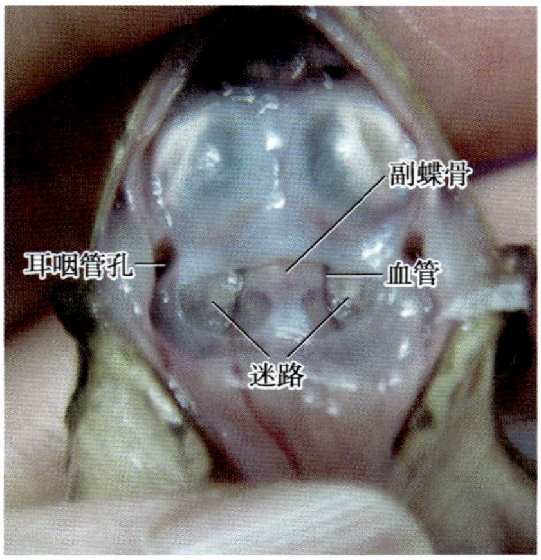

图 13-2　蛙类迷路的位置

② 用手术刀刮去副蝶骨一侧横突端部表面的骨质，可看到粟粒大小的小白点，此处即内耳囊。将毁髓针刺入内耳囊 2～3 mm，转动针尖，搅毁其中的迷路。

● 在颅底口腔黏膜上剪一横切口时，勿伤及耳咽管孔内侧血管，以免出血影响实验效果。

③ 静待数分钟后，观察术后蛙（或蟾蜍）的姿势和运动，与正常蛙比较有何不同。

13-3 破坏蛙一侧迷路

13-1 破坏一侧迷路后蛙的游泳姿势

（五）俯位双毁髓法——刺毁脑和脊髓（蛙类安死术）

① 一只手握蛙（或蟾蜍）使其背部向上，无名指和小指夹住后肢，拇指按其背部，食指下压其吻端，使头前俯，头与脊柱相连处凸起，手指在此凸起处触摸到一凹陷即毁髓针刺入部位。

② 另一只手持毁髓针，针头由凹陷处垂直刺入（图 13-3），穿过皮肤即可。将针尖朝向头端，针体与颅顶平行，穿过枕骨大孔向前刺入颅腔，并在颅腔内搅动捣毁脑髓。如针确在颅腔内，则可感到针触及颅骨。

③ 将针退回至枕骨大孔，针尖转向后方，针体与脊柱平行插入椎管，一边伸入，一边旋转，以捣毁脊髓。当蛙（或蟾蜍）后肢强直而后瘫软时，即表明脑和脊髓完全破坏。如动物仍表现四肢肌肉紧张或活动自如，则必须重新毁髓。

图 13-3　蛙类双毁髓法示刺入部位

● 实验材料若为蟾蜍，则操作中应注意勿挤压蟾蜍双侧耳后腺，以防耳后腺分泌物射入实验者眼内；若不慎射入眼内，则需立即用生理盐水或清水冲洗眼睛，防止毒液伤害。

13-4 俯位双毁髓法

13-2 俯位双毁髓法

（六）脊髓反射及反射弧的分析

1. 制备脊蛙（或蟾蜍）

（1）毁蛙脑　按本实验“双毁髓法”操作，但只捣毁脑髓。

● 毁蛙脑时，不得损伤脊髓，以免破坏反射中枢。

（2）断头法　手持蛙（或蟾蜍），剪刀从其右侧口角处插入上、下颌之间，

13-5 断头法毁髓

沿两眼后连线剪去头颅，即成脊蛙。用蘸有 6.5 g/L 生理盐水的脱脂棉覆盖伤口，但不能将脱脂棉塞入伤口，以免造成脊髓的兴奋状态。

2. 脊蛙处理

13-6 脊蛙的处理

用铁丝钩穿过脊蛙（或蟾蜍）下颌（或用蛙嘴夹夹住其下颌），悬挂在支架上，用烧杯内清水浸洗蛙（或蟾蜍）体，纱布擦去水滴，但使皮肤保持湿润。

刚施过手术的脊蛙（或蟾蜍），因切断了脑和脊髓的联系，脊髓失去来自大脑高级部位调节性的影响，立即进入休克状态。待其安静 5～10 min 后，由于脊髓本身的机制发挥作用，脊髓反射逐渐出现。

● 如冬季做此实验，可于毁脑前和休克时将蛙放在 30～40℃温水里浸浴若干分钟，以增强其代谢，保证实验效果。

3. 脊髓反射

（1）屈反射和反射时的测定　将蛙（或蟾蜍）一后肢最长趾浸入硫酸中，该后肢屈曲，即屈反射。从蛙（或蟾蜍）趾尖浸入时起至腿开始屈曲所需时间，即屈反射的反射时。

为什么酸刺激实验后要用清水洗去蛙体残余硫酸，并用纱布拭去蛙体上水滴，同时又要保持其皮肤湿润?

将蛙右后肢最长趾趾尖浸入培养皿内 0.5％硫酸溶液中，秒表开始计时；当右后肢刚开始屈曲时，停止计时。立即用烧杯内清水洗净脚趾上的残余硫酸，用纱布轻轻擦去水滴。重复实验 3 次，取平均值为蛙右后肢最长趾的反射时。

（2）搔扒反射和反射时的测定　将浸有硫酸的滤纸片贴在蛙（或蟾蜍）的一侧背部皮肤上，蛙（或蟾蜍）立即用后肢除去纸片，此为搔扒反射；从滤纸片贴于蛙（或蟾蜍）背部皮肤时起至其后肢开始除去纸片所需的时间，即为搔扒反射的反射时。

将浸有 1％硫酸溶液的滤纸片贴在蛙（或蟾蜍）右侧背部皮肤上，开始计时；当右后肢刚开始提起时，停止计时。重复 3 次，取反射时平均值。

13-3 脊髓反射

● ①每次酸刺激前，蛙体须处于安静状态。②每次反射活动出现后，用清水洗去蛙体残余硫酸，再用纱布拭去蛙体上水滴，以下实验同此。③重复实验时，每次的刺激强度（如：硫酸浓度、纸片大小）和刺激部位应保持一致。

4. 反射弧的分析

反射活动的结构基础是反射弧。通过实验证明反射弧的组成及反射弧各部分的作用。

（1）去右后肢踝关节以下皮肤

13-7 去蛙右后肢踝关节以下皮肤

① 用手术剪在右后肢踝关节处对皮肤作一环形切口，再用镊子剥去切口以下皮肤，最长趾趾尖皮肤必须除净。稍停，用 0.5％硫酸刺激去皮最长趾，观察右后肢能否出现屈反射。

② 将浸有 1％硫酸的滤纸片贴在该切口以上的皮肤上，观察右后肢能否出

现屈反射。

● 在踝关节处皮肤剪一环形切口时，勿损伤血管。

（2）麻醉坐骨神经

① 分离、麻醉坐骨神经：取下脊蛙（或蟾蜍），腹位固定在蜡盘上，使其左后肢趾端向外侧翻转，足底朝上。沿肢体方向剪开左股部背面皮肤，用玻璃针分离肌肉和结缔组织，在股二头肌和半膜肌的肌间沟内挑出较粗的白色坐骨神经，在坐骨神经下穿 1 条细线，用线将神经提起。用浸有利多卡因的极细棉花条包裹坐骨神经，重新将脊蛙挂在支架上。

● 不能用金属镊子夹持活标本的神经。

② 测屈反射消失的时间：从给药麻醉坐骨神经开始计时，每隔 1 min，将蛙（或蟾蜍）左后肢最长趾浸入 0.5% 硫酸溶液中，观察有无屈反射出现，直至屈反射不再出现，停止计时。为什么屈反射不再出现？

③ 测搔扒反射消失的时间：从给药麻醉坐骨神经开始计时，当屈反射消失时，立即将浸有 1% 硫酸的滤纸片贴在蛙左侧背部皮肤上，观察左后肢有无搔扒反射出现。若出现搔扒反射，说明什么？每隔 1 min 重复 1 次该刺激，直到搔扒反射不再出现，停止计时。

● 给药麻醉坐骨神经时，应立即计时并进行屈反射实验；屈反射不再出现时，立即进行搔扒反射实验。

（3）毁脊髓 用镊子夹右后肢，观察是否出现屈反射，为何要做此检测？从支架上取下脊蛙（或蟾蜍），去掉麻药棉条，清水清洗蛙体后，捣毁脊髓。再用酸刺激蛙（或蟾蜍）身体任何部位，观察有无反射出现，分析原因。

（七）蛙类微循环的观察

蛙类的肠系膜、舌及后肢足蹼等部位的组织较薄，血管丰富，适于用来制备微循环观察标本。

1. 麻醉蛙（或蟾蜍）

取蛙（或蟾蜍）1 只，称重。将蛙（或蟾蜍）仰卧持于手中，注射器针头插入口腔黏膜，穿过下颌肌层入皮下淋巴囊，按 2～3 mg/g 体重的剂量，注入 200 g/L 氨基甲酸乙酯，约 10～15 min 后，动物即进入麻醉状态。

2. 制备肠系膜标本

将已麻醉的蛙（或蟾蜍）背位（或腹位）固定于蛙板上，使其下腹部一侧紧靠蛙板上的小孔。用镊子轻轻提起下腹部该侧皮肤，用手术剪剪约 1 cm 长的纵向切口，继而将切口处腹壁夹起，在腹壁上也剪长约 1 cm 的纵向切口。从切口处轻轻拉出小肠袢，将肠系膜展开过蛙板上的小孔，并用大头针将小肠

> ①为什么最长趾趾尖皮肤必须除净？②分析实验结果，说明什么？

> 为什么本实验中要麻醉蛙左后肢坐骨神经？

13-8
分离、麻醉蛙坐骨神经

> 比较从给药到屈反射消失和给药到搔扒反射消失的时间，分析解释比较结果。

13-4
反射弧分析实验

> 在蛙（或蟾蜍）系列实验中，如不采取麻醉的方式，本实验应如何安排？

13-9

蛙肠系膜标本的制备

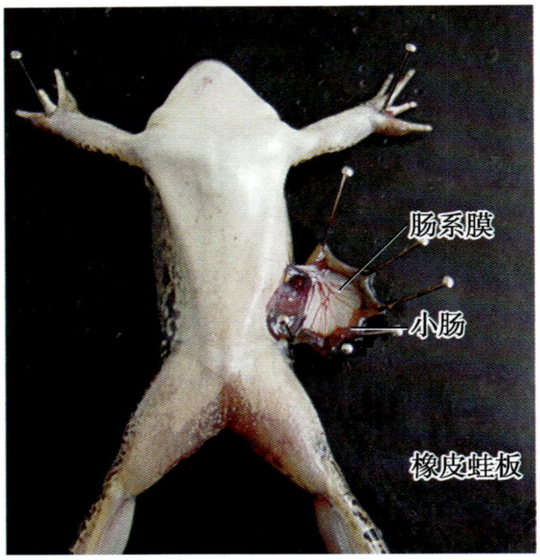

图 13-4　蛙肠系膜标本的制备

固定在蛙板上小孔的周围（图 13-4）。

● ①剪开腹壁时，剪刀尖挑起，避免伤及内脏；②将肠系膜展开过蛙板小孔时，不可牵拉太紧，以免撕破血管或阻断血流。

3. 若用蛙类舌或足蹼作观察标本，则用大头针将麻醉的蛙固定在蛙板上，使其鼻端离蛙板小孔约 0.5 cm，拖出舌头，拉过孔，并用大头针将舌缘固定在蛙板孔的周缘；或将蛙两足趾展开，使趾蹼过孔，用大头针固定。

4. 观察

将标本置低倍镜或体视显微镜下观察。可见有许多纵横交错粗细不等的血管。根据血管的粗细和分支情况、血流方向和血流特征，可区别小动脉、小静脉和毛细血管。

（1）动脉血流的观察　在镜下移动标本，若发现血液由 1 支血管流向两分支血管，则这段血管就是小动脉。注意观察管中血流速度快，有快慢波动，有轴流现象（血细胞在血管中央流动）。

（2）静脉血流的观察　移动标本直到发现血流由 2 支血管汇入 1 支血管，这 2 个分支血管即小静脉。观察管内血流有无快慢波动和轴流现象，比较动脉和静脉内血流的速度。

三类血管的形态和血流特点与其生理功能有何联系？

（3）毛细血管血流的观察　管径最小、透明、近乎无色的血管即毛细血管。在高倍镜下可见红细胞以单排成串的形式在管内流动，或断断续续地单个移动。血流速度如何？

13-5

胜肠系膜微循环

● 观察过程中常用任氏液湿润肠系膜，以免其干燥，影响血液循环。

（八）蛙类心脏起搏点的分析

1. 暴露心脏

① 将双毁髓蛙（或蟾蜍）背位置蜡盘中，展开四肢，用大头针于腕部和跗部钉入，将其固定在蜡盘中。

② 用镊子提起剑胸骨后方皮肤，剪开一小口，然后将剪刀由切口处伸入皮下，向左右两侧下颌角方向剪开皮肤，并向头端掀开皮肤。

③ 用镊子提起剑胸骨后方的腹肌，在腹肌上剪一小口后，剪刀紧贴胸壁（以免损伤内脏和血管），沿皮肤切口方向剪开胸壁，剪断左右乌喙骨和锁骨，用镊子剥离胸壁和围心膜间的结缔组织；剪去胸壁，使创口成 1 个倒三角形，此时可

见心脏在围心腔内搏动。提起半透明围心膜并剪开（或用眼科镊撕开），心脏便暴露出来。

- 用任氏液湿润心脏，以下实验中也不时用任氏液保持心脏湿润。

为什么用双毁髓蛙进行心搏起源的分析？

13-10 暴露心脏和心脏外部形态观察

2. 观察心脏的外部形态和心搏过程

参见本实验“蛙（或蟾蜍）的内部构造”中“心脏及其周围血管”部分，观察心脏的外部形态（图 13–11）。观察静脉窦、心房和心室收缩的顺序，并用秒表记录心搏频率。注意心室收缩时其颜色的变化。

3. 斯氏结扎

（1）斯氏第一结扎　在动脉总干下穿一条线备用，将心尖翻向头端，暴露心脏背面，然后将放置在动脉干下的线在窦房沟处作一结扎，即为斯氏第一结扎（图 13–5a）。观察心脏各部分搏动节律的变化，可见心房、心室立即停止搏动，而静脉窦仍继续搏动，用秒表记录静脉窦搏动频率。待心房和心室恢复搏动后，分别记录它们的搏动频率。重复读取 3 次数据，取平均值。

斯氏第一结扎和斯氏第二结扎后，蛙心脏各部分搏动频率各有何变化？这些变化说明什么？

（2）斯氏第二结扎　在冠状沟处穿线做第二结扎，即斯氏第二结扎（图 13–5b）。

13-11 斯氏结扎

这时心房和静脉窦仍继续搏动，心室则停止搏动。待心室恢复搏动后，记录心脏各部分的搏动频率。重复读取 3 次数据，取平均值。

13-6 心搏

（3）分析实验数据　说明蛙类心脏不同部位节律性的高低及正常情况下蛙类心脏的起搏点。

（九）蛙（或蟾蜍）的内部构造

1. 肌肉系统

将双毁髓蛙腹面向上置于蜡盘内，展开四肢。用镊子夹起两后肢基部之

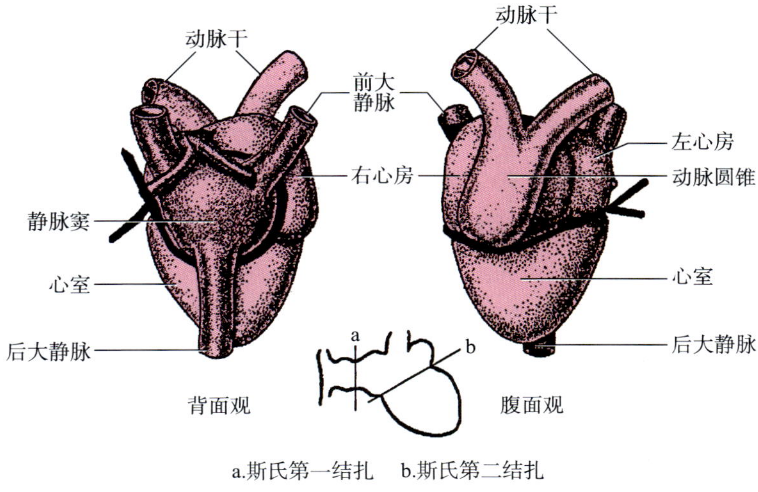

图 13–5　蛙类斯氏结扎部位示意图

间、泄殖腔孔稍前方的腹部皮肤，剪开一切口，由此处沿腹中线向前剪开皮肤，直至下颌前端。然后在肩带处向两侧剪开并剥离前肢皮肤；在股部作一环形切口，剥去皮肤至足部。观察腹壁和四肢的主要肌肉。

● 剥离蛙皮肤后，同时注意观察其皮肤内有丰富的血管。

（1）腹壁表层主要肌肉

① 腹直肌：位于腹部正中幅度较宽的肌肉，肌纤维纵行，起于耻骨联合，止于胸骨。该肌被其中央纵行的结缔组织白线（腹白线）分为左右两半，每半又被横行的 4～5 条腱划分为几节。

② 腹斜肌：位于腹直肌两侧的薄片肌肉，分内外 2 层。腹外斜肌纤维由前背方向腹后方斜行。轻轻划开腹外斜肌可见其内层的腹内斜肌，腹内斜肌纤维走向与腹外斜肌相反。

③ 胸肌：位于腹直肌前方，呈扇形。起于胸骨和腹直肌外侧的腱膜，止于肱骨。

（2）前肢肱部肌肉

肱三头肌：位于肱部背面，为上臂最大的一块肌肉。起点有 3 个肌头，分别起于肱骨近端的上、内表面，肩胛骨后缘和肱骨的外表面，止于桡尺骨的近端。它是伸展和旋转前臂的重要肌肉。

（3）后肢肌肉

13-12
蛙的肌肉

① 股薄肌：位于大腿内侧，几乎占据大腿腹面的一半，可使大腿向后和小腿伸屈。

② 缝匠肌：位于大腿腹面中线的狭长带状肌。肌纤维斜行，起于髂骨和耻骨愈合处的前缘，止于胫腓骨近端内侧。收缩时可使小腿外展，大腿末端内收。

③ 股三头肌：位于大腿外侧最大的一块肌肉，起点有 3 个肌头，分别起自髂骨的中央腹面、后面，以及髋臼的前腹面，其止点以共同的肌腱越过膝关节止于胫腓骨近端下方。收缩时，可使小腿前伸和外展。

④ 股二头肌：一狭条肌肉，介于半膜肌和股三头肌之间且大部分被它们覆盖。起于髋骨背面正当髋臼的上方，末端肌腱分为 2 部分，分别附着于股骨的远端和胫骨的近端。收缩时能屈曲小腿和上提大腿。

⑤ 半膜肌：位于股二头肌后方的宽大肌肉。起于坐骨联合的背缘，止于胫骨近端。能使大腿前屈或后伸，小腿屈曲或伸展。

⑥ 腓肠肌：小腿后面最大的一块肌肉，是生理学中常用的实验材料。起点有大、小 2 个肌头，大的起于股骨远端的屈曲面，小的起于股三头肌止点附近，其末端以一跟腱越过跗部腹面，止于跖部。收缩时能屈曲小腿和伸足。

⑦ 胫前肌：位于胫腓骨前面。起于股骨远端，末端以 2 腱分别附着于跟骨和距骨。收缩时能伸直小腿。

⑧ 腓骨肌：位于胫腓骨外侧，介于腓肠肌和胫前肌之间。起于股骨远端，止于跟骨。收缩时能伸展小腿。

⑨ 胫后肌：位于腓肠肌内侧前方。起于胫腓骨内缘，止于距骨。收缩时能伸足和弯足。

⑩ 胫伸肌：位于胫前肌和胫后肌之间。起于股骨远端，止于胫腓骨，收缩时能使小腿伸直。

2. 口咽腔

为消化和呼吸系统共同的器官。

（1）舌　用镊子将蛙（或蟾蜍）的下颌拉下，可见口腔底部中央有一柔软的肌肉质舌，其基部着生在下颌前端内侧，舌尖伸向咽部。用镊子将舌从口腔内向外翻拉出展平，可见蛙舌尖分叉（蟾蜍舌尖钝圆，不分叉），用手指触舌面有黏滑感。蛙舌怎样捕食？

剪开左右口角至鼓膜下方，令口咽腔（图 13-6）全部露出。

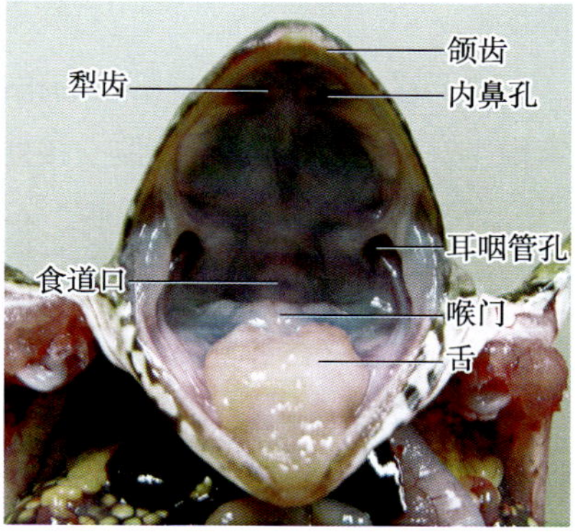

图 13-6　蛙的口咽腔

（2）内鼻孔　位于口腔顶壁近吻端处的 1 对椭圆形孔，取 1 鬃毛从外鼻孔穿入，可见鬃毛由内鼻孔穿出。

（3）齿　沿上颌边缘有 1 行细而尖的牙齿，齿尖向后，即颌齿（蟾蜍无齿）；在 1 对内鼻孔之间有 2 丛细齿，为犁齿（蟾蜍无齿）。

（4）耳咽管孔　位于咽腔顶壁两侧、颌角附近的 1 对大孔，用镊子由此孔轻轻探入，可通到鼓膜。

（5）声囊孔　雄蛙口腔底部两侧口角处、耳咽管孔稍前方，有 1 对小孔即声囊孔（雄蟾蜍无此孔）。

（6）喉门　为舌尖后方，咽腹面有 1 纵裂的圆形突起，由 1 对半圆形杓状软骨支持，两软骨间的纵裂即喉门，是喉气管室在咽部的开口。

内鼻孔的出现有何意义？蛙齿有何功用？

（7）食道口　喉门的背侧，咽最后部位的皱襞状开口。

观察完口咽腔后，将蛙四肢展开，从四肢掌部插入大头针，背位固定在蜡盘上。用镊子将两后肢基部之间的腹直肌后端提起，用剪刀沿腹中线稍偏左自后向前剪开腹壁（这样不致损毁位于腹中线上的腹静脉），剪至剑胸骨处时，再沿剑胸骨的两侧斜剪，剪断乌喙骨和肩胛骨。用镊子轻轻提起剑胸骨，仔细分离胸壁与围心膜间的结缔组织（注意勿损伤围心膜），最后剪去胸壁。

将腹壁中线处的腹静脉从腹壁上剥离开，再将腹壁向两侧翻开，用大头针

13-13

蛙的解剖

固定在蜡盘上。原位观察各内脏器官在体位置。

3. 消化系统（图 13-7）

（1）肝 红褐色，位于体腔前端，心脏的后方，由较大的左右 2 叶和较小的中叶组成。在中叶背面，左右 2 叶之间有一绿色圆形小体，即胆囊。用镊子夹起胆囊，轻轻向后牵拉，可见胆囊前缘向外发出 2 根胆囊管，1 根与肝管连接，接收肝分泌的胆汁；1 根与总输胆管相接，胆汁经总输胆管进入十二指肠。提起十二指肠，用圆头镊子轻压胆囊，可见有暗绿色胆汁经总输胆管而入十二指肠。

（2）食管 将心脏和左叶肝推向右侧，可见心脏背方一乳白色短管与胃相连，即食管。

（3）胃 为食管后端所连的稍弯曲的膨大囊状体，部分被肝遮盖。胃与食管相连处称为贲门；胃与小肠交接处紧缩变窄，为幽门。

（4）肠 可分小肠和大肠。小肠自幽门后开始，向右前方伸出的一段为十二指肠，其后向右后方弯转并继而盘曲在体腔右后部，为回肠。大肠接于回肠，膨大而陡直，又称为直肠，直肠向后通泄殖腔，以泄殖腔孔开口于体外。

（5）胰 为 1 条长形不规则的淡红色或黄白色的腺体，位于胃小弯与十二指肠之间。

（6）脾 为直肠前端肠系膜上的一红褐色球状物，是一淋巴器官，与消化无关。

4. 呼吸系统

成蛙为肺皮呼吸。皮肤呼吸在两栖类占有重要地位；肺呼吸器官包括鼻腔、口咽腔、喉气管室和肺等器官，其中鼻腔和口咽腔已于口咽腔处观察。

> ①联系外、内鼻孔的位置，鼻瓣的开闭和口咽腔底壁的升降动作，想想蛙是怎样进行呼吸的？②蛙皮肤具有哪些适应于呼吸的结构特点？

（1）喉气管室 用镊子轻轻将心脏后移，再用钝头镊子自咽部喉门处通入，可见心脏背方一短粗略透明的管子，即喉气管室，其后端通入肺。

（2）肺 为位于心脏两侧的 1 对粉红色、近椭圆形的薄壁囊状物（图 13-8）。剪开肺壁可见其内表面呈蜂窝状，其上密布微血管。

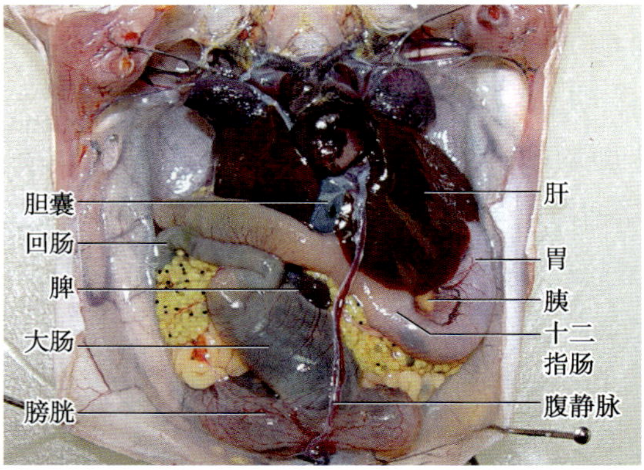

图 13-7 蛙的消化系统

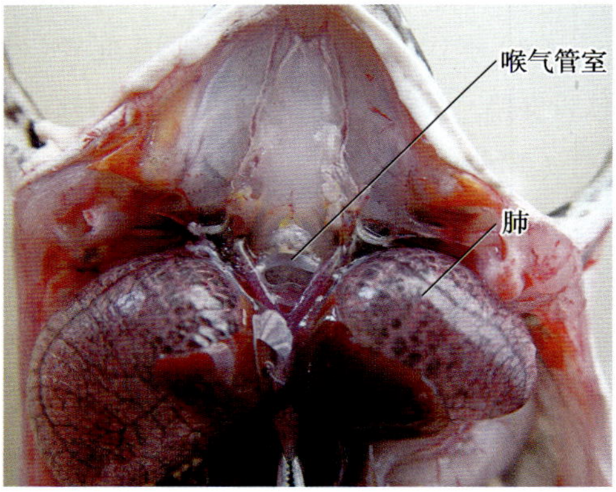

图 13-8 蛙的肺囊和喉气管室

5. 泌尿生殖系统

蛙为雌雄异体，观察时可互换不同性别的蛙。将消化器官移向一侧，再行观察。

（1）泌尿器官（图 13-9、图 13-10）

① 肾：为 1 对红褐色长而扁平的器官，位于体腔后部，紧贴背壁脊柱的两侧。将其表面的腹腔膜剥离开，即清楚可见。（肾的腹面有 1 条橙黄色的肾上腺，属内分泌腺。）

② 输尿管：为两肾外缘近后端发出的 1 对薄壁细管，它们向后伸延，分别通入泄殖腔背壁（蟾蜍的左右输尿管末端合并成一总管后通入泄殖腔背壁）。

③ 膀胱：位于体腔后端腹面中央，连附于泄殖腔腹壁的 1 个 2 叶状薄壁囊。膀胱被尿液充盈时，其形状明显可见，当膀胱空虚时，用镊子将它放平展开，也可看到其形状。

④ 泄殖腔：为粪、尿和生殖细胞共同排出的通道，以单一的泄殖腔孔开口于体外。

● 泄殖腔位于耻骨联合背面，将中式剪从泄殖腔与耻骨联合间插入，剪开耻骨，暴露泄殖腔。

输尿管和膀胱直接相通吗？想想尿液如何流入膀胱和排出体外？

（2）雄性生殖器官（图 13-9）

① 精巢：1 对，位于肾腹面内侧，淡黄色，椭圆形（蟾蜍的精巢常为长柱形），其大小随个体和季节的不同而有差异。

② 输精小管和输精管：用镊子轻轻提起精巢，可见由精巢内侧发出的许多细管即输精小管，它们通入肾前端。雄蛙（或蟾蜍）的输尿管兼输精。

（雄蟾蜍精巢前方有 1 对扁圆形的毕氏器，为退化的卵巢。肾脏外侧各有 1 条细长管，为退化的输卵管，其前端渐细而封闭，后端左右合一，开口于泄殖腔。）

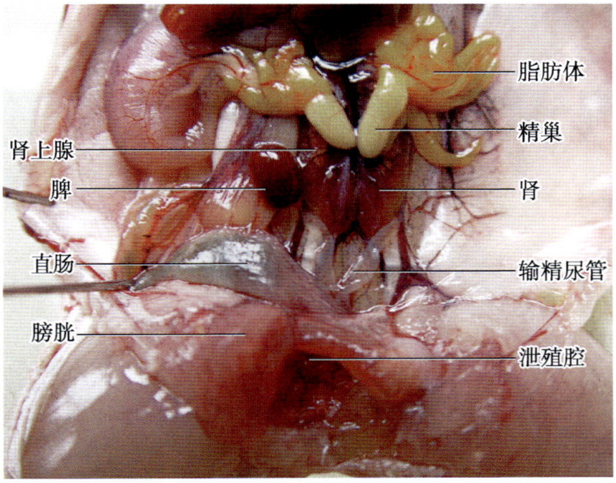

图 13-9　雄蛙的泄殖系统

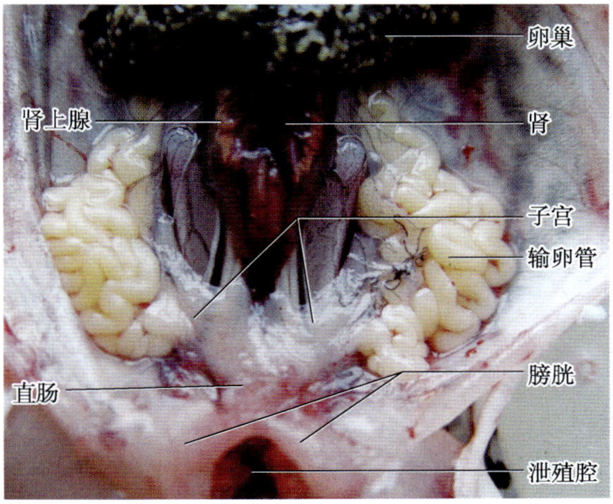

图 13-10　雌蛙的泄殖系统

③ 脂肪体:位于精巢前端的黄色指状体,其体积大小在不同季节里变化很大。它有何作用?

（3）雌性生殖器官（图 13–10）

① 卵巢：1 对，位于肾脏前端腹面。形状、大小因季节不同而变化很大，在生殖季节极度膨大，内有大量黑色卵，未成熟时卵呈淡黄色。

② 输卵管：为 1 对长而迂曲的管子，近乳白色，位于输尿管外侧。其前端以漏斗状开口于体腔，紧靠肺底部；后端在接近泄殖腔处膨大成囊状，称为“子宫”，“子宫”开口于泄殖腔背壁。

③ 脂肪体：1 对，与雄性的相似，黄色，指状，临近冬眠季节时体积很大。（年幼雌蟾蜍卵巢和脂肪体之间有橙色球形的比德器，为退化的精巢，成年后退化。）

6. 心脏及其周围血管

心脏位于体腔前端胸骨背面，被包在围心腔内，其后是红褐色的肝。在心脏腹面用镊子夹起半透明的围心膜并剪开，心脏便暴露出来。从腹面观察心脏的外形及其周围血管（图 13–11）。

（1）心房　为心脏前部的 2 个薄壁有皱襞的囊状体，左右各 1。

（2）心室　1 个，连于心房之后的厚壁部分，圆锥形，心室尖向后。在 2 心房和心室交界处有一明显的凹沟，称为冠状沟，紧贴冠状沟有黄色脂肪。

（3）动脉圆锥　由心室腹面右上方发出的 1 条较粗的肌质管，色淡。其后端稍膨大，与心室相通。由动脉圆锥通出一条短而粗的动脉总干，其前端分为 2 支，即左右动脉干。

用镊子轻轻提起心尖，将心脏翻向前方，观察心脏背面。

（4）静脉窦　为心脏背面一暗红色三角形的薄壁囊。在心房和静脉窦之间有 1 条白色半月形界线即窦房沟。其左右两个前角分别连接左右前大静脉，后

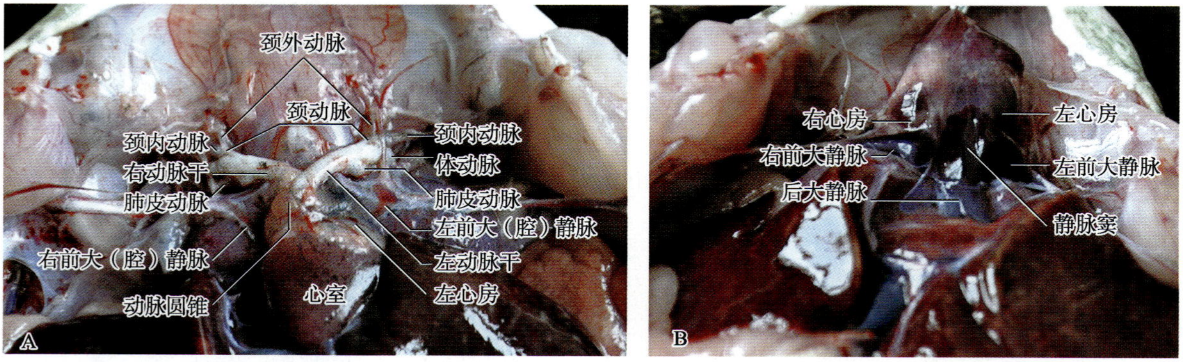

图 13–11　牛蛙的心脏及其周围血管
A. 腹面观　B. 背面观

角连接后大静脉。静脉窦开口于右心房。在静脉窦的前缘左侧，有很细的肺静脉注入左心房。

7. 动脉系统

用镊子仔细剥离心脏前方左右动脉干周围的结缔组织，可见左右动脉干穿出围心腔后，每支又分成 3 支，即颈动脉、体动脉和肺皮动脉。

● 观察血管时，应沿血管走向由近端到远端追寻，并随时用镊子仔细清除血管周围的结缔组织，但注意勿损伤血管。

（1）颈动脉及其分支　颈动脉是由动脉干发出的最前面的 1 支血管。此血管前行不远，又分为 2 支：内侧 1 支为颈外动脉，较细，直伸向前，通至下颌和舌；外侧 1 支为颈内动脉，较粗，其基部的椭圆形膨大，是颈动脉腺，该动脉继续向外延伸到脑颅基部。

（2）肺皮动脉　由动脉干发出的最后面的 1 支动脉，它向背外侧斜行，又分成 2 支：较细的 1 支是肺动脉，直达肺囊；较粗的 1 支是皮动脉，以微血管分布到皮肤。

（3）体动脉及其分支　体动脉是从动脉干分出 3 支动脉的中间 1 支，最粗。左右体动脉前行不远就绕过食管两旁转向背方，沿体壁后行到肾的前端，汇合成 1 条背大动脉，背大动脉后行途中再行分支。

左右体动脉汇合前分出的主要分支依前后顺序有：

① 喉动脉：由体动脉内侧靠颈动脉起点处分出的 1 支很细的动脉，通到喉部腹壁。用镊子将体动脉与颈动脉分叉处的血管略向外侧掀开即可见。

② 枕椎动脉：由体动脉外侧分出的 1 支小血管，走行不远又分为 2 支，前行的 1 支为枕动脉；后行的 1 支为椎动脉。

③ 锁骨下动脉：为体动脉分出的 1 支较粗的血管，靠近枕椎动脉的外后方，向外斜行进入前肢成为肱动脉。

将胃、肠等翻到腹腔右侧，观察左右体动脉汇合成背大动脉后，由前至后端，沿途分出的分支（图 13–12）：

④ 腹腔肠系膜动脉：是从背大动脉基部腹面分出的 1 支较粗短的血管（有时此动脉在两体动脉汇合之前，从左体动脉上发出）。此血管随即分为前后 2 支，前支称为腹腔动脉，分布到胃、肝、胰和胆囊；后支称为前肠系膜动脉，分布到肠系膜、肠、脾和泄殖腔处。

⑤ 泄殖动脉：是背大动脉后行经过两肾之间时，从其腹面分出的多对细小血管，分布到肾、生殖腺和脂肪体上。观察时，用镊子轻轻将背大动脉腹方的后大静脉和肾静脉略挑起，便清楚可见。

⑥ 腰动脉：在荐部从背大动脉背侧分出的 1～4 对细小的动脉。将左肾翻向

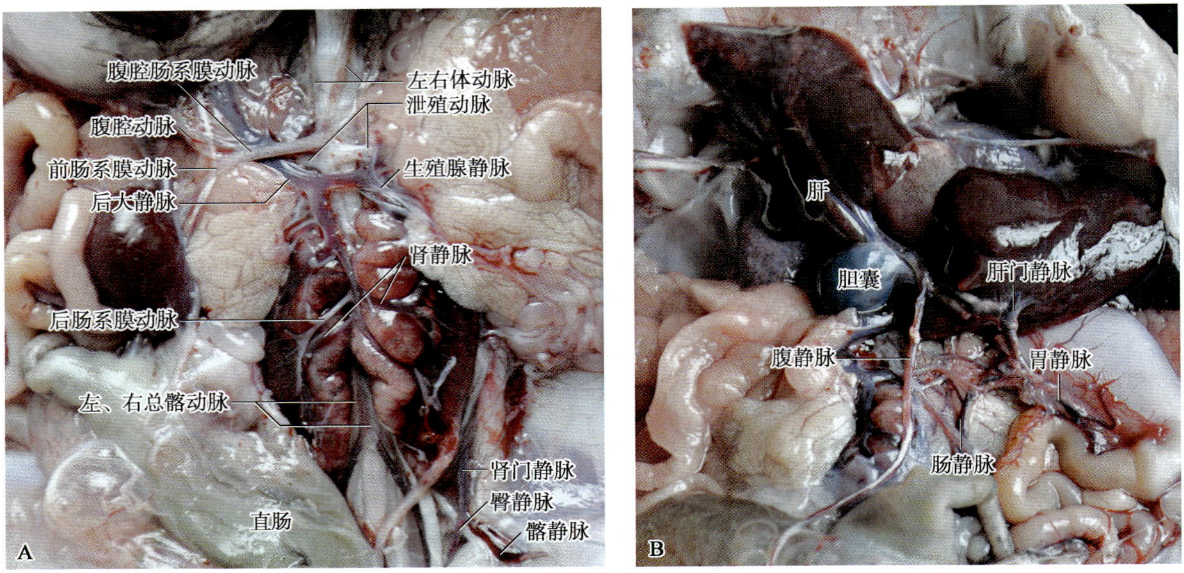

图 13-12　牛蛙的血管
A. 示腹腔内动脉和静脉　B. 示肝门静脉

体腔右侧，用镊子轻轻挑起背大动脉，可见这些小血管分布到体腔的背壁。

⑦ 后肠系膜动脉：从背大动脉近末端（分叉处前）的腹面分出的 1 条很细的血管，分布到后部的肠系膜、直肠（雄性）或子宫（雌性）上。

⑧ 总髂动脉：背大动脉在尾杆骨中部分成左、右总髂动脉，分别进入左、右后肢。沿一侧总髂动脉走行，分离大腿基部肌肉，可见此动脉进入大腿后又分成 2 支：外侧 1 支细小，称股动脉或髂外动脉，分布到大腿前部的肌肉和皮肤；内侧 1 支粗大，称臀动脉或髂内动脉，它先与坐骨神经伴行，至膝弯处又行分支，分布到小腿的内、外侧。

8. 静脉系统

静脉多与动脉并行。可分为肺静脉、体静脉和门静脉 3 组进行观察。

（1）肺静脉　将心脏折向前方，可见左右肺的内侧各伸出 1 根细的肺静脉，近左心房处，左右 2 支汇合成 1 支，通入左心房。

（2）体静脉　包括左、右前大（腔）静脉和 1 条后大（腔）静脉（图 13-11B）。

① 前大静脉　1 对，左右对称，分别通入静脉窦前端左右角，每侧前大静脉由心脏前侧方的 3 支静脉汇合而成：

颈外静脉：位于最前方，接受来自颈部和舌部的静脉血，与颈外动脉并行。

无名静脉：中间 1 支，由来自外侧方的颈内静脉（来自脑匣，与颈内动脉并行）和肩胛下静脉（接收肩部和前臂的静脉血）汇合而成。

锁骨下静脉：为 3 支中最大的 1 支，位于最后，由来自前肢的肱静脉和收集皮肤血液的皮静脉汇合而成，与锁骨下动脉并行。

② 后大静脉 为肠背侧的1条纵行的粗大静脉（图 13–12A）。它起于两肾之间，在背大动脉腹面，沿背中线前行，进入静脉窦后角。由后向前沿途接受以下静脉：

生殖腺静脉：来自卵巢或精巢的 2～4 对较细的小血管，直接或经肾静脉通入后大静脉。

肾静脉：由肾内侧通出的 4～6 对血管，汇入位于两肾之间的后大静脉。

肝静脉：由肝通出的左右各 1 条短而粗的血管，在接近静脉窦处进入后大静脉。

（3）门静脉 包括肾门静脉和肝门静脉。它们接受来自后肢和消化器官的静脉，汇入肾和肝，并在肾和肝中再度分散成毛细血管。

① 肾门静脉：位于左右肾外缘的 1 对静脉。沿一侧肾门静脉向后追踪，可见此血管由来自后肢的臀静脉（位于大腿基部内侧，与臀动脉并行）和髂静脉（大腿外侧的股静脉在大腿基部外侧汇入 1 支静脉）汇合而成。肾门静脉在肾外缘还接受 1 支来自体壁的背腰静脉。

② 肝门静脉（图 13–12B）：将肝翻折向前，可见肝后面的肠系膜内有 1 条短而粗的血管入肝，此即肝门静脉。仔细向后分离追踪，可见此血管由来自胃和胰的胃静脉、来自肠和系膜的肠静脉及脾静脉汇合而成。肝门静脉前行至肝附近与腹静脉合并入肝。

（4）腹静脉 位于腹壁中线处，介于腹白线和腹腔膜之间的 1 条静脉，由来自后肢的左右骨盆静脉汇合而成。此静脉沿腹中线前行至剑胸骨附近，离开腹壁转入体腔。将肝翻折向前，可见腹静脉伸到肝，在胆囊左方分成 3 支，其中 2 支分别入肝的左右叶，1 支汇入肝门静脉。

观察血管后，用镊子提起心脏，用剪刀将心脏连同一段出入心脏的血管剪下，用水将离体心脏冲洗干净，在体视显微镜下用手术刀切开心室、心房和动脉圆锥的腹壁，观察心脏和动脉圆锥的内部结构。

9. 心脏的内部结构

（1）心瓣膜 在心房和心室之间的房室孔周围，可见有 2 片大型和 2 片小型的膜状瓣，称为房室瓣。在心室和动脉圆锥之间也有 1 对半月形的瓣膜，称为半月瓣。此外，在动脉圆锥内有 1 个腹面游离的纵行瓣膜，称为螺旋瓣。这些瓣膜各有何作用？

（2）在左、右心房背壁上，分别有肺静脉通入左心房的开口和静脉窦通入右心房的开口，用鬃毛分别从这两个开孔探入肺静脉和静脉窦进行观察。

> 蛙是变温动物，这与其心脏结构有关吗？为什么？

10. 示范

（1）神经系统 观察蛙的神经系统标本（图 13–13）。

（2）骨骼系统 观察蛙的骨骼标本（图 13–14）。

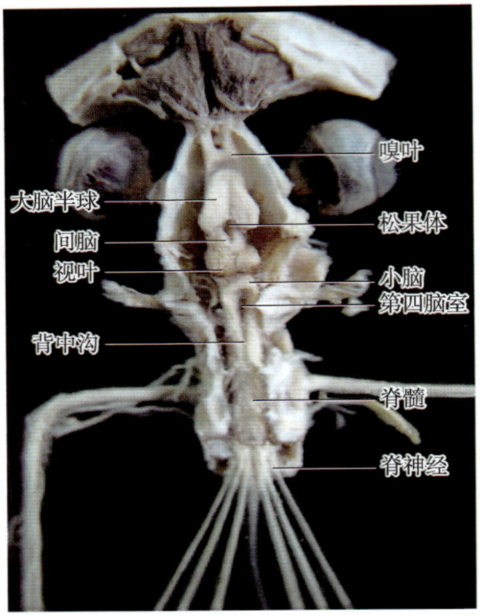

图 13-13　蛙的神经系统

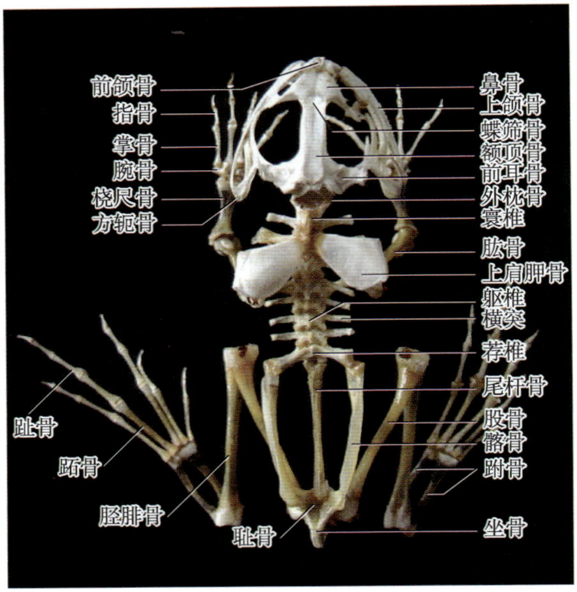

图 13-14　蛙的骨骼标本

（十）蛙类坐骨神经 - 腓肠肌标本的制备

1. 剥制后肢标本

手持双毁髓蛙（或蟾蜍）两前肢，用剪刀在其体前部横向剪开皮肤一周，剥离身体后部及后肢的皮肤。然后手持两后肢足部，倒置蛙（或蟾蜍）体；剪开腹壁，将内脏向头端剥离，并于泄殖腔处剪去内脏，暴露脊柱两旁的坐骨神经丛；在该丛前方剪断脊柱，保留腰骶部坐骨神经发出部位的一小段脊柱（共 3 块椎骨），连同后肢，放入任氏液中，并清洗手及解剖器械上的污物。

2. 分离两后肢

用蘸有任氏液的手托起标本，沿脊柱正中线纵向剪开脊柱（尾杆骨留在一侧）和耻骨联合，使两后肢完全分离。将分离的后肢置于任氏液中。

3. 游离坐骨神经

取一侧后肢标本，脊柱端腹面向上，趾端向外侧翻转，足底朝上，固定在蛙板上。用玻璃针沿坐骨神经走向分离神经，剪去其小分支；再自股部沿股二头肌和半膜肌的肌间沟，分离坐骨神经至腘窝处；剪去、刮净腰骶部和椎骨上的肌肉。

4. 分离股骨头

手捏股骨，剪去、刮净股骨上的肌肉，在近膝关节 1 cm 处剪断股骨。

13-7
持镊打结法

5. 游离腓肠肌

在腓肠肌跟腱下穿线，结扎。提起结扎线，剪断跟腱，游离腓肠肌至膝关节处。

剪去膝关节以下的后肢，保留腓肠肌与股骨的联系，即制成坐骨神经—腓肠肌标本。

标本应包括发出坐骨神经的小段脊柱骨、坐骨神经、股骨头和腓肠肌等 4 个部分（图 13–15）。

6. 检查标本的兴奋性

刺激标本的坐骨神经，如腓肠肌立即收缩，则表明标本的兴奋性良好。然后将标本放入任氏液中。

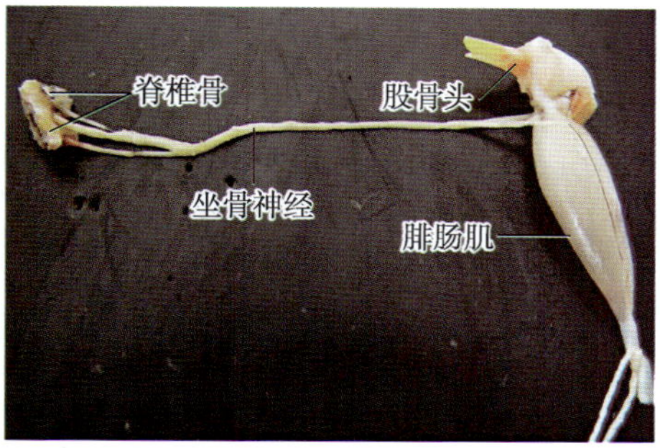

图 13–15　蛙类坐骨神经 – 腓肠肌标本

● 在制备标本过程中注意：①经常用任氏液浸润标本，并用任氏液清洗手及解剖器具；②不能用金属器皿触碰神经干；③不得让动物的皮肤分泌物、血液等浸染神经和肌肉。思考为什么？

13-14
蛙坐骨神经 – 腓肠肌标本的制备

六、问题与思考

1. 总结蛙类俯位双毁髓法、毁蛙类动物迷路、蛙类肠系膜标本的制备和坐骨神经 – 腓肠肌标本制备中的操作要点。

2. 通过实验观察，分析阐明两栖类各器官系统在形态结构和功能上对陆生生活的初步适应及其适应的不完善性。

七、拓展性实验

1. 请设计实验，说明反射时与刺激强度的关系。

2. 请设计其他实验，证明两栖类心脏的起搏点是静脉窦。

3. 查阅资料，制作牛蛙（或蟾蜍）血管色剂注射标本。

实验报告

（黄诗笺）

实验 14 鸟的系列实验

鸟类是体表被覆羽毛、前肢特化为翼、恒温和卵生的高等脊椎动物。高而稳定的新陈代谢水平和对飞行生活的适应，使鸟类成为脊椎动物进化谱系中的一个特殊类群，同时也使之成为陆生脊椎动物中分布最广、种类最多的一个类群。鸟类的一般解剖方法和活体采血技术是对鸟类进行形态解剖、分类鉴定、生物化学、分子生物学等研究必须掌握的基本技能。通过对鸟类的外部形态和内部构造的观察和比较，有助于理解生物体结构与功能的统一、生物与环境的统一等生物学原理。

一、实验目的

1. 学习鸟类活体采血技术和一般解剖方法。

14-1 教学建议

2. 通过对实验用鸟外形和内部构造的观察，了解鸟类适应于飞翔生活的形态结构特征。

3. 通过对实验用鸟形态结构的比较分析，认识鸟类的多样性，理解生物体结构与功能统一、生物与环境统一的生物学原理。

二、实验内容

1. 鸟的翼根静脉采血、心脏采血和微量采血。
2. 鸟的外形观察和内部解剖。
3. 实验用鸟形态结构的比较分析与探讨。
4. 家鸽骨骼标本示范。

三、实验材料

活鸭、鸡、鹌鹑、鸽等，鸟的整体骨骼标本。

四、实验器具与试剂

解剖盘，常用解剖器具，双连球，滴管，试管，试管架，已灭菌注射器（5 mL）

和针头（5 号、6 号），一次性刺血针，一次性定量毛细采血管，小离心管，消毒干棉球，脱脂棉，纱布。

肝素或其他抗凝剂，乙醚或氯仿，75%、90%、100% 乙醇。

五、操作与观察

（一）活体采血

1. 翼根静脉采血

① 取灭菌干燥的 5 mL 注射器，装上 5 号针头，吸取少量肝素润湿针头和针筒备用。

② 用绳子将鸟腿扎紧，展开一侧翅膀，露出腋窝部。拔去该部位羽毛，便可见明显的翼根静脉。以 75% 乙醇棉球消毒该部位皮肤，然后用拇指和食指压迫此静脉向心端，使血管扩张。

③ 手持注射器，针尖斜面向上，逆静脉血流方向刺入血管后，平行伸入翼根静脉（为什么？），慢慢抽取血液。针头在血管内不得摆动，以免针头穿出血管。取血完毕，将针头平行退出血管，用消毒干棉球轻压止血。

为什么要以离心方向进针？

④ 取下针头，注射器管口紧靠干燥的试管内壁，将血液缓缓注入试管内（针管内若有带泡沫的血，则不要注入试管）。

14-1
鸽翼根静脉采血

⑤ 采血完毕，及时用清水冲洗注射器和针头。

● 注射器针头刺入点应从翼根静脉近心端开始，以便于采血失败时，可沿该静脉离心方向多次刺针采血。

2. 心脏采血

① 绳子扎紧鸟腿和鸟翅。用纱布或棉花沾取热水润湿左侧胸部的羽毛和皮肤，拔去相应于心脏部位的羽毛。

14-2
鸽心脏采血

② 将鸟的左体侧向上，卧于解剖盘内，头向右侧固定。

③ 确定胸骨最突出点，从该突出点向左平移 2 cm 左右，此处即为适宜的进针部位。75% 乙醇棉球消毒该处皮肤，将连有注射器的 6 号针头垂直刺入，如果针头进入了心脏，则血液会自动进入注射器；稳定针头，缓缓回抽针栓，抽取到所需血量，然后拔出针头，用消毒干棉球轻压止血。

④、⑤ 操作同前。

3. 微量采血

① 展开鸟一侧翅膀，露出腋窝部。拔去该部位少许羽毛，便可见明显的翼根静脉。75% 乙醇棉球消毒该部位皮肤，并使血管扩张。

14-1
鸽微量采血

② 用一次性刺血针刺破翼根静脉，待血液流出成滴时，取一次性定量毛细采血管与鸟体成小于 30° 角度，管口接触血滴，使血液通过虹吸作用进入采血

图 14-1　鸽的喙、蜡膜和外鼻孔

管至所需刻度处，一次采血量一般为 10～100 μL。取血毕，用消毒干棉球按压针刺点以止血。

③ 将毛细采血管中血样吹入加有抗凝剂的小离心管临时保存，做好标记。若血样不及时使用，则将取出的血样连同毛细采血管一起保存于 90%～100% 乙醇溶液中。

（二）外部形态观察

鸟类身体呈纺锤形，体外被羽，具流线形的外廓。身体可分为头、颈、躯干、尾、附肢等部分。头前端具角质喙，食性和取食方式不同的鸟其喙的形态不同（图 15-1），上喙基部两侧各有 1 个外鼻孔（鸽上喙基部的皮肤隆起称为蜡膜，外鼻孔位于蜡膜下方两侧）（图 14-1）。眼具活动的眼睑及半透明的瞬膜。眼后下方有被耳羽掩盖的耳孔。颈长，活动性大。尾部短，其背面两侧突起的皮下有尾脂腺，尾基腹面有泄殖腔孔。前肢特化为翼，后肢跗跖部被角质鳞，具 4 趾，趾端具爪，鸟类足趾的形态因生活方式而异（图 15-2）。

14-2 家鸽外部形态

● 注意观察不同种鸟喙的形态 、足趾的形态（趾型、蹼型），并作记录。

鸟羽有哪些功能？鸟体表被羽与其恒温机制有何联系？

按结构和功能，鸟羽可分为 3 种类型。被覆在体外的大型羽片为正羽，着生在翼和尾端的正羽分别称为飞羽和尾羽，注意观察实验用鸟的翅型。拨开正羽，在正羽下方松散似绒状的为绒羽；杂生在正羽和绒羽之中，外形如毛发的是纤羽（毛羽），拔去正羽和绒羽后可见到。

14-3 鸟类的翅型和尾型

（三）内部解剖与观察

1. 处死

可选择以下方法之一：

（1）压迫法　一只手紧捏鸟双翼并紧压胁部，另一只手以拇指和食指堵住外鼻孔，中指托住颏部，使鼻孔与口均闭塞，致其窒息而死。

（2）箍颈法　一只手从背方紧抓鸟的双翼，另一只手的拇指和食指紧箍鸟的颈部（阻断气管通气），使其窒息而死。

（3）溺水法　一只手紧捏鸟双翼并紧压胁部，另一只手将其头部浸入水中，使其水中窒息而死。

14-4 鸽的处死

（3）麻醉法　用少量脱脂棉浸以乙醚或氯仿缠于鸟的嘴基，使其麻醉致死。

2. 解剖

将鸟背位置于解剖盘中，用水打湿腹部羽毛。一只手压住皮肤，另一只手顺毛向拔去颈、胸和腹部的羽毛。用手术刀沿龙骨突起切开皮肤，将手术剪插入皮肤切口，向前剪开皮肤至嘴基，向后剪至泄殖腔孔前缘。用刀柄分离皮肤和肌肉，向两侧拉开皮肤，即可看到气管、食管、嗉囊（鸭无嗉囊）

和胸大肌。

● 剪至嗉囊处皮肤时，应将皮肤与嗉囊壁分离开后再剪开皮肤，以免剪破嗉囊壁。

沿龙骨突一侧及叉骨边缘小心切开胸大肌，留下肱骨上端肌肉止点处，下面露出的肌肉即胸小肌（图 14-2），用同样方法切开胸小肌。试牵动胸大肌和胸小肌，了解其机能。

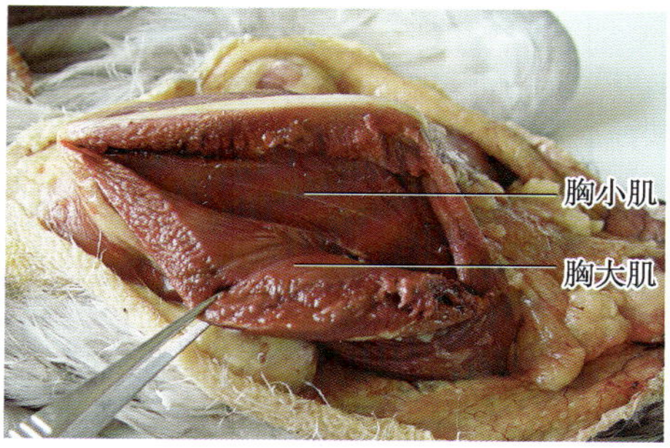

图 14-2 鸽的胸大肌和胸小肌

● 注意比较不同种鸟龙骨突和胸肌的发达程度。

用手术剪在胸骨基部横向剪开体壁，用骨钳或中式剪沿胸骨两侧、胸骨与肋骨相连处剪断肋骨，再将乌喙骨与叉骨（锁骨）联结处剪断，用镊子分离胸壁与内脏器官间的结缔组织，揭去胸壁。再向后剪开腹壁，直至泄殖腔孔前缘。将腹壁向身体两侧拉开。原位观察各器官在体内的位置和形态。

14-3 鸽的胸肌

● ①剪至乌喙骨与叉骨联结处时要特别小心，须仔细观察并避开该处的血管；②拉开腹壁时不宜用力过猛，以免气囊破裂。

14-4 家鸽的解剖

3. 内部构造的观察

（1）呼吸系统

① 外鼻孔：开口于上喙基部（鸽的位于蜡膜前下方，图 14-1）。

② 内鼻孔：剪开两侧喙角，打开口腔。内鼻孔位于口腔顶部两条纵走的黏膜褶襞间的纵裂缝（称为颚缝）内。

③ 喉：将舌拉出，可见舌根之后纵裂状的喉门（图 14-3）。

④ 气管：连于喉门，与颈等长，由环状软骨环支撑，向后分为左、右 2 支气管入肺。左、右支气管分叉处有一较膨大的鸣管，是鸟类特有的发声器官。

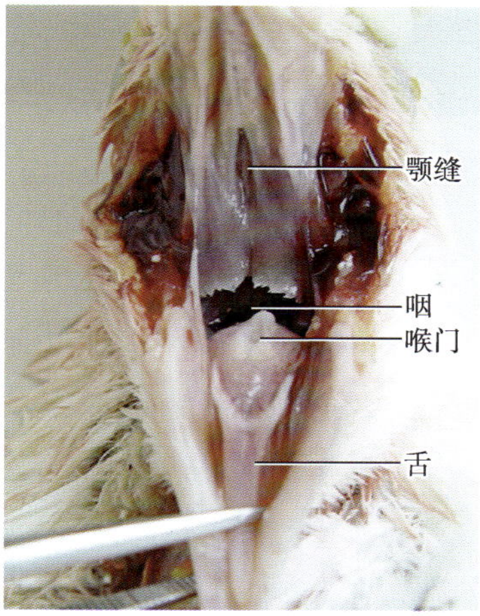

图 14-3 鸽口腔结构

⑤ 肺：左右 2 叶，淡红色，海绵状，紧贴在胸腔背壁脊柱两侧（图 14-4）。

⑥ 气囊：膜状囊，分布于颈、胸、腹部和骨骼的内部。从喉门插入连有双连球的滴管，手捏双连球充气，然后结扎气管，观察胸腹部的气囊。

为什么鸟类飞翔时能进行双重呼吸？

● 宜先观察气囊，以免先观察其他器官撕破了气囊而致观察不到气囊。

14-5 鸽的气囊

（2）消化系统（图 14-5）

① 消化管

口腔：上、下颌具角质喙，无齿；舌位于口腔底部，观察舌的形状；口腔顶

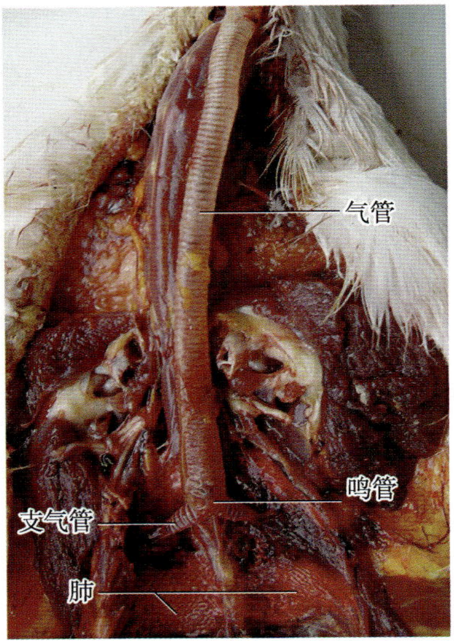

图 14-4 鸽的气管、支气管和肺

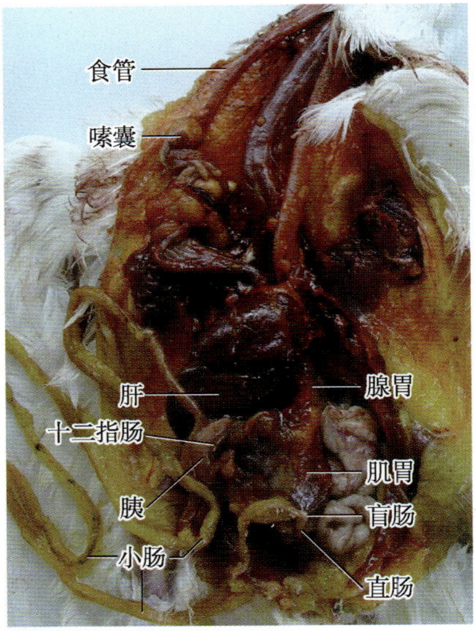

图 14-5 鸽的消化系统

部有颚缝；口腔后部为咽（图 14-3）。

食管：为咽后一薄壁长管，位于气管背面，沿颈腹面左侧后行，在颈的基部膨大成嗉囊（鸭无嗉囊，其食管可扩张储食）。

胃：由腺胃和肌胃组成。腺胃又称前胃，前端与嗉囊相连，呈长纺锤形，掀开肝即可见。

剪开腺胃观察，内壁上有许多乳状突，其上有消化腺开口。肌胃又称砂囊，为一扁圆形的肌肉囊。剖开肌胃，可见胃壁肌肉厚实，其内表面覆有黄绿色角质硬膜。肌胃内有砂石，用以磨碎食物。

十二指肠：位于腺胃和肌胃交界处，由肌胃通出一小段呈“U”形弯曲的小肠。

空肠和回肠：分界不明显，细长盘曲，最后与短的直肠相连。

直肠（大肠）：短而直，末端开口于泄殖腔。在直肠与小肠交界处，有 1 对盲肠（鸟类因食性不同，盲肠长短不一。鸽的盲肠呈豆状）。

② 消化腺

胰：位于十二指肠“U”形弯曲处的肠系膜上，淡黄色，条块状。胰发出 3 条胰管通入十二指肠。

肝：红褐色，位于心脏后方，分左右 2 叶，右叶肝后缘背侧有一胆囊（鸽无胆囊，肝右叶背面近中央处伸出 2 条胆管，通入十二指肠）。

● 注意观察不同种鸟喙的形态，肌胃和盲肠的发达程度，并作记录。

此外，在肝胃间的系膜上有一紫红色、近椭圆形的脾脏，属于淋巴器官。

（3）循环系统 主要观察心脏及其周围与之通连的血管（图 14-6）。

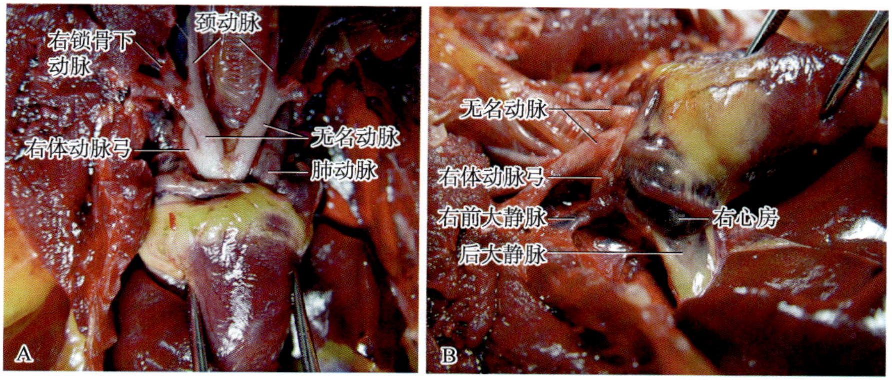

图 14-6　心脏及其周围血管
A. 示心脏发出的动脉　B. 示前、后大静脉

① 心脏：位于胸腔内。用镊子拉起心包膜，纵向剪开并除去心包膜，可见心脏呈倒圆锥形，并被脂肪带分成前后两部分。前面褐红色的是心房，后面颜色较浅的是心室。

② 动脉系统：稍提起心脏，可见由左心室发出向右弯曲的右体动脉弓，该动脉弓向前分出 2 支灰白色的无名动脉。左右无名动脉又各分出颈动脉、锁骨下动脉和胸动脉（图 14-6A），分别进入颈部、前肢和胸部。用镊子轻轻提起右侧的无名动脉，将心脏略往下拉，可见右体动脉弓转向背侧后，成为背大动脉。背大动脉沿脊柱后行，沿途分出许多血管分布到有关器官。再将左右无名动脉略提起，可见右心室发出的肺动脉分成左、右 2 支后，绕向背后侧进入左、右肺。

③ 静脉系统：在左、右心房前方的两条粗而短的静脉干为前大（腔）静脉。前大静脉由颈静脉、锁骨下静脉和胸静脉汇合而成，这些静脉多与同名动脉伴行，较容易看到。将心脏翻向前方，可见 2 条前大静脉的后端都进入右心房，还可见由肝右叶前缘通入右心房的 1 条粗大血管，即后大（腔）静脉（图 14-6B）。左、右肺各伸出 1 条肺静脉（有时有 2 条），于前大静脉背方进入左心房。

观察动、静脉系统后，取下心脏并剖开，观察其内部构造，与蛙心脏结构有何不同？

根据观察，分析说明鸟类循环系统结构功能特征与其飞行生活及恒定体温的联系。

（4）泌尿生殖系统　将消化管移到身体一侧，再行观察（图 14-7）。

① 泌尿器官：肾左右 1 对，紫褐色，长扁形，各分为 3 叶，贴附于体腔背壁。每肾中叶内侧发出 1 条输尿管，向后行，通入泄殖腔。无膀胱。

② 泄殖腔：为消化、泌尿和生殖系统最终汇入的 1 个共同腔。球形，以泄殖腔孔通体外。在泄殖腔背面有一突出的盲囊（一般近球形，鸭的呈指状），与泄殖腔相通，称为腔上囊（幼鸟的明显），是鸟类特有的淋

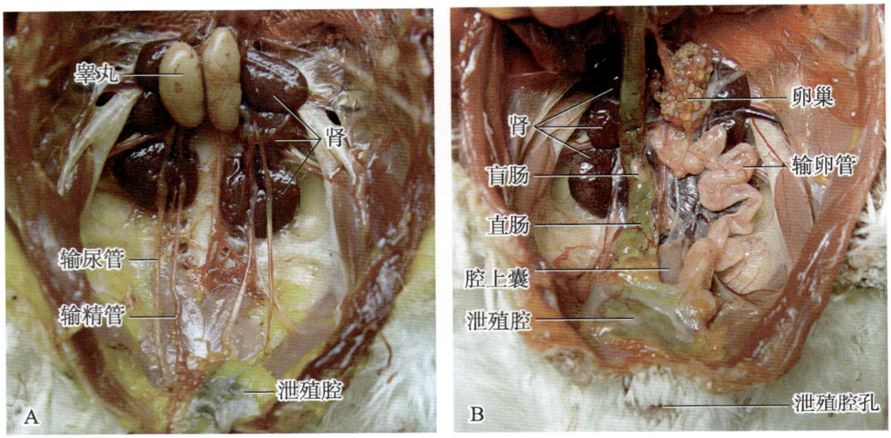

图 14-7　鸽的泌尿生殖系统
A. 雄性　B. 雌性

巴器官。

③ 雄性生殖器官(图 14-7A):睾丸 1 对,乳白色,卵圆形,位于肾前部的腹面。输精管由睾丸后内侧伸出，向后延伸与输尿管平行进入泄殖腔。

④ 雌性生殖器官（图 14-7B）: 鸟类右侧卵巢、输卵管退化。左侧卵巢位于肾的前半部腹面，其内充满卵泡。输卵管位于卵巢左后侧，其前端借喇叭口通体腔，后方弯曲处内壁富有腺体，可分泌蛋白和卵壳，末端短而扁，通入泄殖腔。

（四）鸟类形态结构的比较与分析

① 比较实验用鸟的喙型，肌胃和盲肠的发达程度等，分析它们的食性和取食方式。

② 比较实验用鸟趾型，翅型，翅长与体长之比，以及龙骨突和胸肌的发达程度，分析它们的生活习性和飞翔特性。

（五）骨骼系统示范

根据观察，分析说明鸟类骨骼系适应于飞翔生活的特点。

观察家鸽整体骨骼标本（图 14-8），了解鸟类骨骼系统的大体结构及其特点。

六、问题与思考

1. 根据实验观察，归纳鸟类适应飞翔生活的形态结构特征。

2. 根据实验用鸟形态结构的比较与分析，总结鸟类特定形态结构与其生活习性、生活环境的一致性。

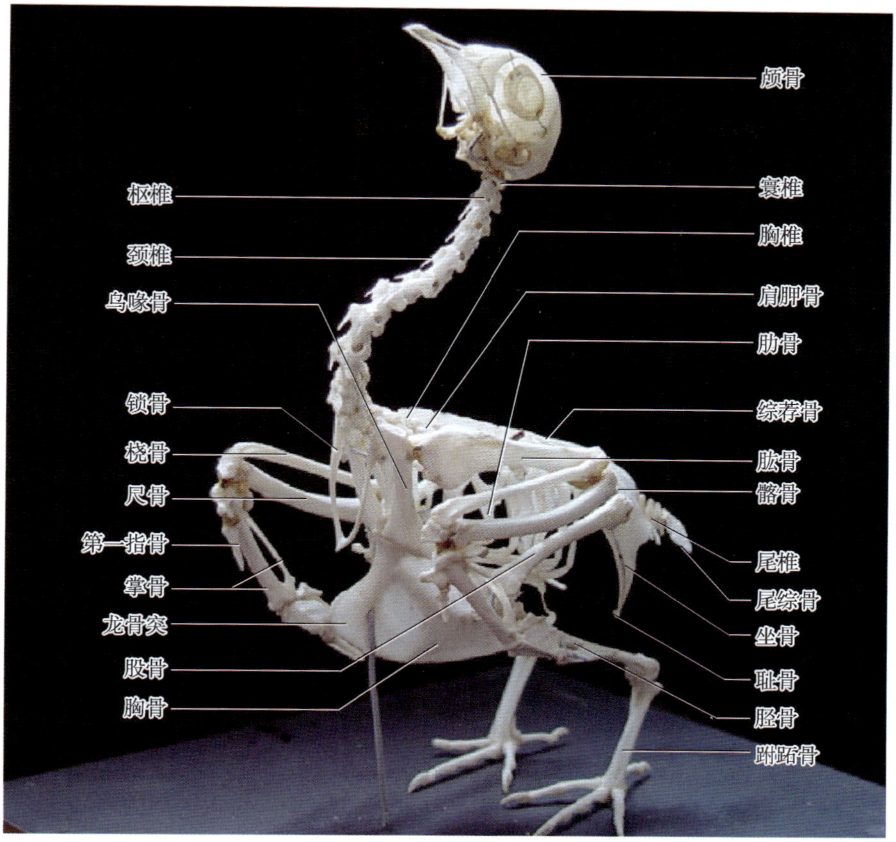

图 14-8 鸽的骨骼系统

七、拓展性实验

到动物园鸟馆或鸟类标本馆观察平胸总目、企鹅总目、突胸总目中的隼形目、雁形目、鹤形目、鸡形目等鸟类的外部形态，分析其形态特征与生活习性、生活环境的相关性。

实验报告

（黄诗笺）

实验 15

鸟类的分类和形态适应

在长期进化历程中，自然选择使得动物在形态、生态、行为、生理和遗传上发生分化，其结果产生了地球上丰富的物种多样性。生物对环境的适应可以在不同结构水平上体现出来。虽然蛋白质电泳、DNA 结构等微观特征在动物分类研究中日益受到重视，但形态特征本身就是遗传基因的特定表达，物种之间的形态差异在很大程度上反映了其基因结构和功能的差异，反映了动物对特定环境的适应。不同动物类群的形态差异也反映了它们之间的进化关系，从而提供了对其进行自然分类的基础；同时，直观的形态特征易于观测，具有很大的方便性和实用性。因此，以形态特征为基础的传统分类方法目前仍占主导地位。

一、实验目的

15-1 动物分类学基础

1. 通过观察鸟类形态特征与其生活环境相适应的事实，理解结构、功能、环境的统一性和物种多样性的形成机制。
2. 以鸟类为代表，学习动物分类的基本原理和方法。

二、实验内容

1. 观察中国鸟类各主要目代表种的形态特征。
2. 中国鸟类主要目的检索。

三、实验材料

中国鸟类各主要目代表物种的标本。

四、实验器具与试剂

游标卡尺，钢卷尺，记录纸。

五、操作与观察

（一）形态特征与分析

利用所提供的标本，对照表 15-1 所列举和图 15-1、图 15-2 所显示的现代鸟类主要类群的喙型、翅、腿与爪的形态特征，并对有关特征进行测量，分析特定结构与生活习性、生活环境的一致性。

15-2

鸟类的外形测量

表 15-1　中国鸟类各目喙型、翅、腿与爪的形态特征

目别	喙型	翅型	腿与爪形	代表动物
潜鸟目	强直而尖	短小	腿短，前趾具蹼，4 趾在同一平面	红喉潜鸟
䴙䴘目	细直而尖	甚短小	腿短，前趾具瓣蹼，后趾位较高	小䴙䴘
鹱形目	先端曲而锐	尖长	腿短，前趾具蹼，后趾小或缺	白斑军舰鸟
鹈形目	变化，常具嗉囊	变化	腿短，4 趾向前，均具蹼	斑嘴鹈鹕
鹳形目	侧扁而直	长或短宽	腿长，基部具蹼，4 趾在同一平面	白琵鹭
雁形目	扁平，具栉状突	变化	腿短，前趾具蹼，后趾小	斑嘴鸭
隼形目	强健而弯成钩状	长而有力	腿强，爪锐	虎头海雕
鸡形目	短而强健	短圆	腿强，后趾位较高	雉鸡
鹤形目	形长	短圆	腿长，蹼不发达	丹顶鹤
鸥形目	细而侧扁	尖长	腿短，具蹼	红嘴鸥
鸻形目	变化	尖长	腿长，蹼或有或无，后趾小或无	矶鹬
鸽形目	短，基部柔软	长，或尖或圆	腿短健	山斑鸠
鹦形目	强大而勾曲	略尖	对趾型	虎皮鹦鹉
鹃形目	粗而下弯	长，或短圆	腿短弱，对趾型	大杜鹃
鸮形目	强健而弯成钩状	变化	腿强，爪锐	长耳鸮
夜鹰目	柔软，基部宽	尖长	腿短	普通夜鹰
雨燕目	短而扁	尖长	腿短健，4 趾向前或后趾能反转	白腰雨燕
咬鹃目	短而宽	短而有力	腿短弱，异趾型	红头咬鹃
佛法僧目	形长，强直或细曲	长而宽	腿短小，并趾型	戴胜
䴕形目	强直而呈凿形	适中或短	腿短健，对趾型，爪锐	大斑啄木鸟
雀形目	变化	变化	腿细短，4 趾，3 前 1 后，在同一平面	长嘴捕蛛鸟

图 15-1　鸟类的喙形
A. 斑嘴鹈鹕　B. 白琵鹭
C. 斑嘴鸭　D. 彩鹮
E. 鵎鵼　F. 虎头海雕
G. 长耳鸟　H. 雉鸡
I. 长嘴捕蛛鸟　J. 伯劳
K. 黑尾蜡嘴雀

图 15-2　鸟类的趾形
A. 常态型　B. 两趾型　C. 前趾型　D. 并趾型　E. 异趾型　F. 对趾型　G. 全蹼足　H. 半蹼型　I. 瓣蹼型

（二）鸟类分类和检索表的使用

依照“中国鸟类分目检索表”，对所提供的鸟类标本进行目别检索。

中国鸟类分目检索表

15-1
鸟类分类使用的有关形态特征

1. 脚适应于游泳，蹼较发达 …………………………………………………………… 2
   脚适应于步行，蹼较不发达或缺 …………………………………………………… 7
2. 鼻呈管状 ……………………………………………… 鹱形目（Procellariiformes）

鼻不呈管状 …………………………………………………………………… 3

3\. 趾间具全蹼 …………………………………………… 鹈形目（Pelecaniformes）

趾间不具全蹼 ………………………………………………………………… 4

4\. 喙通常扁平，先端具甲；雄性具交接器 ………………… 雁形目（Anseriformes）

喙不扁平；雄性不具交接器 …………………………………………………… 5

5\. 翅尖长；尾羽正常或发达 ……………………………… 鸥形目（Lariformes）

翅短圆；尾羽短，被覆羽所掩盖 ……………………………………………… 6

6\. 向前的三趾间具蹼 ……………………………………潜鸟目（Gaviiforme）

各前趾间具瓣蹼 ………………………………… 䴙䴘目（Podicipediformes）

7\. 颈和脚均较长，胫下部裸出，蹼不发达 ………………………………… 8

颈和脚均较短，胫前被羽，无蹼 …………………………………………10

8\. 后趾发达，与前趾在同一水平面上；眼先裸 ………… 鹳形目（Ciconiiformes）

后趾不发达或全退化，后趾如存在则较其他趾高；眼先常被羽 ………… 9

9\. 翅多短圆，第 1 枚初级飞羽较第 2 枚短；眼先被羽或裸；趾间无蹼或具瓣蹼 ……………………………………………鹤形目（Cruiformes）

翅形尖，或长或短，第 1 枚初级飞羽较第 2 枚长或等长；眼先常被羽；趾间蹼不发达或缺 ………………………………鸻形目（Charadriiformes）

10\. 喙和爪均特强锐、弯曲，喙基具蜡膜 ……………………………………11

喙和爪平直或稍曲，喙基不具蜡膜（鸽形目除外）…………………………13

11\. 足呈对趾型；舌厚而为肉质；尾脂腺背面皮肤被粉屑 …………鹦形目（Psittaciformes）

足不呈对趾型；舌正常；尾脂腺背面皮肤被粉屑或裸出 ……………………12

12\. 蜡膜裸出；两眼侧置；外趾不能翻转；尾脂腺背面皮肤被羽 …… 隼形目（Falconiformes）

蜡膜被硬须所掩盖；两眼向前；外趾能翻转；尾脂腺背面皮肤裸露 ……………………………………… 鸮形目（Strigiformes）

13\. 三趾向前，一趾向后，后趾有时缺，各趾分离 ……………………………19

趾不具上述特征 ……………………………………………………………14

14\. 足大多呈前趾型；喙短阔而平扁；无嘴须 ……………… 雨燕目（Apodiformes）

足不呈前趾型；喙强而不平扁（夜鹰目例外）；常具嘴须 …………………15

15\. 足呈异趾型 ………………………………………… 咬鹃目（Trogoniformes）

足不呈异趾型 ………………………………………………………………16

16\. 足呈对趾型 ………………………………………………………………17

足不呈对趾型 ………………………………………………………………18

17\. 喙强直呈凿状；尾羽通常坚挺尖出 ………………………… 䴕形目（Piciformes）

喙端稍曲，不呈凿状；尾羽正常 ……………………………鹃形目（Cuculiformes）

18. 喙长或强直，或细而稍曲；有时具盔突；鼻孔不呈管状；中爪不具栉缘 …………………………………………………… 佛法僧目（Coraciiformes）

喙短阔；鼻孔通常呈管状；中爪具栉缘 ……………………… 鹰目（Caprimulgiformes）

19. 喙基柔软，被以蜡膜，喙端膨大而具角质（沙鸡除外） …… 鸽形目（Columbiformes）

喙被角质，喙基无蜡膜 …………………………………………………………… 20

20. 后爪不比其他趾的爪长；雄性有距 ……………………………… 鸡形目（Galliformes）

后爪比其他趾的爪长；无距 …………………………………… 雀形目（Passeriformes）

15-3 雀形目鸟类科别检索表

六、问题与思考

1. 根据所观察到的各种鸟的翅、腿和喙的形态特征及这些特征与体长的比例，结合个人所了解的有关鸟类生态学知识，总结主要鸟类类群代表种类结构与功能，结构、功能与环境相适应的主要方面。

2. 建立在形态特征基础上的分类体系价值何在?

七、拓展性实验

实验报告

查阅有关参考书，把已鉴别到目的 1～2 种标本进一步鉴定到科、属、种。

（卢　欣）

实验16 家兔的实验

哺乳动物是全身被毛、运动快速、恒温、胎生和哺乳的脊椎动物，是在进化中获得极大成功的最高等动物类群。其代表动物家兔的外形和内部构造反映了哺乳动物的主要特征和进步性特征。家兔是呼吸、泌尿、心血管方面分析性研究、减压反射研究、心肌细胞电生理等生理学实验研究，以及药理学、生殖生物学、免疫学等研究中广泛应用的实验动物。家兔的活体采血方法、解剖方法是免疫学、生物化学、分子生物学研究和哺乳类解剖中常用的基本技能。本实验是进行上述学科研究的必要基础。

一、实验目的

16-1 教学建议

1. 学习兔的抓取、固定方法，活体采血法、安死术和一般解剖方法。
2. 通过家兔外形和内部构造的观察，了解哺乳类的一般特征和进步性特征。

二、实验内容

1. 家兔活体采血。
2. 家兔的外形观察和内部解剖。
3. 兔骨骼系统和兔脑的示范。

三、实验材料

16-2 实验动物兔

活家兔，兔整体骨骼标本，兔脑浸制标本。

四、实验器具与试剂

解剖器具，木制兔笼，兔解剖台，20 mL 灭菌注射器，6～7 号针头，烧杯，清洁干燥的试管，消毒棉球，吸水纸，干棉球。

75% 乙醇，碘酒，肝素（或其他抗凝剂）。

五、操作与观察

（一）兔的抓取和固定

1. 兔的抓取

一只手从兔背面抓住兔颈部皮毛，另一只手托住其臀部或腹部。

● 不得单手倒提兔尾、单手抓提兔腰部或双耳，否则会分别伤及两肾、造成皮下出血及伤及两耳。

2. 背位固定法

将兔背位置于兔解剖台上，四肢展开用粗布带固定。布带一端扎在前肢腕关节和后肢踝关节以上部位，然后将两前肢固定在解剖台前部两侧。两后肢左右分开，分别固定在兔解剖台尾端。

（二）外形观察

家兔全身被毛，毛分针毛、绒毛和触毛（触须）。用镊子拨开毛被，可见针毛长而稀少，有毛向；绒毛位于针毛下面，细短而密，无毛向；在口周围有长而硬的触毛。兔的身体可分为头、颈、躯干、尾和四肢等部分。

头呈长圆形，眼之前为颜面区，眼以后为脑颅区。鼻孔 1 对，鼻下为口；口缘围以肉质唇，上唇中央有一纵裂；眼具上下眼睑和退化的瞬膜，可用镊子从内眼角将瞬膜拉出；眼后有 1 对长外耳壳。颈短，但活动自如。

躯干部较长而背面弯曲。雌兔胸腹部有 3～6 对乳头，以 4 对居多，幼兔和雄兔不明显。近尾根处有肛门和泄殖孔，肛门靠后，泄殖孔靠前；肛门两侧各有一无毛区称为鼠蹊部。雌兔泄殖孔称为阴门，阴门两侧隆起形成阴唇；雄兔泄殖孔位于阴茎顶端，成年雄兔肛门两侧有 1 对阴囊，内各有一睾丸。依上述特征可鉴定兔的性别（图 16-1）。尾短小，在躯干末端。

哺乳动物的被毛有何功能？为什么说哺乳动物四肢的形态结构适应于其陆上快速运动？

四肢位于躯干部腹面，前肢短小，肘关节角顶向后，具 5 指；后肢较长，膝关节角顶向前，具 4 趾，指（趾）端具爪。

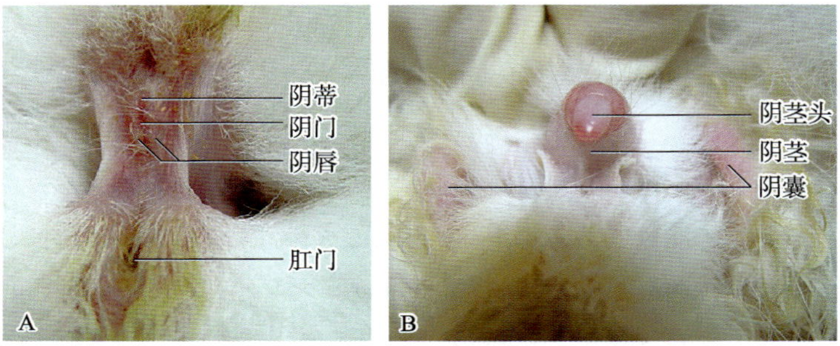

图 16-1　兔的外生殖器
A. 雌兔　B. 雄兔

剪开胸壁肌肉；用镊子提起胸骨，另一镊子仔细分离胸骨内侧与脏器间的结缔组织后，剪去胸骨体。然后用镊子提起胸骨柄，用剪刀仔细剪断第 1 对肋骨的胸肋段，弃去胸骨柄。剪开（或撕开）兔颈部肌肉和结缔组织至下颌。观察兔胸腹腔由圆顶状横膈分为胸腔和腹腔，以及胸腔和腹腔内各器官的自然位置后，再剪开横膈边缘，使胸、腹腔内脏器进一步暴露。

16-3 兔的解剖

16-1 兔的外形及内脏器官原位观察

● ①解剖过程中，剪刀尖应向上挑，以免损伤内脏器官和血管；②剪弃胸骨柄时须特别小心，以免损伤与心脏相连通的大血管。

3. 消化系统

（1）消化管

① 口腔：沿左、右口角将颊部剪开，清除咀嚼肌，避开大血管，再用骨钳剪开两侧下颌骨与头骨的关节，将口腔全部掀开。

口腔（图 16–6）前壁为上下唇，两侧壁是颊部，顶壁的前部是硬腭，后部是肌肉质软腭，软腭后缘下垂，把口腔和咽部分开。口腔底部有发达的肉质舌，其表面有许多乳头状突起，其中一些乳头内具味蕾。兔有发达的门齿而无犬齿，上颌有前后排列的 2 对门齿，前排门齿长而呈凿状，后排门齿小；前臼齿和臼齿短而宽，具有磨面；齿式为

$$2\left(\frac{2\cdot0\cdot3\cdot3}{1\cdot0\cdot2\cdot3}\right)=28。$$

哺乳类的异型齿有何功能？异型齿的出现有何意义？

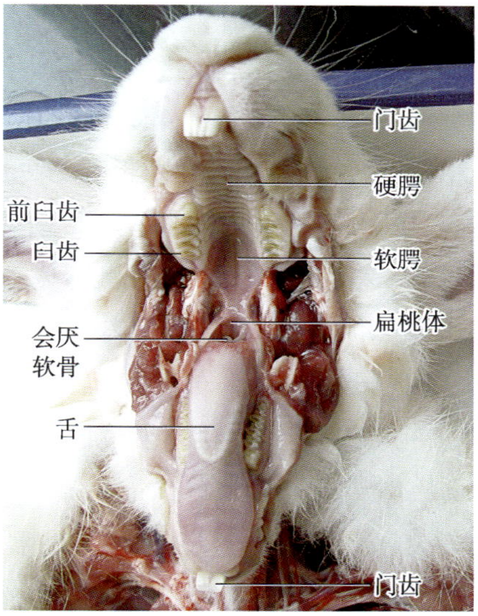

图 16–6　兔口腔内构造

② 咽部：软腭后方的腔为咽部。近软腭咽处可见 1 对小窝，窝内为腭扁桃体。咽部背面通向后方的开孔是食道口，咽部腹面的开孔为喉门，在喉门外有 1 个三角形软骨小片为会厌软骨。会厌软骨有何作用？

③ 食管：为气管背面的 1 条直管，由咽部后行伸入胸腔，穿过横膈进入腹腔与胃连接。

④ 胃：囊状，一部分被肝遮盖。与食管相连处为贲门，与十二指肠相连处为幽门。胃内侧的弯曲称胃小弯，后缘较大的弯曲称胃大弯。

⑤ 肠：分小肠与大肠。小肠又分十二指肠、空肠和回肠；大肠分结肠和直肠；大小肠交接处有盲肠。十二指肠连于幽门，呈“U”形弯曲；空肠前接十二指肠，后通回肠，是小肠中肠管最长的一段，形成很多弯曲，呈淡红色；回肠是小肠最后一部分，盘曲较少，颜色略深。回肠与结肠相连处有 1 根长而粗大发达的

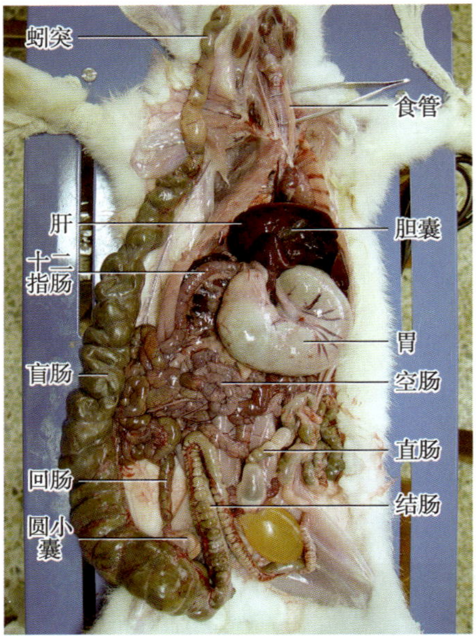

图 16-7　兔的消化系统

盲管为盲肠，其表面有一系列横沟纹，游离端细而光滑称蚓突。回肠与盲肠相接处膨大形成 1 个厚壁的圆囊，称圆小囊（为兔所特有）。结肠可分为升结肠、横结肠、降结肠 3 部，管径逐渐狭窄，后接直肠。直肠内有粪球，直肠末端以肛门开口于体外（图 16-7）。

（2）消化腺

① 唾液腺：4 对，分别为耳下腺、颌下腺、舌下腺和眶下腺（图 16-8）。

耳下腺（腮腺）位于耳壳基部的腹前方，为不规则的淡红色腺体，紧贴皮下，似结缔组织。剥开该处的皮肤即可见。

颌下腺位于下颌后部的腹面两侧，为 1 对浅粉红色椭圆形腺体。

舌下腺位于近下颌骨联合缝处，为 1 对较小、扁平条形的淡黄色腺体。可用镊子将舌拉起，将舌根部剪开，使舌与下颌分离，在舌根两侧左右颌下腺上方可找到。

眶下腺位于眼窝底部的前下角，呈粉红色。用镊子撕开眼眶腹侧结缔组织，深入眼窝底部前角，可拉出此腺体。（若夹出的为较大的白色腺体则为哈氏腺。另有一泪腺位于眼后角，呈肉色，形状不规则。）

② 肝：红褐色，位于横膈后方，覆盖于胃。肝有 6 叶，即左外叶、左中叶、右中叶、右外叶、方形叶和尾形叶（图 16-9A）。胆囊位于右中叶背侧，以胆管通十二指肠（距幽门约 1 cm 处）。

③ 胰：用镊子提起十二指肠，展开“U”形弯曲，即可见在此处肠系膜上，分散不规则的粉红色腺体，即胰（图 16-9B），有胰管通入十二指肠后段约 1/3 处。

另外，沿胃大弯左侧有一狭长形暗红褐色器官，即脾，是最大的淋巴器官。

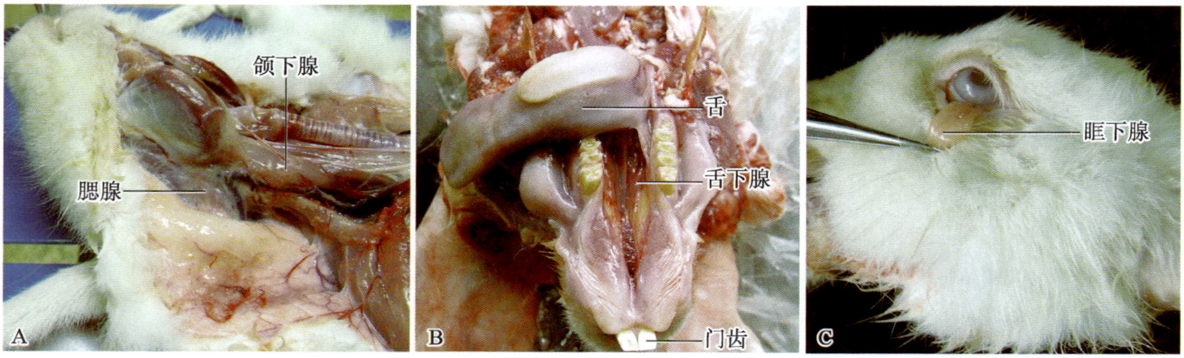

图 16-8　兔的唾液腺
A. 耳下腺和颌下腺　B. 舌下腺　C. 眶下腺

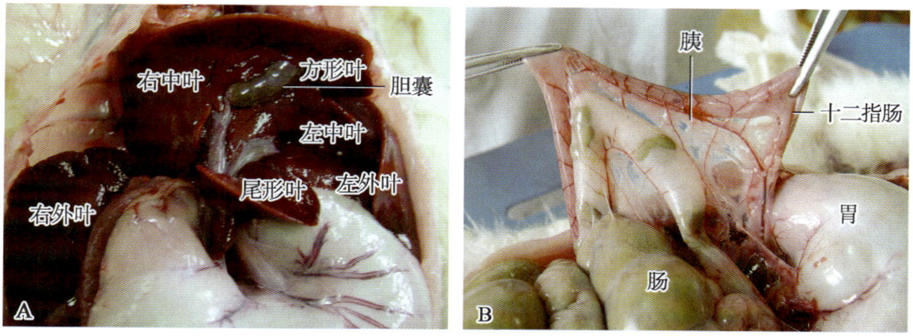

图 16-9　兔的肝和胰

4. 呼吸系统

（1）鼻腔和咽　鼻腔前端以外鼻孔通外界，后端以内鼻孔与咽腔相通，其中央有鼻中隔将其分为左右两半。沿口腔顶壁软腭中线向前剪开至硬腭，露出的空腔即鼻咽腔，为咽的一部分。鼻咽腔的前端是内鼻孔，鼻咽腔侧壁上有 1 对斜行裂缝为耳咽管开口。

（2）喉　位于咽的后方，将连于喉头的肌肉除去以暴露喉头。喉头由若干块软骨构成，其腹面为 1 块大的盾形甲状软骨，甲状软骨后方有围绕喉部的环状软骨。在观察完其他构造后，将喉头剪下，可见甲状软骨前方有会厌软骨，环状软骨的背面前端有 1 对小型的杓状软骨，喉腔内侧壁的膜状褶即声带。

（3）气管及支气管　喉头之后为气管，管壁由许多半环形软骨及软骨间膜所构成。气管到达胸腔时，分为左右支气管而进入肺（图 16-10）。

16-2
兔的脾和呼吸器官

（4）肺位于胸腔内心脏的左右两侧，呈粉红色海绵状。

5. 排泄系统

兔的排泄系统参见图 16-11。

（1）肾　将消化管拨到身体一侧，可见近腰处脊柱两侧，紧贴腹腔背壁有 1 对红褐色的豆状器官，即肾，其内侧凹陷处为肾门。

取下 1 个肾，用手术刀经肾门纵剖开，用水冲洗后观察。可见肾实质分为 2 部分：外周色深部分为皮质部，内部有辐射状纹理的部分为髓质部，肾中央的空腔为肾盂。髓质部形成 1 个乳头状的肾乳头，其上有许多小孔，开口于肾盂。输尿管则由肾盂经肾门通出。

（2）输尿管　除去肾表面和周围的脂肪，可见由肾门伸出一白色细管即输尿管，沿输尿管后行清除其周围结缔组织，观察输尿管通入膀胱的情况。

（3）膀胱和尿道　膀胱呈梨形，其后部缩小通入尿道。雌性尿道开口于阴道前庭，以泄殖孔通体外；雄性尿道很长，兼作输精用，开口于阴茎头。

肾脏的前内侧各有 1 个淡黄色小圆形的肾上腺（内分泌腺）。

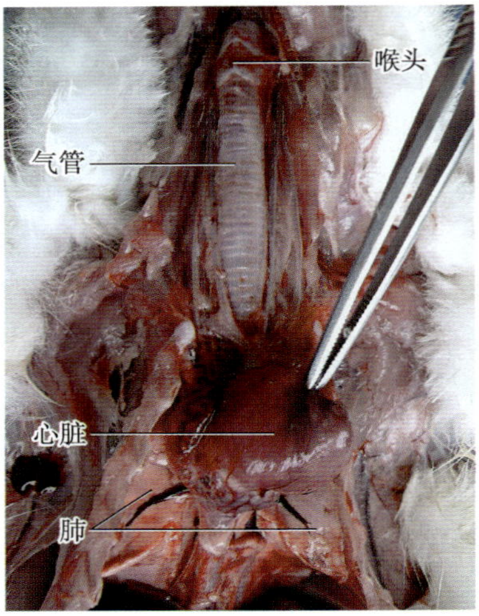

图 16-10 兔的喉头、气管和肺

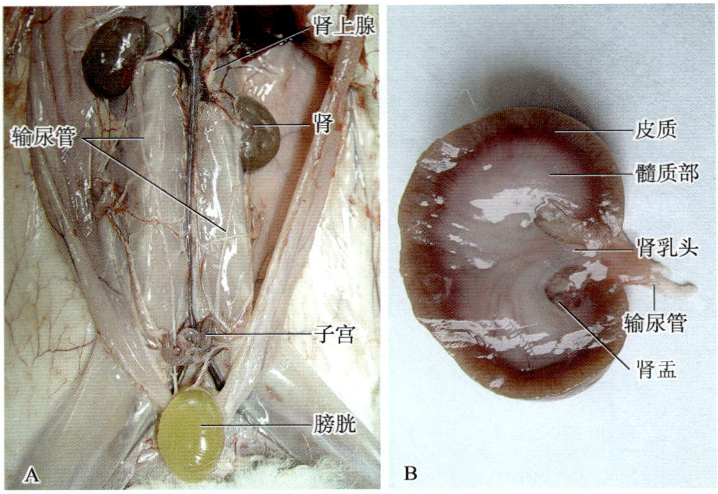

图 16-11 兔的排泄系统
A. 示肾、输尿管和膀胱 B. 示肾矢剖面

6. 生殖系统 将消化器官拨到身体一侧，再行观察。

（1）雄性生殖系统（图 16-12）

① 睾丸（精巢）:1 对，白色卵圆形，非生殖期位于腹腔内，生殖期坠入阴囊内。若雄兔正值生殖期，则在膀胱背面两侧可找到白色输精管，沿输精管走向找到索状粉白色的精索（精索由输精管、生殖动脉、静脉、神经和腹膜褶共同组成），用手提拉精索将位于阴囊内的睾丸拉回腹腔进行观察。

② 附睾：为睾丸一侧的隆起，分为附睾头、附睾体和附睾尾 3 部分。附睾头

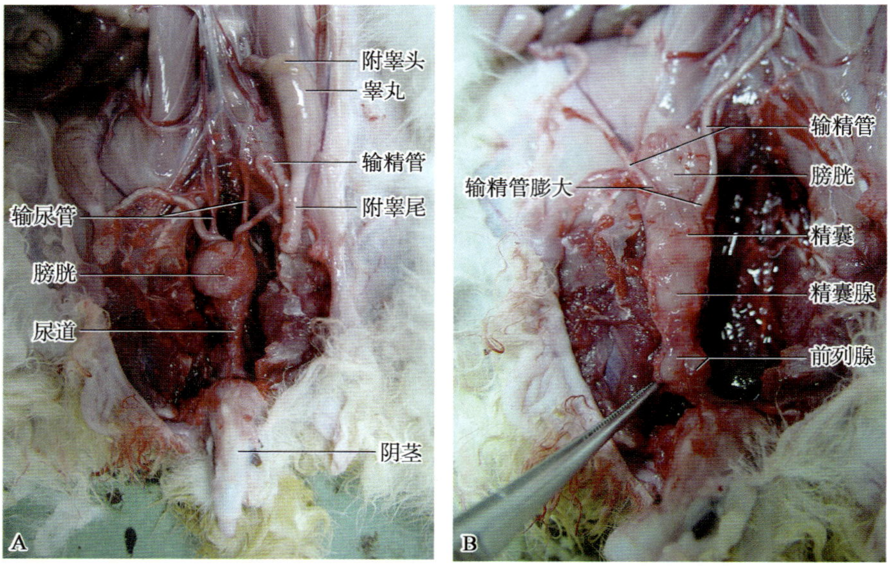

图 16-12 兔的雄性生殖系统
A. 腹面观 B. 背面观，示副性腺

呈半月状，覆盖在睾丸前端；附睾体狭细，位于睾丸内侧；附睾尾棒状，在睾丸后端。

③ 输精管：附睾尾延伸的白色细管即输精管。输精管沿输尿管腹侧行至膀胱后面形成输精管膨大，其后通入尿道。

④ 阴茎和尿道：阴茎为雄性交配器。尿道也称为尿生殖管，兼有排尿和输送精液的功能，从阴茎中穿过（横切阴茎可见），以尿道口（泄殖孔）开口于阴茎顶端。

⑤ 副性腺：副性腺包括精囊、精囊腺、前列腺和尿道球腺等。用骨钳将骨盆腹面的耻骨联合剪开，再用镊子将膀胱和尿道翻至其背面向上。可见膀胱背侧基部有一扁平囊，其前部分成两叶，为精囊，精囊后方为精囊腺。精囊腺后方有一半球形腺体，分为左右 2 叶，为前列腺。前列腺后方有暗红色的尿道球腺，将覆盖在其表面的球海绵体肌剪开即可见。

（2）雌性生殖系统（图 16–13）

① 卵巢：1 对，椭圆形，淡红色，位于肾后外方，其表面常有半透明颗粒状突起。

② 输卵管和子宫：输卵管 1 对，为细长迂曲的管子，伸至卵巢的外侧，前端扩大呈漏斗状，边缘多皱褶呈伞状，称为喇叭口，朝向卵巢，开口于腹腔。输卵管后端膨大部分为子宫，兔为双子宫，左、右子宫分别开口于阴道。

③ 阴道：为子宫后方的一直管，位于尿道背侧，其后端延续为阴道前庭，前庭以阴门开口于体外。

④ 外生殖器：阴门两侧隆起形成阴唇，左右阴唇在前后侧相连，前联合呈圆形，后联合呈尖形。前联合处还有一小突起，称为阴蒂（见图 16–1A）。

7. 循环系统

（1）心脏及其周围大血管（图 16–14）

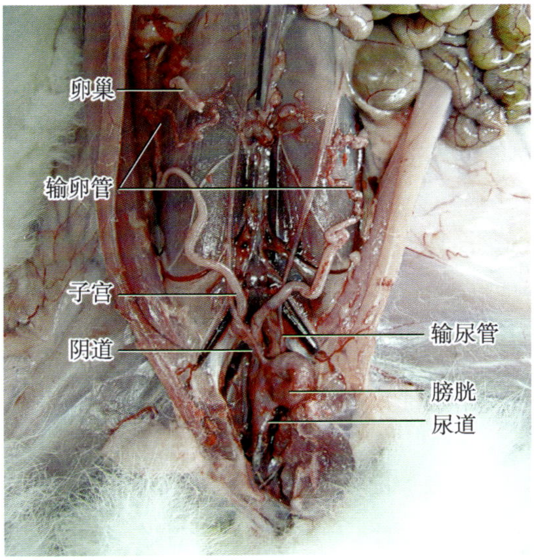

图 16–13　兔的雌性生殖系统

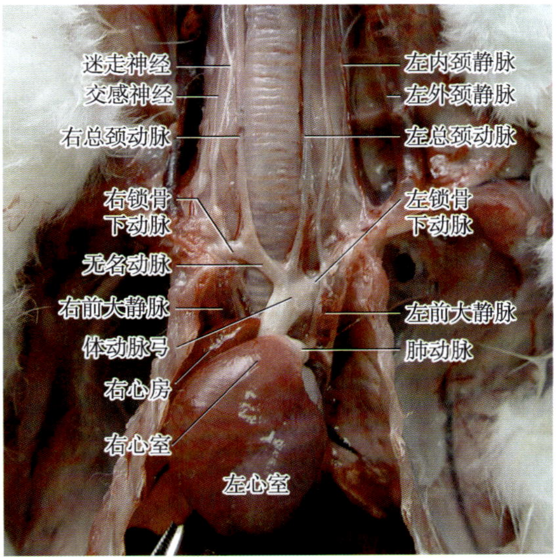

图 16–14　兔的心脏及其周围大血管

① 心脏：位于胸腔中部偏左的围心腔中，仔细剪开围心膜（心包），可见心脏近似卵圆形，其前端宽阔，与各大血管连接部分为心底，后端较尖，称为心尖。在近心脏中间有一围绕心脏的冠状沟，沟前方为左右心房，沟后方为左右心室，2 心室的分界在外部表现为不明显的纵沟。

哺乳动物心脏内富氧血和缺氧血会混合吗？为什么血液能在心脏内定向流动？

待观察动、静脉系统后，将心脏周围的大血管在距心脏不远处剪断，取出心脏，剖开，用水洗净。仔细观察心脏内部构造，弄清各心瓣膜的位置与形态，血管与心脏 4 腔的通连情况。

② 与心脏通连的大血管：

清除心底大血管基部周围的脂肪，但勿损伤血管！

体（主）动脉弓：由左心室发出的粗大血管，向前转至左侧再折向后方，从而形成弓形。

肺动脉：由右心房发出的大血管，向左背侧弯曲，随后分为 2 支，分别进入左右肺。

肺静脉：由左右肺的根部伸出，在背侧入左心房。

左右前大静脉、后大静脉：在右心房右后侧汇合后，进入右心房。

（2）动脉系统　由右心室发出的肺动脉、左心室发出的体动脉弓及其发出的分支动脉组成。

体（主）动脉弓基部发出冠状动脉，分布于心脏。体（主）动脉弓向左弯转的弓形处向前发出 3 支动脉，自右至左分别为无名动脉、左总颈动脉和左锁骨下动脉（不同个体体动脉弓的分支情况有所不同）；体（主）动脉弓向左弯折后，沿胸腹腔背中线后行，称为背大动脉。

16-3

兔的心脏及体动脉弓上血管分支的几种情况

① 无名动脉：为 1 条短而粗的血管，向前延伸不久即分成右总颈动脉和右锁骨下动脉。右总颈动脉沿气管右侧前行至下颌角处，分为内颈动脉和外颈动脉。

内颈动脉：较细，绕向外侧背方，其主干进入颅腔，供应脑部血液。

外颈动脉：位置靠内侧，较粗，前行分成几个小支，供应头部、颜面部和舌的血液。

右锁骨下动脉：到达腋部时成为腋动脉，伸入上臂后成为右肱动脉。

② 左总颈动脉：分支情况与右总颈动脉同。

③ 左锁骨下动脉：分支情况与右锁骨下动脉同。

④ 背大动脉：将心脏、消化器官移到身体右侧，观察背大动脉沿途分支（图 16−15）。

顺血管走向仔细剥除血管周围结缔组织，以分离血管，便于观察。

肋间动脉：背大动脉经胸腔分出的若干成对小动脉，沿肋骨后缘，分布于胸壁上。

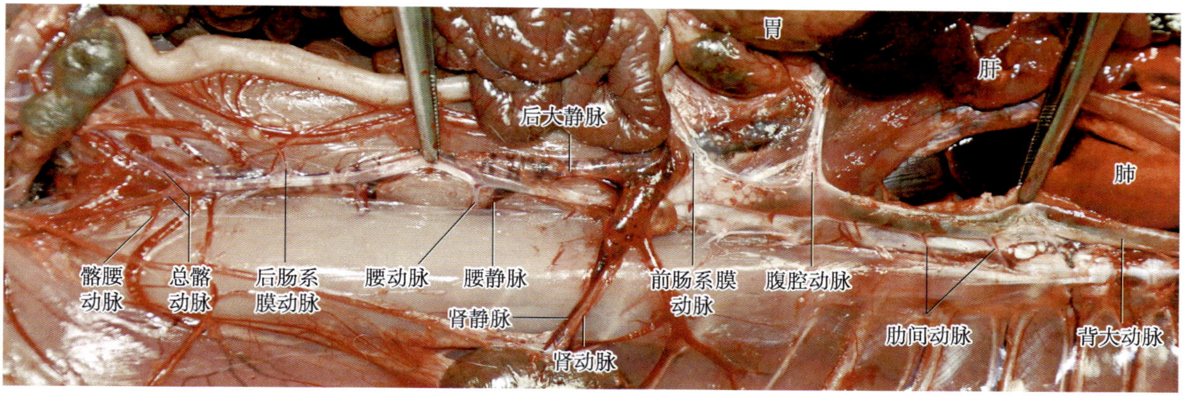

图 16–15　兔背大动脉沿途分支及部分静脉

腹腔动脉：为背大动脉进入腹腔后分出的第 1 支血管，其分支分布于胃、肝、胰、脾等器官。

前肠系膜动脉：在腹腔动脉后方，其分支至肠的各部和胰等器官。

肾动脉：1 对，分别通入右、左肾。

后肠系膜动脉：为背大动脉后段向腹右侧伸出的 1 支小血管，分布于降结肠和直肠。

生殖动脉：1 对，由背大动脉发出的部位常不对称，有时可从肾动脉发出。分布到雄兔的睾丸及输精管或雌兔的卵巢及输卵管。

腰动脉：用镊子分离背大动脉后段两侧的结缔组织和脂肪，并用镊子将背大动脉提起，可见其背侧前后发出 6 条腰动脉，进入背部肌肉。

总髂动脉（图 16–15，图 16–16）：为背大动脉末端分出的左右 2 支大血管，每支又分出外髂动脉和内髂动脉。外髂动脉后行进入后肢，在股部称为股动脉。内髂动脉为内侧的较细分支，分布到盆腔脏器、臀部及尾部。

髂腰动脉：由总髂动脉基部向左右两侧发出，走向腹部两侧体壁肌肉。

尾动脉：用骨钳将耻骨合缝剪开，提起直肠，用镊子将背大动脉末端托起，可见其近末端的背侧发出 1 条尾动脉伸入尾部。

（3）静脉系统　除肺静脉外，主要有 1 对前大（腔）静脉和 1 条后大（腔）静脉，汇集全身的静脉血返回心脏。

● 颈、胸、腹部成对的静脉常与同名动脉伴行，其中动脉管径略小，管壁较厚，色浅；与动脉伴行的同名静脉较动脉粗，管壁薄，暗红色。

① 前大（腔）静脉（图 16–14）：分左右 2 支，汇集锁骨下静脉和总颈静脉血液，注入右心房。

锁骨下静脉：分左右 2 支，与同名动脉伴行，收集来自前肢和胸肌的血液。

总颈静脉：1 对，粗而短，左右总颈静脉分别由左右两侧的外颈静脉与内颈静脉汇合而成，外颈、内颈静脉与总颈动脉伴行。外颈静脉位表层，较粗大，汇集颜面部和耳郭等处的回心血液。内颈静脉位深层，较细小，用镊子拨开总颈动脉即可见，该静脉汇集脑颅、舌和颈部的回心血。有的兔在左右外颈静脉基部还有一条横静脉相连。

奇静脉：1 条，位于胸腔的背侧、紧贴背大动脉右侧，汇集肋间静脉血液，在右前大静脉即将入右心房处，汇入右前大静脉。

② 后大（腔）静脉：收集内脏和后肢的血液回心脏，与左右前大静脉汇合注入右心房。汇入后大（腔）静脉的主要血管有：

肝静脉：来自肝的 4～5 条短而粗的静脉，在横膈后面汇入后大静脉。用镊子将肝向身体后方稍拖移即可见。

肾静脉：1 对，来自肾，与肾动脉伴行，右肾静脉位置略高于左肾静脉。

腰静脉（图 16–15）：6 条，较细小，与腰动脉伴行，收集来自背部肌肉的血液。

生殖静脉：1 对，来自雄体睾丸或雌体卵巢。右生殖静脉注入后大（腔）静脉；左生殖静脉注入左肾静脉（或左髂腰静脉）。

髂腰静脉（图 16–16）：1 对，较细，位于外髂静脉稍前方，分布于腰背肌肉之间，收集腰部体壁静脉。左右髂腰静脉汇入后大静脉处往往不对称，右侧的入口靠后，左侧的靠前，有时左髂腰静脉汇入左肾静脉。

外髂静脉：1 对，与外髂动脉伴行，收集后肢血液进入后大（腔）静脉（图 16–16）。

内髂静脉：1 对，与内髂动脉伴行，收集盆腔背壁、股部背侧血液，在第一荐椎腹面合并成 1 条，前行一段距离后进入后大（腔）静脉。

肝除分泌胆汁外，还有何重要功能？

③ 肝门静脉：将肝各叶翻向前方，其他脏器掀向左侧，展开肝十二指肠韧带，使胃与肝远离。在此韧带里有一粗大静脉，即肝门静脉。肝门静脉收集腹部消化器官的血液，送入肝，先进入肝的右外叶（图 16–17）。

16-4
兔部分血管局部放大

8. 神经系统

（1）植物性神经系统

① 颈部植物性神经　在颈部气管两侧，总颈动脉背侧有 2 条神经，稍粗的是属副交感神经的迷走神经，较细的是交感神经（见图 16–14）。沿交感神经和迷走神经向头端追索，可见在颈内动脉背侧靠近颅腔处，有一灰色卵圆形的迷走神经节，在喉头两侧总颈动脉分叉处各有一椭圆形灰白色神经节，为交感神经的颈前神经节。沿交感神经向后追索，在锁骨下动脉前方，有一扁平长圆形大神经节，为颈后神经节，其后方有一较小的第 1 胸神经节。

② 胸部植物性神经

交感神经干：将心脏和肺拨向身体的一侧，由颈后神经节向后追索，可见沿

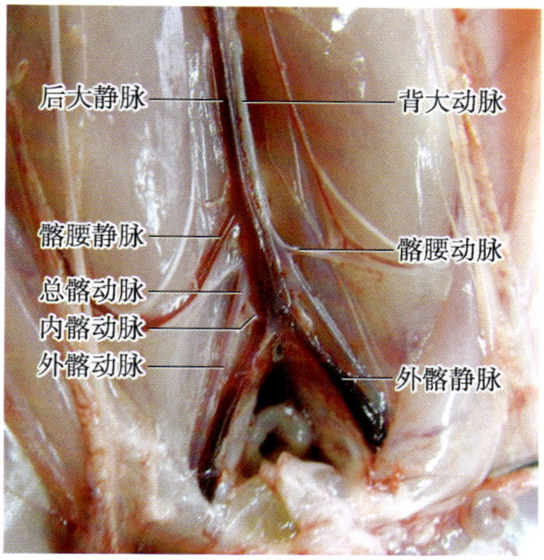

图 16-16 兔腹腔后部血管

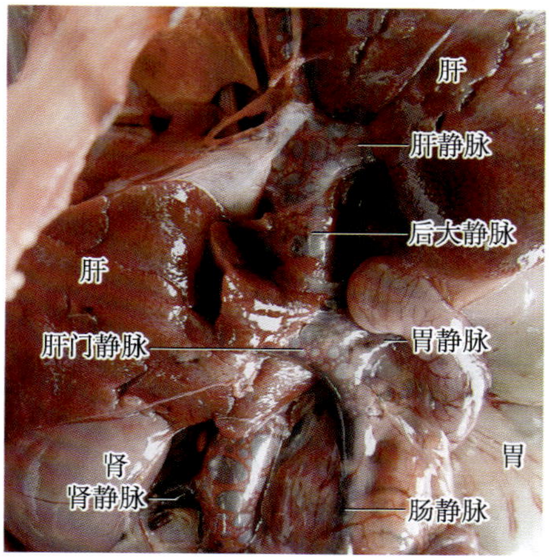

图 16-17 示兔肝静脉、肝门静脉

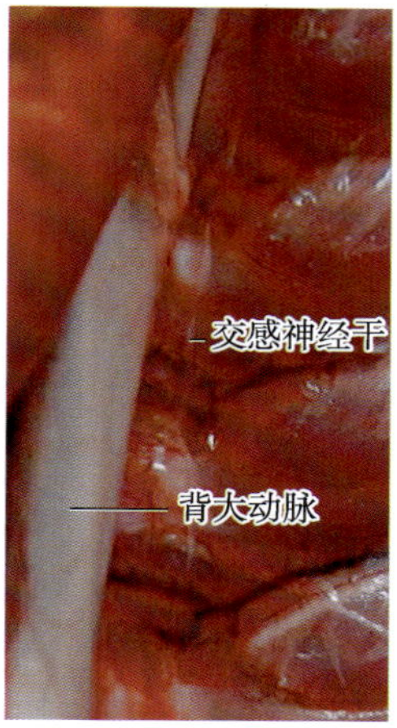

图 16-18 兔胸部交感神经干

脊柱两侧各有 1 条纤细的白色线状物，即为胸部交感神经干（图 16-18），在每 2 肋骨之间的交感干上有一小的交感神经节。

迷走神经：左右迷走神经伸到肺根基部构成神经丛称为肺丛，更伸到心脏，在主动脉和肺动脉基部形成心丛。迷走神经继续沿食管后行，穿过横膈入腹腔。

③ 腹部植物性神经

交感神经的神经节：将腹腔内脏推向右侧，可见在前肠系膜动脉基部左边有一太阳神经丛，它是由腹腔神经节和肠系膜前神经节及联络二者的交通支合成的。如在神经节上滴几滴 95% 乙醇，使神经节发白，则较易于分清。由太阳丛发出的节后纤维分布到胃、肝、脾、肾上腺、生殖腺及大血管处。在后肠系膜动脉根部稍前方，还有一较小的肠系膜后神经节，发出的节后纤维至结肠、膀胱及生殖器官。

迷走神经：迷走神经在腹腔内发出分支到胃、脾、肝、胰和肠管上。

16-5
兔颈部植物性神经

（2）兔脑浸制标本示范（图 16-19）

9. 家兔的整体骨骼标本示范

参见图 16-20。

六、问题与思考

1. 根据实验体会，总结空气栓塞法、兔活体采血 3 种方法及兔解剖过程中，各应把握的操作要点。

2. 通过实验观察，归纳兔的哪些形态结构体现了哺乳类的进步性特征。

3. 根据鱼、蛙、兔等实验观察，比较这 3 类动物的呼吸系统、循环系统、骨骼系统的形态结构，描述脊椎动物这 3 个系统的形态结构和功能的演化发展。

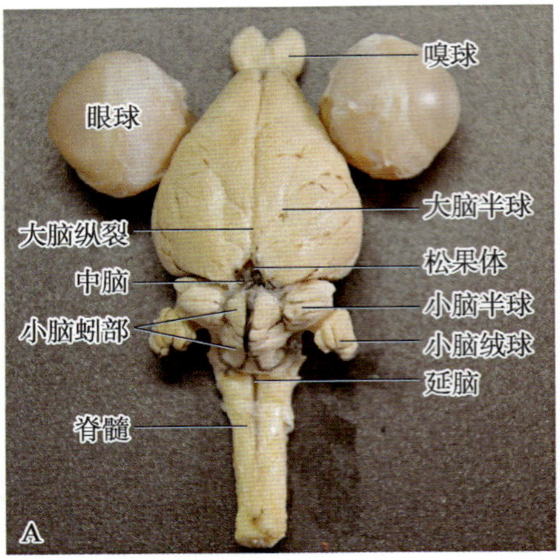

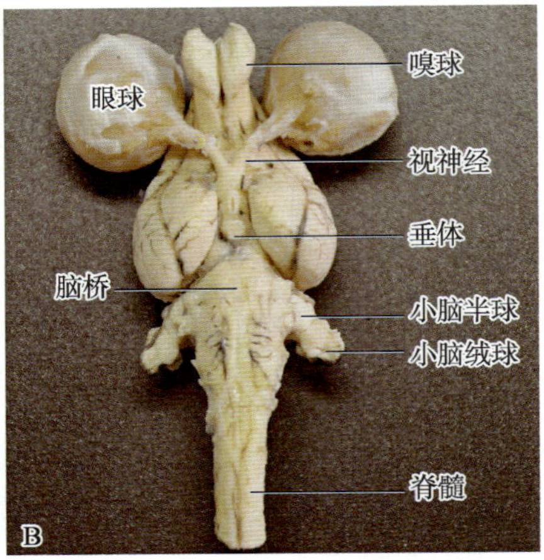

图 16-19 兔脑
A. 背面观 B. 腹面观

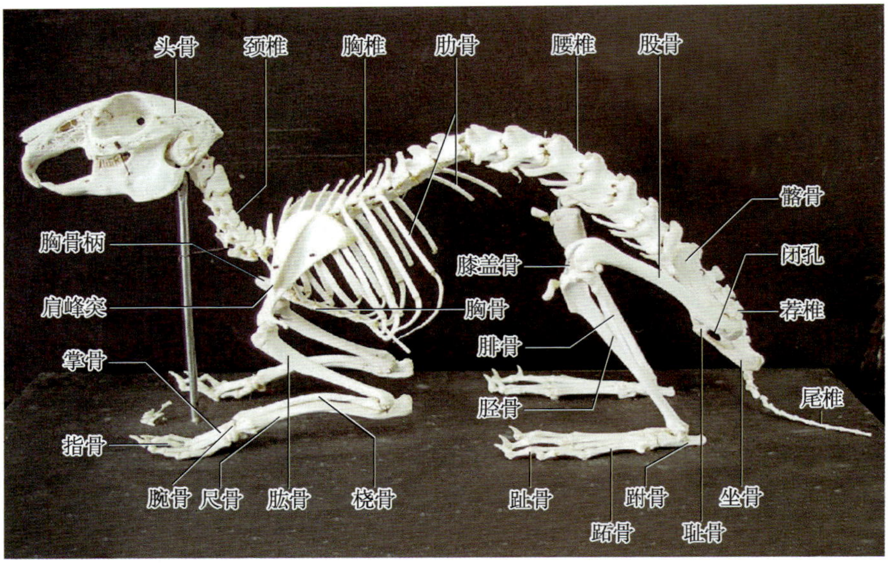

图 16-20 家兔的整体骨骼系统

七、拓展性实验

实验报告

运用所学家兔解剖方法，解剖其他小型哺乳动物；并比较它们的齿式、盲肠发达程度等，说明消化器官形态结构与食性的关系。

（黄诗笺）

实验 17

小白鼠的系列实验

哺乳动物是动物界中进化程度最高的一个类群，其内部器官系统结构较为完善，其生理活动、行为等受神经和体液的精确调节。实验用小白鼠来源于野生小鼠，是生命科学和医学等科学研究中的重要模式动物。对小白鼠形态结构、生理机能等的深入了解是进一步认识和阐明哺乳动物（包括人）生命活动规律，进行生命科学与医学等科学研究的基础之一。血样是进行生理生化、遗传、免疫、分子生物学等研究的良好材料，为实现不同的实验目的和要求，可选择使用不同的采血方法。

一、实验目的

1. 学习小型哺乳动物的外形测量法和一般解剖方法。
2. 学习小鼠的采血方法、腹腔注射、皮下注射、尾静脉注射方法及颈椎脱臼处死法。 17-1 教学建议
3. 了解小白鼠的内部结构。
4. 了解胰岛素调节血糖水平的功能。
5. 了解小脑对躯体运动的调节机能。

二、实验内容

1. 小白鼠外形观察和测量。
2. 小白鼠活体采血。
3. 小白鼠的内部解剖。
4. 胰岛素惊厥实验。
5. 损毁小白鼠小脑的效应。

小白鼠

三、实验材料

小白鼠。

四、实验器具与试剂

显微镜，天平，恒温箱，计时器，灭菌毛细吸管，有孔橡皮滴头，灭菌注射器（1 mL）和针头（4 号、6 号），解剖器具，大头针，蜡盘，鼠笼，灭菌小试管，烧杯（200 mL、25 mL），载玻片，盖玻片，棉花。

17-1 试剂的配制

乙醚，9 g/L 生理盐水，500 g/L 葡萄糖溶液，酸性生理盐水（pH 2.5 ~ 3.5），胰岛素（2 U/mL），肝素（或其他抗凝剂），75 % 乙醇，水。

五、操作与观察

（一）外形观察与测量

1. 外形

小白鼠全身被毛，白色。身体分为头、颈、躯干、四肢和尾 5 部分。

头部呈长形，1 对眼，有上下眼睑；1 对大而薄的外耳；鼻孔 1 对；鼻孔下方为口，口缘有肉质的唇。颈部明显，活动自如。

躯干部长而背面弯曲；腹面末端有外生殖器和肛门。尾长约与体长相等，有平衡、散热和自卫功能。

五指（趾）型附肢，前肢肘部向后弯曲，后肢膝部向前弯曲，指（趾）端具爪。

2. 鉴定性别

雄鼠外生殖器突起，较雌性大，且与肛门距离较大。用镊子夹其生殖器，可见到阴茎凸出，成鼠可见到阴囊。雌鼠阴部有 3 个孔与外界相通，从前向后依次为尿道口、阴道口和肛门。用镊子将成年雌鼠尿乳头前拔，可观察到其后方半圆形的阴道口，阴道口与肛门距离较短，阴道口与肛门之间有一无毛小沟，雌性成鼠体腹有明显的乳头（图 17−1）。

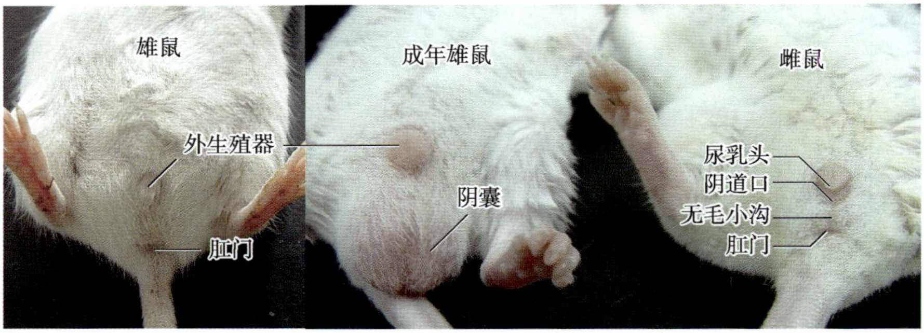

图 17−1 小白鼠雌雄鉴别

3. 外形测量

测量方法参见图 17–2。

17-1
小鼠可量性状的测量

（二）活体采血

1. 眼眶后静脉丛采血

① 右手拖鼠尾，左手从背部抓住小鼠，食指放在小白鼠左耳后面，拇指放在右耳上，然后两手指捏住此两处的皮肤，使鼠固定；轻轻压迫颈部两侧，阻塞颈静脉，使眼眶内血管丛充血，眼球突出。

17-1
小白鼠眼眶后静脉丛采血

② 左手轻转，使鼠右眼朝上；右手将 1 支灭菌毛细吸管（肝素浸润，干燥后使用）的尖端轻轻插入小白鼠右眼眼眶内侧眼角眼球下面，以吸管插入的方向为轴，轻轻旋转吸管并沿鼻侧眼眶壁推进约 4 mm，以切入血管丛，当感到血管壁被刺破时即可，但血液不会立即流出。将毛细吸管退回少许，血液即流入吸管内。

③ 血液停止流入时，再移动吸管，向内、向外移动约 1 mm，并轻轻转动吸管，若吸管中血液液面不再上升，则拔出吸管，同时立即放松小白鼠，使其血液流动恢复正常，而停止出血。

④ 取 1 支用肝素处理过的小试管，将毛细吸管伸入试管底部，挤压毛细吸管的有孔橡皮滴头，将血液排入小试管中。空毛细吸管浸入盛有自来水的烧杯中，以便清洗。

2. 摘除眼球采血

抓取小白鼠使眼球突出，方法同“1. 眼眶后静脉丛采血”。用眼科镊将突出的眼球摘除，立即将眼眶向下，其下方接 1 个用肝素处理过的小试管，使血液滴入小试管中。没有血液流出时，用颈椎脱臼法处死小白鼠。

3. 心脏采血

采血方法与兔的类似（参见实验 16）。此方法也常用于大鼠、豚鼠等。

17-2
小鼠心脏采血

（三）注射

1. 腹腔注射

用右手提起小白鼠尾部，放在鼠笼或实验台上，左手抓住小白鼠两耳后及头颈部皮肤，将小白鼠翻过来使其腹面向上，立即用左手小指和无名指将其

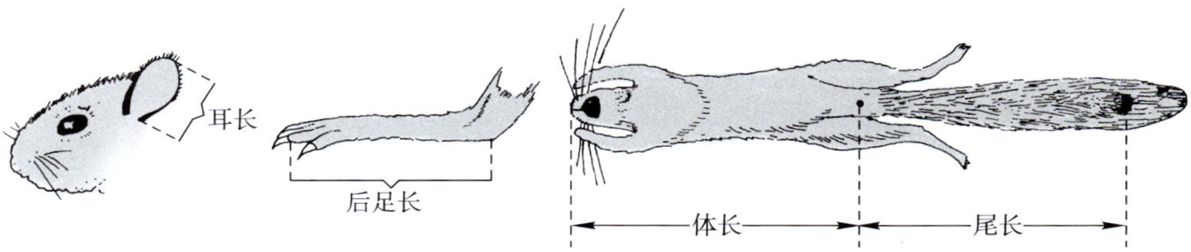

图 17–2　小型兽类外形测量
体长：由头的吻端至尾基；尾长：由尾基至尾的尖端，不计毛长；后足长：后肢跗跖部连趾的全长（不计爪）；耳长：由耳尖至耳的内面基部（耳毛除外）

17-3
小鼠腹腔注射

左后肢和尾基部夹住。右手持注射器，针头与皮肤表面呈 45°夹角，刺入腹部腹中线稍外侧处（图 17–3）。注意控制进针深度。若针尖通过腹肌后阻力消失，则停止进针，轻轻回抽针栓，若无肠内容物、尿液或血液被抽出（表明针头未刺入内脏），则保持针头不动，缓缓注入药液。注射完毕，原路抽出针头。

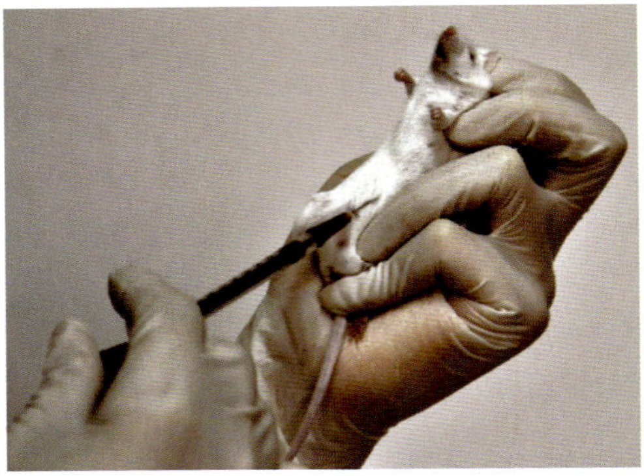
图 17–3　小白鼠腹腔注射

2. 皮下注射

小白鼠皮下注射常在背部皮下进行，将皮肤拉起，将注射针刺入皮下，针头轻轻向左右摇摆，容易摆动则表明已刺入皮下，然后注射药液。拔针时，用手指轻捏注射部位皮肤，以防注入的药液外漏。

17-4
小鼠尾静脉注射

3. 尾静脉注射

小鼠尾静脉共有 3 根，一般常选用两侧的静脉。将小鼠固定在暴露尾部的鼠尾固定器内（可用烧杯或粗试管等代替），用 75% 乙醇棉球反复擦拭鼠尾两侧，使静脉扩张。一手拇指、无名指和中指捏住尾部，转动尾部使其一侧朝上，食指从下方托起尾部使尾部固定。一般在近尾基部 1/3 处，针头（4 号）以向心方向与尾部约 30° 夹角刺入血管后，再与尾部平行伸入血管，缓慢注入药液。如注射时无阻力，则表明针头在血管内，同时可观察到随着药液的注入，血管颜色发生变化。否则，说明针头未刺入血管，应拔出针头重新穿刺。注射完毕，用干棉球按压注射部位。

如需反复注射，应尽量从尾静脉的远心端开始，为什么？

（四）胰岛素惊厥实验

17-5
小鼠胰岛素惊厥实验

胰岛素是调节机体血糖的激素之一，当体内胰岛素含量增高时，引起血糖下降，导致动物出现惊厥现象。

为什么小白鼠在实验前需饥饿？

1. 取饥饿 18～24 h 小白鼠 4 只，编号，称重并记录，分为实验组和对照组，每组各 2 只。

2. 给实验组小白鼠腹腔注射胰岛素溶液（0.1 mL/10 g 体重）；给对照组小白鼠腹腔注射酸性生理盐水（用量同实验组），记录注射时间。

● 胰岛素溶液必须用 pH 2.5～3.5 的酸性生理盐水配制、稀释，因为胰岛素在酸性环境中才有效用。

3. 将两组小白鼠都放在 30～37℃环境中，记录时间。注意观察并比较两组小白鼠的神态、姿势及活动情况。

● 受饥饿状态、温度过低、胰岛素实际效价等影响，反应较慢或不明显时，可以适当增加胰岛素用量，但用量过高会导致小白鼠快速死亡。

4. 当实验组小白鼠出现四肢和头部向腹部收拢、背部弯成弓状、乱滚等惊厥现象时，记录时间。立即取出其中的 1 只，皮下注射 500 g/L 葡萄糖溶液（0.1 mL/10 g 体重），记录注射时间。从对照组中取 1 只小白鼠，皮下注射相应量的蒸馏水作为对照。

经抢救后的小白鼠过一段时间又出现惊厥现象，为什么？

5. 比较对照组小白鼠、出现惊厥后及时注射了葡萄糖的小白鼠，以及出现惊厥而未经抢救的小白鼠的活动情况。注射葡萄糖液的小白鼠在数分钟内恢复正常了吗？

17-2 人工合成胰岛素

（五）损毁小脑的效应

小脑具有维持身体平衡、调节肌紧张和协调肌肉运动等机能。当小脑损毁后，随着破坏程度的不同，可表现出不同程度的肌紧张失调及平衡失调。

1. 观察正常小白鼠的运动

手持小白鼠尾部，观察小白鼠在桌面上向前爬行时四肢动作是否协调、姿势是否平衡。

2. 麻醉

将小白鼠罩于放有浸透乙醚棉球的烧杯中，观察小白鼠的呼吸状况，若呼吸变慢则表明已麻醉。

● 若进行以下手术时小白鼠挣扎，可随时追加乙醚麻醉，但需注意呼吸反应，以防小白鼠因麻醉过度而死亡。

3. 损伤小白鼠一侧小脑

17-2 损伤小白鼠一侧小脑

（1）剪开头皮　一手小指挟持小白鼠尾部，食指和拇指从小白鼠背部捏住其颈部皮肤，另一只手持手术剪，沿小白鼠头部正中线自顶部直达耳后剪开头皮。

● ①手捏住小白鼠颈部时，用力适度，防止将眼球挤出；②手术切口不宜过长。

（2）分离肌肉　拇指和食指捏住头部两侧，用棉花将顶间骨表面一层薄薄的肌肉轻轻向后或两侧拨开，使包于小脑外的顶间骨清晰地暴露出来。透过透明的颅骨即可看清小脑的位置。

● 分离肌肉不能用力过大，以免过多损伤肌肉。

（3）捣损一侧小脑浅层　用大头针在偏离中线处刺穿顶间骨，直达小脑，进针约 2 mm，针尖自前向后，将一侧小脑浅层捣毁。将针取出，用干棉球止血（图 17－4）。

17-6 损毁小白鼠一侧小脑的效应

4. 观察损毁小脑后小白鼠的运动

（1）小白鼠一侧小脑浅层损伤后的运动状态　将手术后的小白鼠放在实验

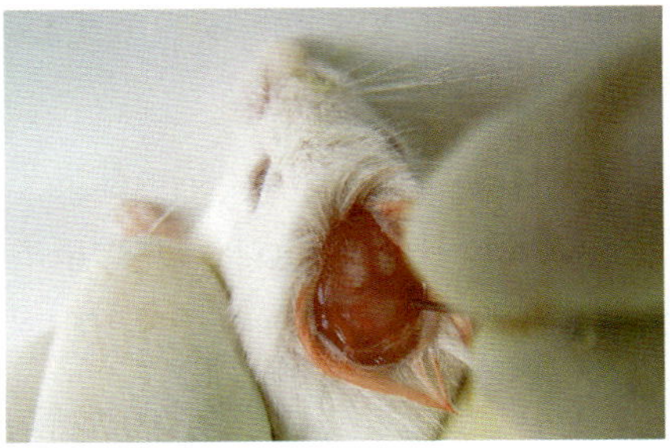

图 17-4　损毁小白鼠一侧小脑的部位

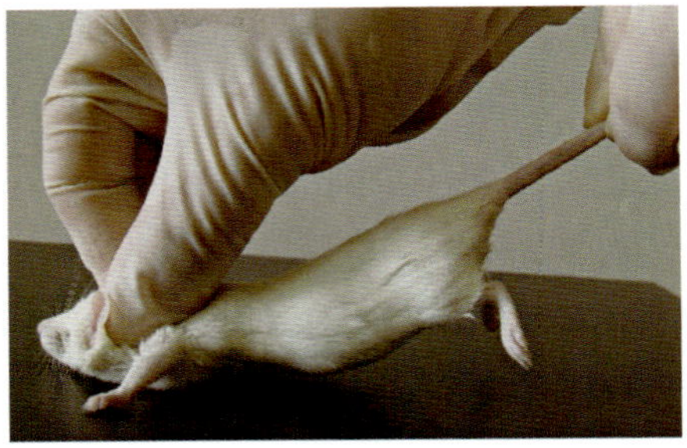

图 17-5　颈椎脱臼法

手术后的小白鼠能否保持动作协调？如何爬行？为什么？

台上，待其清醒后，观察其活动。注意比较两侧肢体的肌肉紧张程度以及肢体和脚趾屈伸的情况。

（2）小白鼠一侧小脑完全捣毁后的运动状态　将小脑浅层损伤的小白鼠再稍加麻醉后，将大头针插入伤侧小脑原刺入处，增加进针深度（进针约 3 mm），仔细地完全捣毁该侧小脑。取出大头针，用干棉球止血。待小白鼠清醒后再观察其运动状态。

● 注意进针深度不得超过 3 mm，以免损伤延髓而致小白鼠死亡。

（六）颈椎脱臼法处死小白鼠

将小白鼠置桌面上，一只手用拇指和食指捏住小白鼠头的后部（颅骨基部），稍用力下压；另一只手抓鼠尾，稍用力向后上方拉（图 17-5），两手同时用力，即可使小白鼠颈椎脱臼脊髓断裂，瞬时死亡。

（七）内部解剖与观察

1. 解剖

① 将处死的小白鼠腹面向上，四肢展开，用大头针从四肢掌部钉入，固定于蜡盘中。用棉球蘸水润湿腹中线上的毛，然后用镊子在外生殖器稍前处提起皮肤，沿腹中线向前剪开皮肤，直至下颌底；再从四肢内侧沿肢体方向剪开皮肤。

② 沿皮肤切口边缘用镊子提起皮肤，另一尖头镊于皮肤和肌肉之间划剥结缔组织，以分离肌肉和皮肤。将皮肤向两侧展开。

③ 用镊子提起外生殖器前方腹壁，手术剪沿腹中线剪开腹壁至胸骨剑突，沿胸骨两侧剪断肋骨至第 2 肋骨。用镊子剥离胸骨内方与内脏器官之间的结缔组织后，剪去胸骨体。用镊子提起胸骨柄，剪断第 1 肋骨的胸肋段，去胸骨柄。再用镊子撕开颈部肌肉至下颌。沿边缘剪开横膈与体壁的联系，将腹壁肌肉向两侧展开，用大头针固定。

17-3 小白鼠内部解剖

17-7 小白鼠内部解剖

原位观察胸腔和腹腔内各器官在体位置后，逐个观察各器官系统构造。

● 操作要点同兔解剖。

2. 消化系统

（1）消化腺　颌部腹面两侧有 1 对浅粉红色、圆形的颌下腺，此外还有腮腺和舌下腺等唾液腺。腹腔内有肝和胰。肝在横膈膜下，深紫色，分 4 叶，即中叶、左叶、右叶和尾叶（也有资料中认为可分为 6 叶），注意观察胆囊的位置；胰在胃和十二指肠弯曲处，粉红色（图 17-6A）。

（2）消化管

口腔和咽：沿口角剪开颊部及下颌骨与头骨的关节，打开口腔。口腔底部有肌肉质舌，上下颌各有 2 个门齿和 6 个臼齿，无犬齿和前臼齿，其齿式为 $2\left(\frac{1\cdot0\cdot0\cdot3}{1\cdot0\cdot0\cdot3}\right)=16$。软腭后方的腔为咽。咽部背面通向后方的开孔是食道口，咽部腹面的开孔为喉门。

分离颈部的气管与其背面食管之间的结缔组织。将肝掀至右侧，撕开消化管间的结缔组织，展开肠管，观察消化管各段（图 17-6B）。

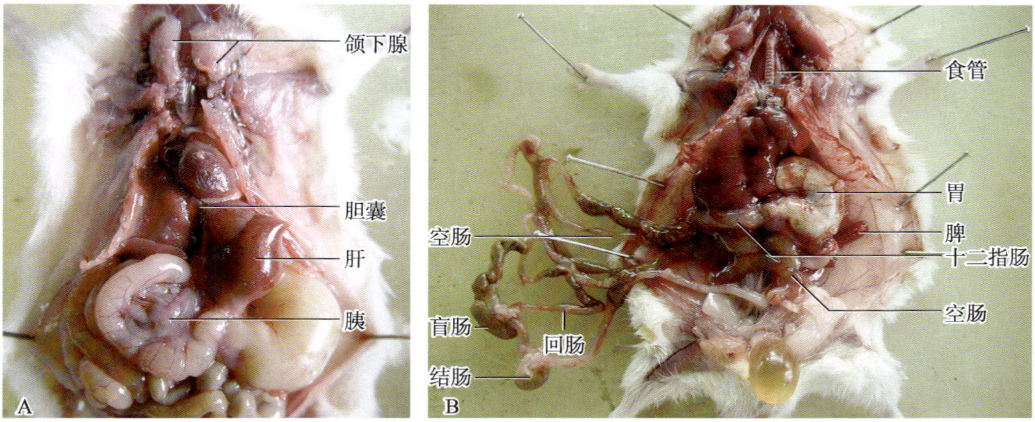

图 17-6　小白鼠消化系统
A. 示消化腺　B. 示消化管

食管和胃：食管位于气管背面，后行穿过横膈与胃相连。胃呈弯曲袋状，其内侧的弯曲称胃小弯，后缘较大的弯曲称胃大弯（胃大弯外侧有一长椭圆形、红褐色的脾脏，为淋巴器官）。

小肠：分为十二指肠、空肠和回肠。十二指肠紧接胃，呈 U 形，其后为空肠和回肠，回肠稍粗、色略深。回肠末端与结肠和盲肠连接。

大肠：分为结肠和直肠。大、小肠交接处有盲肠。盲肠呈短弯刀形，盲端为蚓突；结肠较粗，色较深；直肠较直，内有粪粒，直肠进入骨盆，开口于肛门。

3. 循环系统

心脏位于两肺之间的围心腔内，略呈倒圆锥形，用眼科镊提起围心膜，然后用眼科剪剪开围心膜。仔细分离心底大血管周围结缔组织，观察心脏及与心脏相连的大血管（幼鼠心脏上半部被2叶淡红色胸腺覆盖，需除去胸腺后再剪开围心膜）。

心脏及周围大血管与兔的相似。一般体动脉弓向左后方弯转的弓形处向前发出3支动脉，自右向左分别为无名动脉、左总颈动脉和左锁骨下动脉。无名动脉向前延伸不久即分成右总颈动脉和右锁骨下动脉。有的个体由体动脉弓向前发出左右两支无名动脉，左、右无名动脉再分别分支为左（右）总颈动脉和左（右）锁骨下动脉（图17−7）。

4. 呼吸系统

在颈部可以观察到有软骨环支撑的气管。将心脏翻向前方，可观察到气管后行进入胸腔后分为左右支气管分别通入两肺。左右肺分别位于胸腔两侧，淡红色，海绵状，其中左肺1叶，右肺4叶（图17−8）。

5. 排泄系统

将肠拨到身体一侧，再行观察排泄系统（图17−9）。

在腹腔背壁左右两侧各有一豆形肾，右肾比左肾的位置略高，肾脏上方有淡黄色的肾上腺。剥离肾内缘凹陷处（肾门）结缔组织，观察由肾门发出的输尿管，沿输尿管走向剥离结缔组织，观察输尿管通入膀胱，膀胱开口于尿道。

剪开耻骨联合，剥离结缔组织，观察雌性尿道开口于阴道前庭，雄性尿道通入阴茎，开口于阴茎头，兼有输精功能。

6. 生殖系统

（1）雄性生殖系统（图17−9A）

① 睾丸：1对，椭球形，成熟后坠入阴囊。可用镊子夹住成鼠的精索，将睾丸、附睾等从阴囊内拉回腹腔，再行观察。

② 附睾：1对，分为附睾头、附睾体和附睾尾，睾丸前方有圆形的附睾头，附睾体沿睾丸内缘下行，附睾尾较膨大，其后延伸为输精管。附睾周围有大量

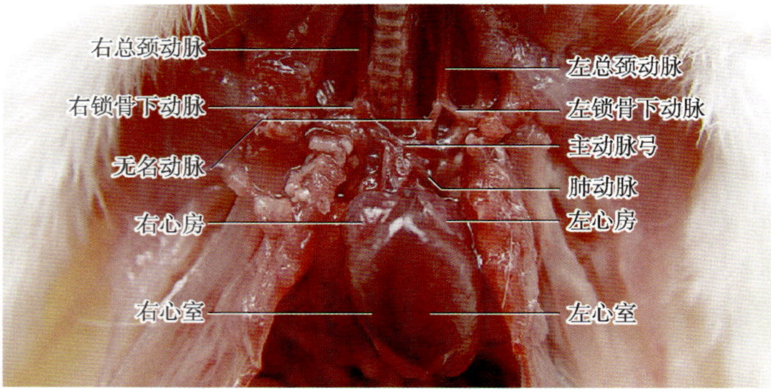

图17−7 小白鼠心脏与周围大血管

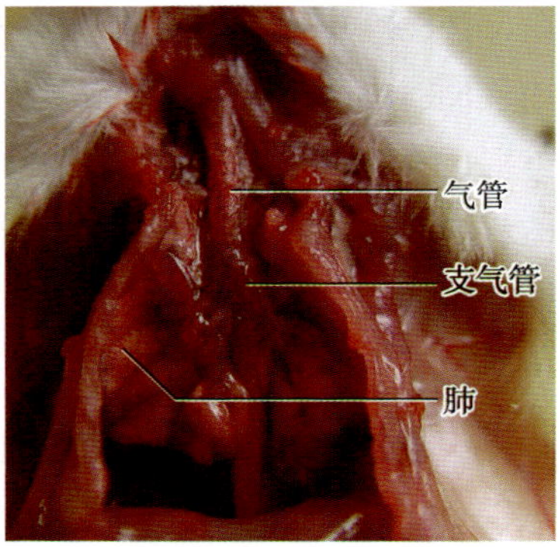

图17−8 小白鼠气管、支气管和肺

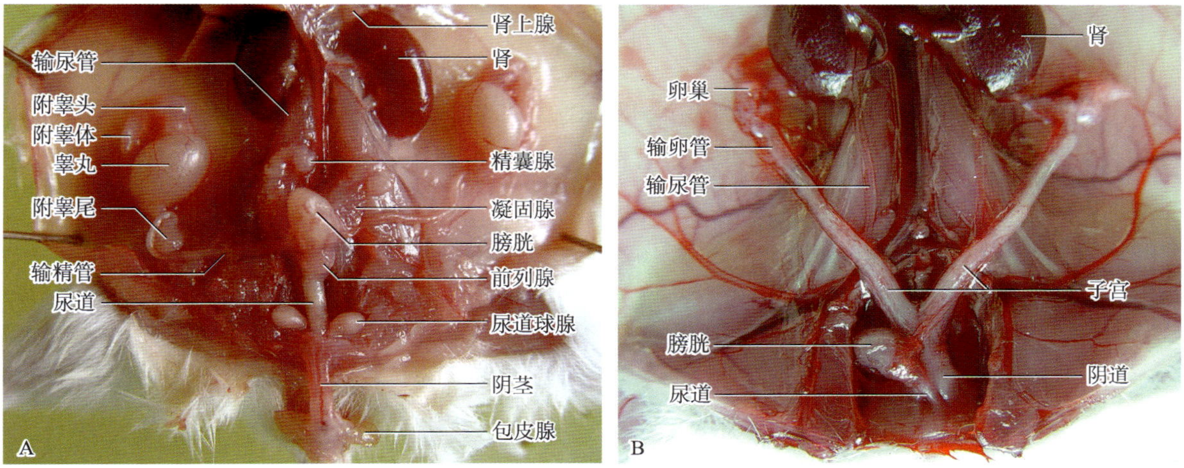

图 17-9　小白鼠泌尿生殖系统
A. 雄性　B. 雌性

脂肪，需剥离脂肪后观察。

③ 输精管：1 对，细长，开口于尿道。

④ 阴茎：为交配器官，顶端开口为尿道口。

⑤ 副性腺　副性腺包括精囊腺、凝固腺、前列腺、尿道球腺和包皮腺等。

精囊腺（精囊）：1 对，位于尿道前端的前方，为白色钩曲状腺体，顶端圆形突起向后弯曲，后端在膀胱和输精管通入尿道处的背后通入尿道。

凝固腺：附着在精囊腺内侧的半透明腺体。

前列腺：包括位于膀胱基部尿道背面的背叶和尿道腹侧的腹叶，稍带红色，其通入尿道的开口不明显。

尿道球腺：位于尿道球部左右两角的背方，嵌在尾基部的尾椎和腹部肌肉之间，为 1 对近白色椭球形腺体，撕开该处肌肉即可见。

包皮腺：位于阴茎前端两侧的腹壁皮下，剪开该处腹壁皮肤即可见 1 对扁圆形、淡黄色腺体。

（2）雌性生殖系统（图 17-9B）

卵巢：1 对，位于腹腔背壁两侧肾后方。

输卵管：1 对，其前端卷曲缠绕，包围着卵巢。

子宫和阴道：输卵管后部膨大部分为子宫，左右子宫汇合于子宫颈，与阴道连通，阴道开口于体外。在阴道口的腹面稍前方有一隆起，为阴蒂。

（3）精子的观察

取小白鼠的附睾尾放入盛有生理盐水的小烧杯中，剪碎，用吸管吸取一滴组织悬液于载玻片上，轻轻盖上盖玻片，置低倍镜下观察，可见精子的头部呈镰刀形，尾部呈细丝状。精子是如何运动的?

六、问题与思考

1. 试比较小白鼠几种采血方法的优缺点。

2. 试依据胰岛素惊厥实验分析糖尿病和低血糖症产生的原因及治疗方法。

3. 依据实验观察结果说明小脑的生理机能。

4. 根据观察结果，归纳小白鼠有哪些形态结构体现了哺乳类的进步性特征。

七、拓展性实验

胰岛素和胰高血糖素 2 种激素的协调作用使血糖浓度处于相对稳定的范围，通过小白鼠胰岛素惊厥实验可以检测胰岛素降低血糖的生理作用。请以小白鼠为材料设计实验，检测胰高血糖素增高血糖的生理作用。

实验报告

（谢志雄）

第二部分

自选性和设计性实验

实验 18

草履虫的克隆培养与接合生殖

接合生殖（conjugation）是原生动物纤毛纲所特有的有性生殖方式。在草履虫种内存在不同的繁殖群（syngen），不同繁殖群之间一般不能发生接合生殖。同一繁殖群内存在 1 至多个不同的接合型（mating type），只有同一繁殖群内的相对接合型的个体之间才能进行接合生殖。通过单克隆（clone）培养，建立草履虫原培养（stock）的纯无性系，再将同处于初饥期的不同的纯系进行两两混合试验，即能确定相对接合型，进而获得大量的接合生殖体。研究接合生殖的发生及其过程有助于理解单细胞动物生命周期变化规律及其调控机制，并为生殖进化学、细胞学、发育生物学和遗传学研究提供重要依据。

一、实验目的

1. 学习草履虫采集与培养的一般方法，单细胞动物的克隆培养方法，以及诱导和观察接合生殖的方法。

2. 通过实验，了解原生动物接合生殖的发生、接合生殖过程及其内外影响因素。

3. 探讨纤毛纲原生动物生命周期的一般规律。

二、实验内容

1. 草履虫的采集与培养；草履虫纯系的建立。

2. 草履虫的接合生殖实验。

3. 探讨实验所用草履虫进行接合生殖的最佳培养条件。

三、实验材料

野生草履虫（学生自行采集）。

18-1

试剂的配制

四、实验器具与试剂

学生根据实际需要自行准备。

五、操作与观察

（一）草履虫的采集和粗培养

参见“实验 5 草履虫的形态结构和生命活动”数字课程中的“草履虫的采集与培养”。

（二）草履虫纯系的建立

1. 草履虫的分离与接种

用洁净滴管吸取新制备的稻草培养液（作为纯培养液），加入医用多孔塑料反应器的各孔内，并给小孔依次编上序号。取 1 块载玻片，滴 1 滴野生草履虫液并适当稀释。在体视显微镜下，用毛细滴管从玻片上野生草履虫液内吸取草履虫，经纯培养液清洗后接种于医用多孔塑料反应器孔内的纯培养液中，每孔接种 1 只草履虫。在镜下仔细检查，确保每孔纯培养液中只有 1 只草履虫而无其他生物，如发现有其他动物或有 2 只及以上草履虫，则需重新分离接种。

为什么要确保每个孔纯培养液中只能有单个草履虫？

2. 草履虫的湿房克隆培养

（1）湿房 湿房是微型动物培养的小型保湿装置，可根据情况自行设计。如将滤纸或脱脂棉平铺在有盖搪瓷盘盘底内，加入适量水，使水分浸透滤纸或脱脂棉，盖上搪瓷盘盖；也可用 150 mm 直径的培养皿制备湿房。

为什么要用湿房进行草履虫的克隆培养？

（2）湿房克隆培养 将已接种的医用多孔塑料反应器置于湿房中，22℃～24℃培养，每 6～8 h 置体视显微镜下检查 1 次，观察记录每孔克隆培养液内草履虫数量变化情况。

（3）扩大克隆培养 当克隆培养液内的草履虫达到数十只时，进行扩大培养。取已编号的洁净试管，每个试管内加入稻草培养液至管的 3/4 处，以保证扩大培养中虫体处于饱食状态。用对应编号的滴管将以上各草履虫克隆培养液分别转入对应编号的试管内，或用移液器逐个换用枪头进行转移。22℃～24℃培养 1 周左右，即可获得足够量、高密度（大量草履虫密集于培养液界面下）、成熟的草履虫纯系培养株。

● ①经若干次分裂达到成熟的相对接合型草履虫才有可能发生接合生殖，未成熟或衰老者不能进行接合生殖。②不同种草履虫达到成熟所经历的分裂次数不同。

（三）草履虫相对接合型的确立

1. 混合草履虫各纯系培养株

用微量移液器于培养液界面下取密集的、同等饱食的草履虫各纯系培养株等量（指虫口数目大致等量）样液，分别两两混合于小表面皿内，并加入等量蒸馏水，再置湿房内 22℃～24℃培养。每组混合均编号并记录相应的 2 个培养株的序号。

● ①用移液器取不同纯系培养株样液时，注意更换 tip 头！②达到成熟期的相对接合型草履虫由饱食转入饥饿的数小时内，才能发生接合生殖。

为什么要在同等饱食的草履虫两两混合的纯系培养物中加入蒸馏水？

2. 草履虫相对接合型的确定

混合物培养 2 h～4 h 后，每隔 2 h 将表面皿取出置体视显微镜下观察。当许多虫体相互黏着聚集时，即发生粘连现象（图 18-1）；继续观察，约 1 h，许多草履虫两两接合（图 18-2），此两株草履虫即为相对接合型。记录发生接合的草履虫试管号。

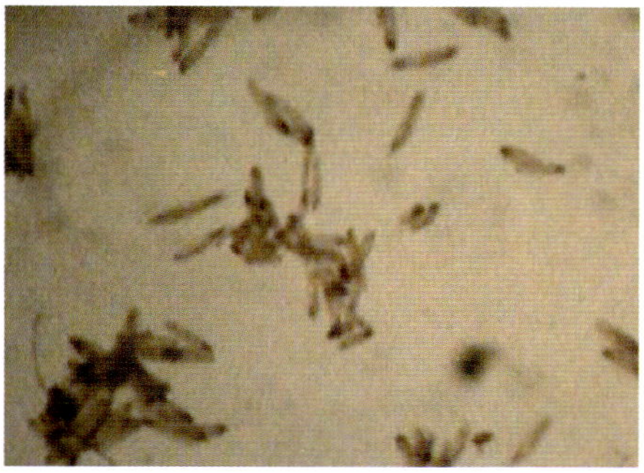
图 18-1 接合生殖初始阶段草履虫粘连现象

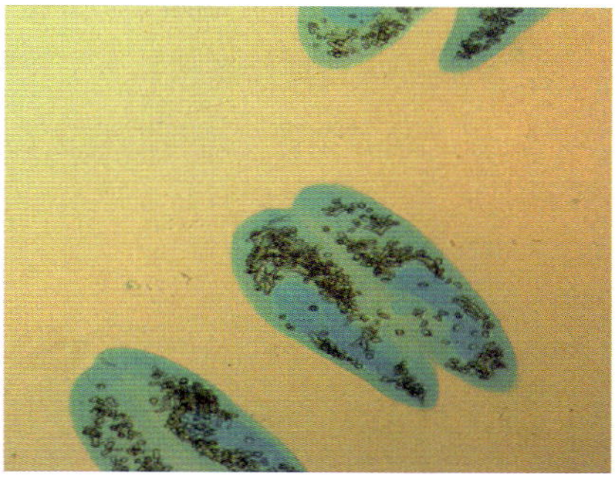
图 18-2 草履虫两两接合（甲基绿染色）

（四）草履虫接合过程中细胞核演变的观察

在已发生接合现象的表面皿内加入稻草培养液，抑制尚未接合的虫体继续发生接合反应，以获得同步接合生殖的草履虫。再将该表面皿置 22℃～24℃继续培养并定时取样，用苯酚品红（或甲基绿）染液染色，制成临时装片，于显微镜下观察接合生殖过程中细胞核的变化，记录所观察到的现象并绘图或显微摄像。如制永久装片，则在观察后，制片经等级乙醇脱水和二甲苯透明后，中性树胶封片。

● 不同种草履虫接合生殖过程中各发育阶段所需时间不完全相同。实验中应查阅并参考相关文献，以确定观察各发育阶段的取样时间。

（五）探讨草履虫接合生殖的最佳培养条件

改变温度、培养液、光照、饥饱等培养条件，探索该实验所用草履虫发生接合生殖的最佳条件。

18-1
草履虫的生殖

六、问题与思考

1. 实验中，如果草履虫同一繁殖群内所有纯系培养株都互不接合，则可能是由什么原因引起的？应如何处理才能出现接合生殖？

2. 根据实验体验，总结相对接合型草履虫发生接合生殖的必要条件和影响因素。

3. 草履虫无性繁殖与接合生殖的培养条件有何差别？为什么说接合生殖与原生动物的个体数量增加没有直接关系？

七、拓展性实验

1. 有的草履虫的同一繁殖群内有多个相对接合型。请设计实验分析你研究的草履虫在同一繁殖群内可能有多少个相对接合型？

2. 改变培养条件（温度、光照、盐度、食物等），分别探讨不同种草履虫发生接合生殖的最佳环境条件。

3. 设计培养条件，进行四膜虫及其他纤毛虫的接合生殖实验。

（黄诗笺）

实验 19

四膜虫对环境化学物质耐受性的研究

四膜虫（*Tetrahymena*）是一类单细胞纤毛虫，属于原生动物门纤毛虫纲寡膜亚纲膜口目四膜科四膜虫属。四膜虫培养简单，生长迅速，易于操作，实验结果可靠，在环境毒理学、细胞分子遗传学、进化生物学及分子生物学等方面的研究中都得到广泛应用，是一种非常重要的模式生物。研究最为详尽的是嗜热四膜虫（*Tetrahymena thermophila*）和梨形四膜虫（*Tetrahymena pyriformia*）。

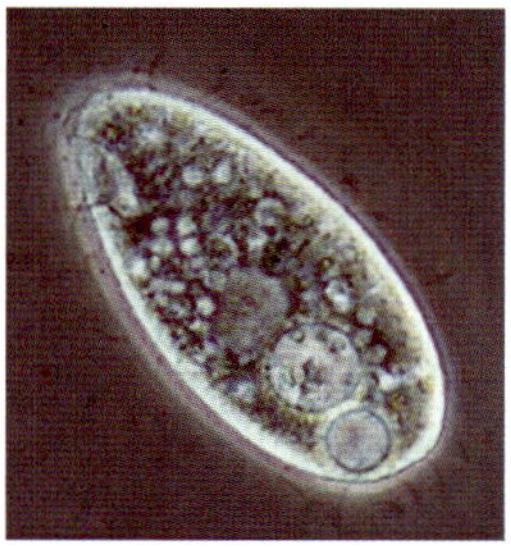

四膜虫形态结构

一、实验目的

1. 学习四膜虫一般培养方法，形态、生命活动的观察方法及计数方法。
2. 通过观察不同化学物质对四膜虫的影响，了解四膜虫对环境的耐受性。

二、实验内容

1. 四膜虫的培养和保存。
2. 不同化学物质对四膜虫影响的观察。

19-1 四膜虫研究相关进展

三、实验材料

四膜虫纯系培养物（以嗜热四膜虫 CU428 株为例）。

四、实验器具与试剂

学生根据实际需要自行准备。

19-1 试剂配制

五、操作与观察

（一）四膜虫的培养及保存方法

19-2 无菌操作技术简介

19-3 对数生长期简介

1. 四膜虫的培养（以嗜热四膜虫为例）

在无菌操作条件下，用普通微生物接种环取四膜虫纯系培养物，接种于盛有 5 mL 已灭菌四膜虫培养液的 20 mL 试管内，30℃条件下，摇床内振荡培养至对数生长期。嗜热四膜虫在实验室培养条件下每 2～3 h 即可繁殖一代。

● ①注意无菌操作！②若选用四膜虫不同细胞株，则需调整培养液、培养温度等培养条件。

2. 四膜虫的保存（黄豆保存法）

19-4 四膜虫的冻存及复苏

取 1 支洁净大试管，加入 5～8 mL 蒸馏水和 1 粒完好饱满的黄豆，常规湿热灭菌后室温保存备用。在无菌操作条件下取 1 mL 处于对数生长期的四膜虫培养物加入盛有无菌黄豆培养基的试管中，轻柔混匀后，再加入 1 mL 灭菌矿物油（盖住液面即可），室温保存。四膜虫在这种条件下可保存 6～10 个月，每次使用前从保存液中取出部分加入到新鲜培养基即可复苏培养。

（二）化学物质对四膜虫的影响

本实验通过单一成分化学物质的加入来模拟环境水质的改变，从形态、活动状况和生长几个方面考察四膜虫对环境中化学物质的敏感性和耐受性。化学物质的种类由实验者设定。

1. 化学物质对四膜虫形态及活动状况的影响

为什么混合顺序是从低浓度到高浓度而观察顺序是从高浓度到低浓度？如果反应太快，可以如何改进实验方法以取得更好的观察效果？

（1）取四膜虫培养物 1 滴于载玻片上，置显微镜下观察四膜虫的正常形态和活动状况，特别注意纤毛和内部细胞器的活动状态。

（2）另取 1 干净载玻片，滴加 50 μL 某浓度化学物质，再加入约 20 μL 四膜虫培养物，迅速混合，显微镜下持续观察 20～30 min，注意四膜虫的形态和活动状况有无变化，并做好记录。

19-2 不同化学物质对四膜虫影响的观察结果样表

混合的顺序从每种化学物质的最低浓度开始。观察按从高浓度到低浓度的顺序进行，注意观察各浓度的每种化学物质对四膜虫形态及活动状况的影响。对每种化学物质，应注意观察其不同浓度溶液对四膜虫的影响。

2. 化学物质对四膜虫生长的影响

转接对数生长期的四膜虫培养物于新培养液中，至四膜虫密度为（1～1.5）$\times 10^4$ 细胞 /mL，同时加入已灭菌的某浓度的某化学物质，30℃摇床振荡培养。每隔几小时取样进行四膜虫计数。绘制不同化学物质（不同浓度）存在下，四膜虫生长随时间变化的曲线图，并分析相应浓度的化学物质对四膜虫生长的影响。

19-5 四膜虫的计数

六、问题与思考

根据实验结果，归纳总结不同性质的化学物质对四膜虫形态和生理活动的影响。

七、拓展性实验

设计实验，利用四膜虫对你身边的环境水质进行评估。

（杜润蕾）

实验 20

涡虫的再生及其影响因素的研究

再生是指动物被离断的器官重建的过程。再生一般包括生理性再生、修复性再生、无性繁殖和重建等几种主要形式。涡虫进化地位重要，再生能力惊人，淡水涡虫长期以来一直作为研究发育和再生的模式动物。近年来，随着分子生物学发展，利用RNA干涉等技术对涡虫再生中前后轴极性重新建立的关键蛋白分子和调控途径进行了解析。对涡虫再生过程中细胞来源、细胞迁移、组织器官重建等问题的研究，有助于深入了解干细胞增殖、分化、细胞迁移等细胞生物学核心问题以及动物神经系统起源发育、体型决定等发育生物学问题。

一、实验目的

20-1
教学建议

学习掌握涡虫再生研究的基本技术方法，探讨影响涡虫再生状况的因素，加深对动物再生概念的理解。.

二、实验内容

切割和切断涡虫，观察记录涡虫再生的方式、过程与结果，并比较各因素对涡虫再生的影响。

三、实验材料

淡水三角涡虫（*Dugesia*）。

四、实验器具与试剂

由学生根据实验需要，自行统计和准备。

五、操作与观察

（一）实验方法

① 选择体形较大，较健壮的涡虫进行实验效果较好。为防止涡虫进行裂殖，再生实验前需在 8～16℃的水槽中培养，并需禁食 1 周。

为什么涡虫在手术前后均需禁食?

② 实验者根据自定研究目的设定切割或切断方案。手术刀用 75 % 乙醇消毒（乙醇具有刺激作用，待刀片上乙醇挥发完后再进行手术）。

③ 切割或切断手术后的涡虫或涡虫片段分别放入盛水的小玻璃瓶（或小培养皿）中，置一定温度下培养。再生期间不喂食，每天换经煮沸冷却的自来水 1 次。一般伤口开始有褐化、内陷现象后，慢慢长出白色的再生组织。

④ 在盛有术后涡虫或涡虫片段的小瓶上作好标记，并记录切割部位或各涡虫片段切断前在原虫体中所处的部位。术后培养期间，每天定时观察并记录再生状况。

● 涡虫再生能力和速度，随涡虫种类、切割部位或切断后的涡虫片段在原虫体中所处的的部位、培养温度等的不同而不同，一般约需 8～14 d 完成再生，有的需要 1 月左右。

（二）切断手术

用滴管吸取或用毛笔将涡虫放在载玻片上，待虫体伸展到最长时，用手术刀在预定的部位切断虫体，刀面必须与玻片垂直，切面要平整。以下几例切断

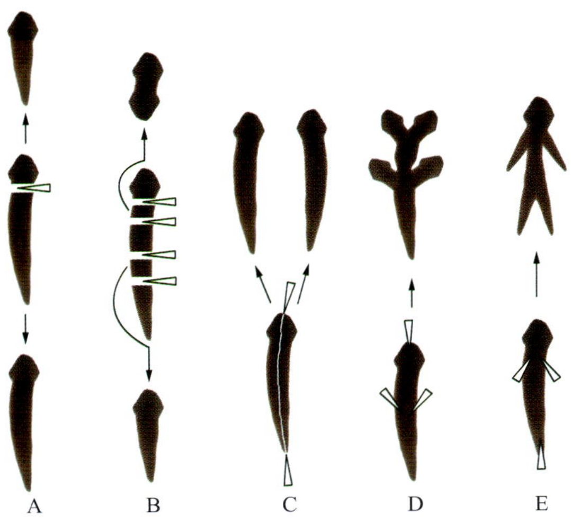

图 20-1　涡虫再生实验切割和切断样式示例

方式供参考：

① 将涡虫切断，如图 20−1A，B，C。

② 沿涡虫的耳突后缘，切去涡虫的“头”部，将去“头”虫体均等切为三段，观察比较各段再生过程的差异。

涡虫不同片段再生的差异是由什么因素决定的？

③ 在涡虫身体前部横切，切下一很窄的小片段，观察该片段前后切面再生的情况与其他较大片段的再生有何不同。

（三）切割手术

实验者自行设计切割样式，图 20−1 D，E 为切割样例。切割时，切口要平直，所切部位被切开，但不切断身体。每天定时观察记录各切口再生的情况。

20-1 涡虫切断切割再生实例

● 当切口有愈合趋势时，需在原切口处重新进行切割。

（四）涡虫再生影响因素的探讨

采用相同的手术样式，获得一定数量的术后涡虫，分别置于不同的再生条件（自行设定）下培养，观察比较各种因素对涡虫再生的影响。例如：

① 温度：分别置于 4℃、14℃、22℃等不同温度的恒温培养箱中培养，观察再生的差异。

② 禁食：比较手术前后不禁食的涡虫与禁食的涡虫再生情况有无区别。

20-2 涡虫再生机理的研究

● 注意记录各种条件下涡虫再生状况，比较分析形成再生差异的原因，筛选涡虫再生最佳条件。

六、问题与思考

1. 在切割实验中为什么可以出现多头或多尾的重复畸形？

2. 对涡虫进行横向切割时，如果近“头”端的中间切割的片段很窄，则形成前后端双头再生个体，试探讨形成这种畸形的原因。

七、拓展性实验

涡虫的再生存在极性。再生的速率由前向后递减，而且横切后，有头部的片段，由切口处再生出尾部，而后半段由切口处再生出来的是头部。请设计实验探讨这种极性形成的方式与机理。

（谢志雄）

实验 21

涡虫染色体的制备及核型分析

染色体技术是细胞遗传学研究的基本技术。各种染色体技术已经广泛地应用于确定核型、鉴别突变、分析体细胞杂交和绘制基因图等方面。原则上可以从所有发生有丝分裂的细胞中制备染色体。涡虫再生组织细胞具有很高的分裂活性，使用一定剂量的秋水仙素处理可以将许多处于分裂状态的细胞阻止在有丝分裂中期，用以制备可供分析的染色体标本。

在细胞遗传学研究中，核型分析所用材料就是用显微摄影技术拍摄的细胞中期分裂相图片。核型是指将某一种生物体细胞内的整套染色体按其相对恒定的特征排列起来的图像。核型的模式表达称为模式组型或模式图，是根据对许多细胞染色体的测量，取平均值绘制而成的理想化、模式化的染色体组型，它代表 1 个物种的染色体组型特征。核型分析对于探讨人类遗传病的机制、动植物起源、物种间的亲缘关系以及鉴定远缘杂种等方面具有重要的意义。

一、实验目的

1. 学习并初步掌握动物染色体标本制备的原理和基本方法。
2. 学习并初步掌握涡虫体细胞染色体计数与核型分析方法。
3. 了解显微摄影的基本操作程序和工作原理。

21-1 教学建议

二、实验内容

淡水三角涡虫染色体的制备、体细胞染色体计数及核型分析。

三、实验材料

淡水三角涡虫（*Dugesia*）。

21-1
试剂的配制

四、实验器具与试剂

由学生根据实验需要自行准备。

五、操作与观察

（一）涡虫再生组织的获取

取较健壮、饥饿1周以上的涡虫置干净载玻片上，待虫体伸长时，用经75%乙醇消毒的手术刀，将涡虫切成4～5段，置于盛有干净凉开水的小玻璃瓶或培养皿中，20～22℃培养，每日换水。待涡虫片段长出白色再生组织时（3～4 d），即可取材。

（二）涡虫染色体标本的制备

1. 涡虫再生组织的处理

（1）秋水仙素处理 用滴管取出已长出白色再生组织的涡虫片段置于小离心管内，用吸水纸吸去涡虫片段周围的水分，加入少量0.2 g/L秋水仙素溶液浸没涡虫片段，16～20℃处理12～16 h。

● 秋水仙素能使染色体停留在细胞分裂中期，但秋水仙素溶液浓度、处理时间均对实验效果有明显影响。浓度不够或处理时间过短，标本中的中期分裂相少；浓度过大或处理时间过长，虽然标本中中期分裂相多，但会引起染色体的过度收缩，难以计数分析。

（2）低渗处理 去秋水仙素溶液，取出涡虫片段于干净载玻片上，用手术刀切下涡虫再生组织置于小离心管内，加入0.5 g/L氯化钾低渗液约0.1 mL，16～20℃处理1 h后，1 000 r/min离心5 min，去上清。重复低渗处理1次。

● 低渗处理可以使细胞膨胀，染色体展开。低渗时间短，细胞膨胀不够，细胞膜不易破裂，以致染色体伸展不开；低渗时间过长，细胞过度膨胀，细胞膜过早破裂，会导致染色体过于分散，制片过程中易丢失。

2. 制片

（1）压片法

① 固定：用吸水纸将再生组织块周围低渗液吸干，加入新配制的Carnoy固定液，浸没涡虫再生组织，摇动小离心管，使再生组织充分接触固定液。20～25 min后，1 000 r/min离心5 min，去上清。重复固定2次。

固定的目的是什么？

② 染色：将再生组织转移到干净的载玻片上，滴加1滴碱性品红染液，染色30 min左右。用吸水纸吸去再生组织周围多余的染色液，滴少许45%乙酸于组织块上，以溶解黏附在载玻片上的细胞质而净化背景，数秒钟后吸去乙酸染液。

● 乙酸净化背景时间不得过长，否则会使已染色的染色体退色。

③ 压片：若制作临时装片，则将盖玻片置于组织块上，用铅笔的橡皮头轻轻敲击盖玻片，压碎组织后即可镜检。

● 压片力度很关键，用力太小，细胞膜不易破，染色体散不开；用力过猛，盖玻片易碎。

若制作永久制片，则将另一块干净的载玻片以与第一块载玻片垂直的角度压在再生组织上，用铅笔的橡皮头敲击载玻片，压碎组织。再将两块载玻片揭开，室温干燥后分别用中性树胶封片。

● 压片和揭开两载玻片时注意勿使玻片间发生位移，为什么？

（2）空气干燥法

① 固定：用吸管将经低渗处理的再生组织转移到载玻片上，吸去组织块周围低渗液。加入数滴固定液Ⅰ（$V_{无水乙醇}:V_{冰乙酸}:V_{蒸馏水}=2:3:4$），固定 30 s，吸去固定液。再加入数滴固定液Ⅰ，用解剖针迅速分离组织块，使细胞分散均匀。然后，加入数滴固定液Ⅱ（$V_{无水乙醇}:V_{冰乙酸}=1:1$），固定 30 s，吸去固定液，使其半干。最后加入数滴固定液Ⅲ（冰乙酸），固定 15 s，吸去固定液，室温干燥。固定液必须随用随配！为什么？

② 染色：干燥后的玻片，可立即用碱性品红染液染色 30 min 左右，然后用蒸馏水慢慢冲掉多余的染液，室温干燥。

③ 封片：干燥后的标本用中性树胶封片。

（三）涡虫再生组织细胞染色体的观察

将制备好的染色体标本片置显微镜低倍镜下观察，寻找细胞中期分裂相，选择染色体分散适中，形态清晰的中期分裂相，移至视野中央转高倍镜观察后，换油镜观察（图 21-1A）。

（四）涡虫体细胞染色体计数

选取染色体分散良好的细胞，统计细胞中染色体的数目。可按 1 个细胞中期分裂相中染色体分布的状态将其大致分为几个区域分别计数，然后总计，以避免重复计数或漏计。

● 确定某物种体细胞中染色体的数目，需要统计多个个体、多个细胞染色体的数目。

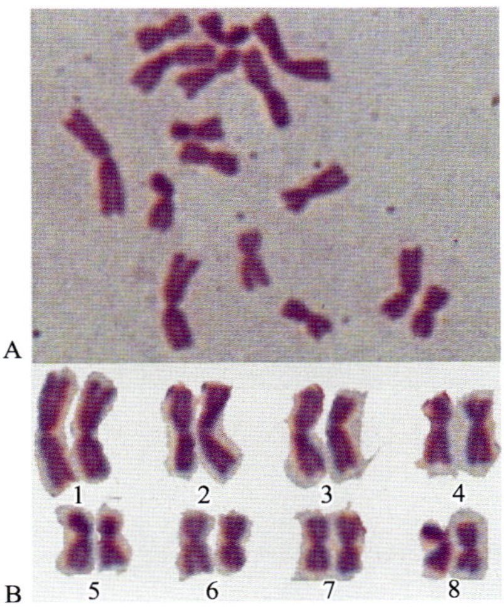

图 21-1　淡水三角涡虫再生组织细胞
A. 中期分裂相　B. 核型

（五）涡虫的核型分析

1. 图像采集

（1）采用数码相机进行图像采集

利用专用接口将数码相机接到显微镜上，显微镜油镜下拍摄细胞的中期分裂相。拍摄操作同一般的显微摄影。记录所拍摄的内容和拍摄条件备查。

然后将数码相机和计算机相连，将数码相机中拍摄的图片拷贝到计算机上相应的文件夹中。

21-2

传统显微摄影技术

● 文件夹名称和图片的文件名要明确，以便查找。

（2）采用 CCD 进行图像采集　首先，用专用接口连接显微镜和 CCD（charge coupled detector）摄像头，然后在计算机上安装 CCD 专用的图像采集分析软件。启动图像采集软件，调节标本移动器，使要拍摄的图像位于视野中央（计算机视窗中显示的图像范围一般比从目镜中观察到的视野小）。

调节白平衡，使计算机视窗中显示的图像与目镜中观察的图像色彩一致。调节显微镜的细调焦螺旋，使视窗中图像达到最清晰。

● 有时 CCD 与观察者眼睛焦平面不一致，拍摄时以 CCD 的为准。

选择合适的图像分辨率，按下拍摄按钮记录图像。浏览所拍摄的图像，符合要求者，给予命名并保存到指定的文件夹中；不符合者则删除。记录所拍摄的内容备查。

● ①图像分辨率越高，记录下的图像文件越大；②图像采集毕，按要求清洁油镜头。

2. 图像处理

利用数码显微镜配装的图像分析软件或者 Adobe Photoshop 等图像处理软件对拍摄的图片进行裁剪，并调节图片反差、亮度等。

3. 涡虫的核型分析

① 从所获图像中选取 5 个着丝粒清楚、染色体较平直且无重叠、分散好、背景清晰的细胞中期分裂相，放大打印。将打印图片中每个细胞的全部染色体一一剪下，分别用于核型分析。

② 测量各条染色体的全长、长臂长和短臂长，在此基础上计算每条染色体的相对长度、臂比、着丝粒指数，填入染色体测量及核型参数表中（表 21–1）。

表 21–1 染色体测量及核型参数表

编号	测量数据			核型参数			染色体类型
	长臂 /mm	短臂 /mm	全长 /mm	相对长度	臂比	着丝粒指数	
1							
2							
3							
4							
……							

21-3

染色体形态学特征及核型参数

根据核型参数，结合次缢痕的有无和位置、随体的有无及其形状和大小等，就可按染色体分类标准对染色体进行分组、配对、排序、编号等核型分析。

21-4 涡虫核型的多样性

也可以用 Motic Images Advanced 3.2 等软件直接测量照片中每条染色体的全长、长臂长度和短臂长度；利用 Excel 的相关计算、排序功能，进行染色体的相对长度、臂比和着丝点指数等数据计算、排序。

21-5 用染色体分析软件进行核型分析

③ 用胶水将染色体按分类编号顺序贴在一张纸板上，同源染色体成对排列，其着丝粒排列在同一水平线上（图 21-1B）。

六、问题与思考

1. 根据实验体会进行小结，欲获得染色体分散适中，形态清晰的细胞中期分裂相，在染色体制备过程中，应把握好哪些关键性操作步骤？

2. 在核型分析中可能遇到的主要问题是什么？如何解决？

七、拓展性实验

随着染色体数目的增多，基于染色体的形态和结构特征进行染色体鉴别时，如果仅仅依靠形态学特征将它们一一区分开几乎是不可能的。试探讨如何解决这一难题。

实验报告

（黄诗笺　谢志雄）

实验 22

软体动物齿舌的制片观察与分析

齿舌（Radula）是软体动物特有的取食器官，除瓣鳃纲、腹足纲和头足纲的个别种类外，绝大多数软体动物都有齿舌。齿舌上小齿数量、大小、形态和排列方式等特征常因种类而异，因此其形态特征在研究软体动物的分类、系统发育和摄食机理等方面具有重要意义。此外，齿舌还是研究生物矿化作用的良好材料。

一、实验目的

1. 学习齿舌光学显微镜和扫描电子显微镜样品的制备方法。
2. 通过观察，了解齿舌在分类上的意义及其与环境之间的适应关系。

二、实验内容

1. 齿舌的分离。
2. 齿舌样品的制备与观察。
3. 常见软体动物齿舌的形态描述及比较与分析。

三、实验材料

根据不同地区特点选取软体动物，如淡水及陆生的田螺、环棱螺、纹沼螺、萝卜螺、普通蜗牛、褐云玛瑙螺等；海产种类可以选石鳖、滨螺、滩栖螺、织纹螺等。实验材料采集后用10%福尔马林（甲醛溶液）或70%乙醇固定待用。选用属于不同类群的3～5种进行实验。

- 所选实验材料要有代表性。

四、实验器具与试剂

由学生根据实验需要自行准备。

五、操作与观察

（一）齿舌的分离

1. 去壳

用镊子或尖嘴钳子将壳夹碎，去除贝壳，取出软体部分。腹足纲后鳃亚纲和头足纲的种类无外壳，直接进入下一步。

2. 剥离口球

剪开外套膜，露出体前端的头部，用眼科剪剪开头部表皮肌肉组织，暴露出口球，剪断其与后端食道的连接，取出口球。

如何判断口球的位置？

3. 分离齿舌囊

在体视显微镜下用尖头镊子小心将口球表面的肌肉撕开，即可看到齿舌囊，然后尽可能多的将口球表面的肌肉去除。

● 去除肌肉的过程不要伤及齿舌囊。

4. 分离齿舌

将齿舌囊放入盛有 20～50 g/L 氢氧化钠或氢氧化钾的小指管中，溶解肌肉组织促使齿舌系带分离，室温下浸泡 2～24 h。（也可放入盛有 50 g/L 氢氧化钠或氢氧化钾的试管内煮沸 10～15 min。）

● 不同种类需要浸泡的时间不同。

5. 清洗

将小指管的样品倒入培养皿，用解剖针将齿舌放入盛有双蒸水的指管中，于超声波清洗器内清洗 5～15 min（也可在体视显微镜下，用镊子仔细清除齿舌周围腐蚀的组织碎屑），然后用双蒸水（或去离子水、蒸馏水）浸洗到无组织碎屑沉淀。

● 超声波清洗时间不要过长。

6. 脱水

将干净的齿舌样品依次置于 50%、70%、95%、100% 乙醇中脱水各 15 min。光学显微镜观察临时装片的样品不需脱水。

22-1
齿舌标本制作过程中需要注意的问题

（二）齿舌样品制备与观察

1. 光学显微镜样品制备与观察

在体视显微镜下将清洗干净的齿舌带轻轻展开，有齿一面向上，盖上盖玻片。然后置于光学显微镜下观察，低倍镜下测量齿舌带的长度和宽度，用手动计数器记录齿舌的行数和列数，高倍镜下分别观察中央齿、侧齿、内缘齿和外缘齿的齿式和形态。

2. 扫描电镜样品制备与观察

用乙醇将扫描电镜样品台擦净，贴上双面胶（或导电胶），用吸管将经脱水处理的齿舌带转移到样品台的双面胶上，有齿的一面朝上，然后用尖头镊子或解剖针展平齿舌带。样品经自然干燥后喷金，即可在扫描电镜下观察、拍照（图 22-1）。

● 光镜观察、扫描电镜粘贴齿舌带样品时，必须使有齿一面向上，且要完全伸展开。

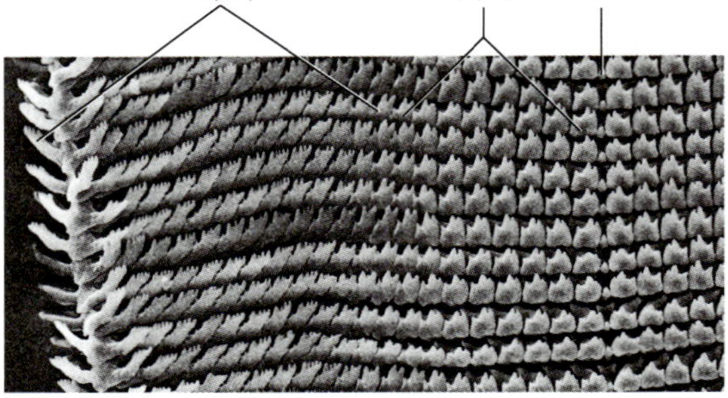

图 22-1 一种萝卜螺的齿舌

（三）齿舌的形态描述、比较与分析

1. 齿舌的形态描述

参照表 22-1，将在光学显微镜或扫描电镜下测量的齿舌带的长、宽，记录的齿舌行数和列数，观察的横列齿形态等，填入表中；写出齿式，描述齿形。

表 22-1 不同种类齿舌的形态结构

种类	齿舌带长度	齿舌带宽度	齿舌行数	齿舌列数	中央齿	侧齿	内缘齿	外缘齿
1								
2								
3								
……								

2. 齿舌特征的比较与分析

（1）比较不同种类软体动物齿舌的行数和列数、中央齿的形态和类型（单齿型、双齿型和多齿型）、侧齿和缘齿的形态和数量，分析各类软体动物齿舌特征与其生活方式的关系，及其在软体动物分类上的意义。

（2）比较同一种软体动物不同个体之间齿舌特征的差异，分析其差异的存在是否影响齿舌作为软体动物的一个分类指标。

22-2
齿舌的分类学特征及在分类上的应用

（四）萝卜螺齿舌扫描电镜观察示例

形态描述：每一排由 61 个齿组成，齿式为 16−14−1−14−16。中央齿 1 列，基部宽，圆锥形，顶端偏向左侧，尖锐；侧齿 14 列，上缘尖齿 3 个，尖锐，中间尖齿最发达；缘齿 16 列，最内侧的缘齿与其他缘齿明显不同，顶端具 3～4 个大小不一致的尖齿，而其他缘齿顶端具 4～5 个大小相对一致的尖齿，左侧另有一个小的尖齿（图 22−2）。

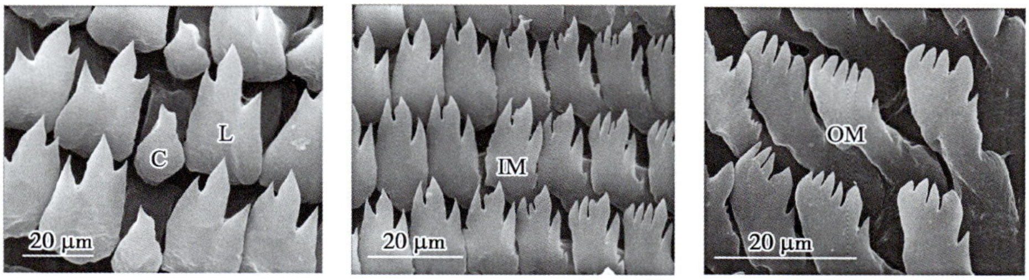

图 22−2 一种萝卜螺的齿舌（扫描电镜照片）
C，中央齿；L，侧齿；IM，内缘齿；OM，外缘齿

六、问题与思考

1. 通过实验，总结如何描述齿舌的形态结构特征？

2. 通过不同类群齿舌形态结构的比较，分析齿舌特征在软体动物分类上的应用以及齿特征的变异性？

七、拓展性实验

1. 查阅资料，制作齿舌染色的永久玻片标本。

2. 查阅资料，设计实验，分析齿舌类型与生活环境的适应性。

（舒凤月）

实验 23
虾体色调节实验

动物体色随环境而变化是生物的适应性特征。甲壳动物的生理变色是通过其表皮以下色素细胞内色素颗粒的移动来实现的，而色素颗粒的聚集或分散受动物眼柄内的神经分泌器官（X 器官 – 窦腺复合体）分泌的激素调节。研究动物激素最基本的方法是切除疑有分泌某种激素功能的器官或组织，观察切除后动物出现的体征或症状；再将另一动物的该器官或组织移植（或该器官组织的提取液注射）到被切除这一器官或组织的动物体内，观察切除后出现的体征或症状能否消失，恢复正常，以初步确定该器官或组织是否有分泌功能以及所分泌激素的调节作用。因此，采取类似的方法即可确定产生调节虾体色的激素的内分泌器官存在于动物的眼柄。

一、实验目的

1. 学习虾体色调节实验的一般方法。
2. 通过实验，了解虾类生理性变色受眼柄中神经分泌器官分泌的激素调节。

二、实验内容

23-1
动物的体色

1. 虾的生理变色实验。
2. 虾的体色调节实验。

三、实验材料

小型活虾（如沼虾、糠虾等）

四、实验器具与试剂

由学生根据实验需要自行准备。

五、操作与观察

实验中各组虾的数量由学生根据自设方案而确定，宜多不宜少，每小组虾不得少于 3 只。

（一）虾的生理变色

将虾分为两大组，分别置光照处和暗处的玻璃水槽内经日晒存放的自来水中，适当充氧。2 h 后，肉眼观察 2 组虾体色的深浅。然后在体视显微镜下观察，注意分别在光下和暗处的虾各种色素细胞内的色素颗粒是聚集于色素细胞中央，还是分散在色素细胞的突起中（图 23−1）。记录实验结果。

实验用虾有几种色素细胞？它们的分布如何？

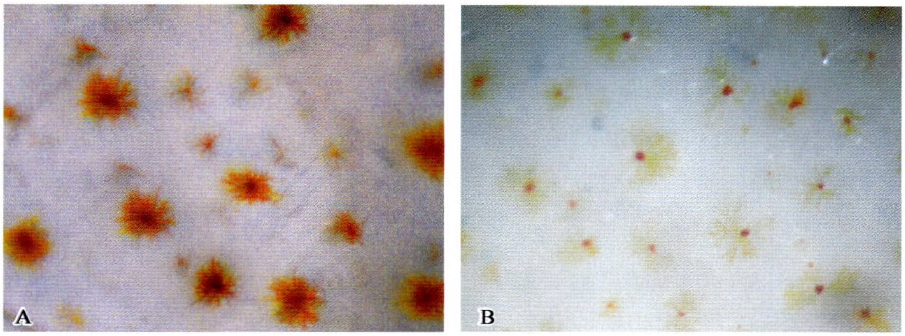

图 23−1　虾的色素细胞
A. 色素颗粒分散在色素细胞的突起中　B. 色素颗粒聚集于色素细胞中央

（二）切除眼柄的效应

1. 剪除眼柄

将以上两组虾各留少数不去眼柄外，用眼科剪剪去其余虾的眼柄。待两组去眼柄虾切口处血液凝固后，分别放于 2 个玻璃水槽中。

剪下的眼柄用于制备眼柄提取物，若不及时处理，则应放置冰箱保存。

2. 不同光环境处理

将原在光照下的未去除眼柄虾和部分去除眼柄虾分别置暗处；原在暗处的未去眼柄虾和部分去眼柄虾分别置光下（图 23−2）。其余的去眼柄虾用于体色调节实验。

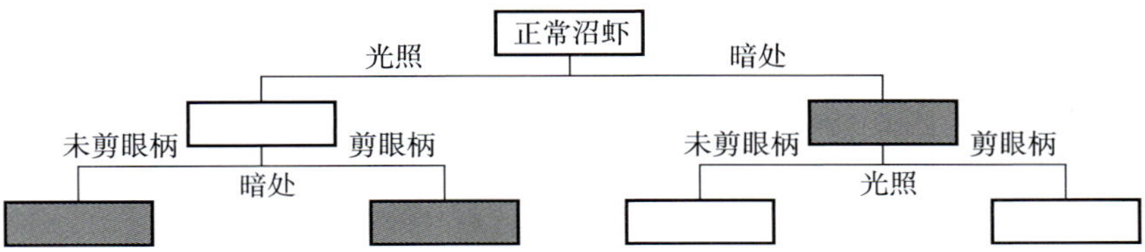

图 23−2　切除眼柄的效应实验中光环境处理示意图

3. 观察

2 h 后，分别用肉眼和体视显微镜观察各组虾体色的变化及其色素细胞内色素颗粒的分布，记录实验结果并进行分析。

（三）虾体色调节实验

1. 制备虾眼柄提取液和肌肉提取液

为什么要用海水或模拟海水配制眼柄和肌肉提取液？

眼柄提取液：将眼柄置于研钵或匀浆器内，加入海水或模拟海水研磨成匀浆，倒入离心管中，沸水浴 5 min 后，于 2 500～3 000 r/min 离心 5 min，取上清即眼柄提取液。按此法制备 1 g/mL 的眼柄提取液。

23-1

模拟海水的配制

肌肉提取液：制备方法同上。

2. 注射

将前面实验中保留的 2 组去眼柄虾进行以下处理：

注射肌肉提取液和海水或模拟海水在实验中起什么作用？

将原置光照下的去眼柄虾分为 4 组。1 组不注射，另 3 组按 25 μL/g 体重分别注射眼柄提取液、肌肉提取液和海水或模拟海水于虾腹部肌肉内。

将原置暗处的去眼柄虾同上处理。

3. 不同光环境处理

（1）将原在光下的未注射的去眼柄虾分成 2 组，分别置于光下和暗处。

（2）将原在光下的已注射的 3 组去除眼柄虾各分成 2 组，分别置光下和暗处。

（3）将原在暗处的未注射的去眼柄虾和已注射的 3 组去眼柄虾同（1）、（2）处理（图 23-3）。

● 注意给每组虾编号，并做好相关实验记录。

4. 观察与分析注射眼柄提取液的效应

虾的体色变化受什么调节？该调节物质使色素颗粒如何移动？

2 h 后，先用肉眼观察各组虾体色的变化，再用体视显微镜观察各组虾色素细胞内色素颗粒的分布。分析实验结果，探讨虾色素颗粒移动规律及其调节机制。

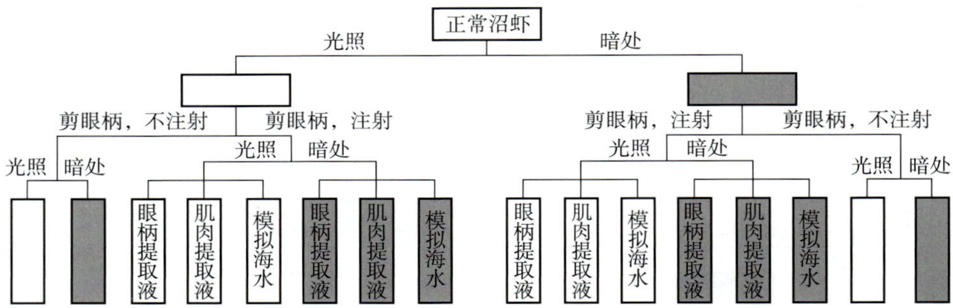

图 23-3 虾体色调节实验中光环境处理示意图

六、问题与思考

1. 该实验的原理是什么？

2. 该实验中有哪些对照实验？对照实验有什么作用？

3. 查阅文献，结合实验结果，探讨甲壳类动物体色调节机制。

七、拓展性实验

1. 设计另一实验，证明虾控制色素细胞内色素颗粒移动的激素来源于眼柄。

2. 设计实验，探讨在不同色光环境中虾的各种色素细胞内色素颗粒移动的一般规律及其调节。

（黄诗笺）

实验 24 动物宏观标本的制作

如同有机体的分子、细胞等微观特征，动物的器官、外形等宏观特征也承载着其个体和系统发生的信息。这些信息为动物学研究提供了直接的实物依据。保留这些信息最直接的方法就是制作能长期保存的宏观标本。依照其性质和作用，动物宏观标本可分为两种类型：一种是用于科普展示的姿态标本，可以反映动物生活时的姿态；一种是制作程序简单、便于保存的研究标本，例如鸟类的假剥制标本。这些标本在进行动物分类、进化等科学研究中具有重要的作用。

一、实验目的

1. 学习昆虫展翅标本的制作方法。

2. 学习鱼类骨骼标本的制作方法，了解硬骨鱼类骨骼的基本组成及与其他器官的位置关系。

3. 学习脊椎动物脑标本的制作方法，了解脊椎动物脑部形态的进化及其生物学意义。

4. 学习鸟类假剥制标本的制作方法，了解此类标本在科学研究中的应用。

二、实验内容

1. 昆虫展翅标本的制作。

2. 鱼类骨骼标本的制作。

3. 各类脊椎动物脑浸制标本的制作。

4. 鸟类假剥制标本的制作。

三、实验材料

鳞翅目蝶、蛾类或蜻蜓目昆虫，鲤鱼、鲫鱼及其他体型较小的鱼，青蛙或牛蛙，蜥蜴，家鸡或家鸽，小鼠、大鼠或家兔。

24-1
昆虫标本的采集与保存

四、实验器具与试剂

根据实验需要，由学生自行准备。

24-2
试剂的配制

五、操作与观察

（一）昆虫展翅标本的制作

1. 针插固定

① 软化处理。将采集到的已干硬的虫体进行软化，以便展翅。在干燥器底部注入清水，加入数滴防腐剂，如甲醛或苯酚等。在水面上部的有孔瓷盘上铺 1 层滤纸，将昆虫材料放置其上，加盖密封 1 ~ 2 d 即可（如果采集后及时制作标本，可省略这一步）。还软后，用镊子小心夹住已软化昆虫的身体部分，从干燥器内取出，放在展翅架上。

② 根据虫体大小选择长短和粗细适宜的昆虫针，蝶、蛾类昆虫宜用 00、0 或 1 号针。

③ 将一根昆虫针从虫体中胸背部正中插入，由腹面穿出，然后垂直插入展翅板的凹槽中固定。展翅架由两条展翅板和中央的槽子构成，槽子用于放置昆虫身体，其宽度可根据虫体的大小移动展翅板进行调节。展翅架的木质以软木为宜。

● 插入的昆虫针针头至昆虫背部的长度约为昆虫针长度的 1/3，以便拿取。

2. 展翅整姿

24-1
鳞翅目昆虫展翅标本的制作

在展翅板凹槽适宜位置放一棉球，将虫体放置在展翅架上，使棉球处于虫体下方，以免干燥过程中虫体腹部下垂，并能使翅平铺在展翅台上。用小镊子或昆虫针拨动一侧前翅使之向前伸展，至其后缘与虫体垂直，并使后翅前缘紧贴前翅后缘；将触角沿着展开的前翅边缘展开，然后用光滑透明的纸条平压前翅和后翅，并用大头针固定；另一侧采用同样方法平展前翅和后翅（图 24–1）。

图 24–1　昆虫展翅标本的制作
示展翅整姿

● 不要让后翅覆盖前翅，同时要注意左右两翅的对称。

3. 干燥和收纳

① 将整理好的虫体置于阴凉通风处晾干或烘箱内烘干。每一制作完毕的

标本都须有采集标签，内容包括昆虫学名、采集地、采集时间和采集者姓名等信息。

24-1
昆虫针插标本的针插位置

② 虫体干燥后，小心去除固定纸的大头针和覆盖翅膀的纸，将虫体从展翅台上取下。把标签插入固定虫体的昆虫针下方，用盛有樟脑丸的收纳盒密封保存。

（二）鱼类骨骼标本的制作

1. 煮制法制作鱼骨骼标本

（1）去鳞除脏

选取体长 30 cm 左右新鲜完整的鱼，置解剖盘内。用解剖刀刮去鳞片，除掉鳃；用剪刀从肛门沿腹中线向前剪至腹鳍处，连同腹鳍卸下腰带后，再剪至下颌腹面，暴露体腔，取出内脏，清水洗净鱼体。

● 除去鳃、剪开腹壁时，注意不要损坏鳃盖骨和腰带、腹鳍骨块。

（2）剔肉去脂

① 用解剖刀从背鳍两侧切除背部轴上肌，沿肋骨除掉腹部轴下肌，尽量刮除肋骨间肌肉和尾部两侧的肌肉。从第 2～3 节椎骨处横切以分离头部与躯干，摘除眼球。从枕骨大孔处用镊子清除脑髓，并用清水冲洗。

● 操作中切勿折断肋骨。

② 将鱼头和已除去大块肌肉的躯干浸没于洗衣粉水（质量浓度：5g/L）中，加热至沸腾（此步骤也有脱去骨骼中油脂的作用）。当肌肉变软时，即可将鱼头与躯干取出。用牙刷和镊子将肋骨间残留的肌肉以及头骨、鳍条上的肌肉清除，并用水冲洗干净。

● ①头部煮沸时间不宜太长，以防骨块脱散。②脱散的骨块按其原来位置，依次放置，待粘接。

（3）漂白　将脱脂后的鱼骨骼置于 10% 过氧化氢溶液的有盖容器中，浸泡 1 d。然后将骨骼冲洗干净，凉干即可粘接。

（4）粘接与固定

① 将离散的骨块按其原来的位置和姿态，用乳胶粘接。

② 将铅丝穿过各个椎骨的椎管，固定脊柱；向前延伸穿入头骨，将头骨与脊柱固定在一起。用细铅丝将胸鳍、腹鳍和臀鳍分别固定在恰当位置上。

③ 用 2 根较粗的铅丝作为支撑杆，将其下端固定在一块木质或塑料泡沫底板的合适位置上，然后把铅丝上端插入鱼两侧肋骨之间，调整已粘接好的鱼骨骼高度，把两铅丝上端分别固定于鱼胸部椎骨和尾部椎骨处，即制成鱼骨骼标本。

2. 鱼透明骨骼标本的制作

（1）取材　选用体长 10～20 cm 的较小型新鲜活鱼为好，去除鳞片，以小的切口取出内脏，洗净。

● 操作过程中，尽量减少对体壁和骨骼的损伤。

（2）固定　用细线将材料固定在大小适宜的玻璃板上，整理好标本的姿态，放入 95% 乙醇的标本瓶中固定。固定时间视材料的大小而定，一般为 3～7 d。期间需更换 1～2 次固定液。

（3）透明　将固定好的材料用流水缓慢冲洗 1 d，放入 10～30 g/L 氢氧化钾溶液，浸制透明 2～5 d。浸泡时间依材料大小和室温确定。当肌肉呈半透明状，里面的骨骼隐约可见时即停止。如浸制后肌肉未出现半透明状，则需更换一次透明液。肌肉较厚大的部位，可于透明前在肌肉的不同部位分次注射少量 100g/L 氢氧化钾溶液。

● 如浸制过火，肌肉会因腐蚀过度而与骨骼离散。

（4）染色　将透明好的材料浸入茜素红染液，浸泡 1～2 d，至骨骼染成红色为止。

（5）脱色　材料经染色后呈紫红色。为显示骨骼结构，需脱去附着于肌肉上的颜色。将材料放入试剂Ⅰ（20 g/L 氢氧化钾溶液 30 mL，甘油 30 mL，蒸馏水 60 mL），浸泡 1～2 d；再将其放入试剂Ⅱ（氢氧化铵溶液 30 mL，甘油 30 mL，蒸馏水 60 mL），浸泡 1～2 d。脱色期间，可放置在阳光下，至肌肉由紫红色褪成淡粉红色为止。

（6）漂白　用 8% 过氧化氢溶液浸至肌肉完全透明。

● 不要褪去骨骼内的颜色。

（7）脱水　材料经上述处理后，依次浸入 25%、50%、75% 和 100% 甘油中脱水，每个浓度 2～4 d。

（8）保存　用注射器抽去材料内肉眼可见的气泡，放入纯甘油中保存。可加入少量麝香草酚防腐。

（三）脊椎动物脑浸制标本的制作

各类脊椎动物脑浸制标本基本制作方法类同，在此介绍基本制作方法。

1. 取材

用剪刀或骨钳由枕骨大孔以下截取动物的头部，剥去皮肤，去除大块肌肉。

2. 固定和软化

将初步处理的动物头部直接浸入 10% 福尔马林－盐酸溶液，固定并软化 1～3 d，取决于动物头部大小。当解剖针触头骨有柔软的感觉时，即可取出。

福尔马林和盐酸各有何作用？

3. 冲洗

将材料放入适当大小的烧杯中，流水冲洗 2 h 左右，除去药品异味。

24-2

脊椎动物脑浸制标本的制作

图 24–2 用棉线固定好的脊椎动物脑标本

24-2

有关脑大小进化的研究

4. 剥离

用镊或剪将头部肌肉小心清除，露出颅骨。分离颅骨与脑组织时，不同动物剥离要点不同。对于鱼类，从眼眶处开始，沿体长轴方向剪开头部背面骨骼，再从两纵切口的两端间横剪，小心地移去头部背面骨骼，使脑组织显露；然后，用眼科剪和眼科镊小心剥离出完整的脑。注意保护视神经和嗅束，以保持眼球和嗅球与脑组织连接的完整性。对于其他动物，从枕骨大孔沿头骨向背上方向剪一切口，然后用剪刀或镊子小心除去切口两侧的头骨，直至分离出完整的脑。将其置于解剖盘中，加入清水以免干燥。

● 剥离过程中，随时参看各动物脑模式图，确定剥离部位的位置，避免损伤脑组织。

5. 漂白

把脑浸入 4% 过氧化氢溶液，漂白 12 ~ 24 h。然后，用流水缓缓冲洗 1 ~ 2 h。此过程中，用眼科剪，镊子或毛笔小心清除附着在脑组织上的碎屑。

6. 硬化

把漂白后的脑组织按自然状态摆好，用毛笔吸取 15% 福尔马林溶液，轻涂于脑表面，置于阴凉通风处约 40 min。重复此操作多次，至用镊子轻触脑，感觉到有一定韧性。

7. 保存

把剥制好的各脊椎动物脑单个、或按脊椎动物进化顺序由下至上排列，用白色棉线固定在蓝色玻璃板或黑色橡胶板上（图 24–2），浸入盛有 10% 福尔马林溶液的标本瓶内，瓶口涂抹凡士林，加盖密封。

（四）鸟类假剥制标本的制作

1. 测量和制签

观察鸟类的外部形态，进行鸟体测量，并制签，内容包括采集编号、物种名、采集时间、地点、采集人和测量结果。

2. 处死

一般在制作前 1 ~ 2 h 处死为宜，这样可使鸟体内血液充分冷凝，避免血液污染皮毛，且身体僵冷时易于剥制。用压迫法或箍颈法处死，操作见实验 14。

3. 去污和避污

用湿棉球擦拭羽毛等处的污秽物，并用石膏粉扑撒在羽毛上，使之干燥。用棉花堵塞口部和泄殖腔孔，以防污物流出。

4. 剥皮

① 将鸟腹部向上置于解剖盘内，用镊子夹起泄殖腔孔前的皮肤，然后剪开一个切口，把羽毛向两侧适当分开，沿腹中线将皮肤剪至胸部。

② 一只手牵起已剖开皮肤的边缘，另一只手持手术刀，分离胸腹部皮肤，至两侧腋部。当向下剥离至两腿的股骨和胫骨皮肤时，用剪刀（大的物种需用骨钳）将股骨与胫骨间的关节剪断（图 24-3A），然后将胫骨上的肌肉剔除；在剥离至尾部时，剪断尾综骨处，使后部躯体与皮肤分开。

③ 把分离的皮肤向身体前方脱下，分离皮肤与背部肌肉。

④ 剥离至翅膀时，将肱部拉出，从肱部中央处剪断（图 24-3B）。剥离皮肤至腕骨关节，将肱骨、桡骨和尺骨上的肌肉清除干净。

● 在剥至尺骨时，注意不要拉破皮肤和扯脱羽翼。

⑤ 剥离颈部和头部皮肤，至眼部时，用眼科剪将眼睑边缘的薄膜剪开，完整地取出眼球；分离头部皮肤至喙基，用镊子抽出舌头。左手捏住颈项，右手持剪在颈基部剪断（图 24-3C）。

⑥ 用剪刀沿枕骨大孔剪去少许枕骨，以扩大枕骨孔，用镊子将脑取出，并用棉球擦拭颅腔。

5. 防腐和防虫

检查剥下的鸟皮，用湿棉球拭洗羽毛上的血迹和污斑；将皮外翻，用镊子夹住棉球或用毛笔蘸上硼酸防腐粉涂抹皮肤内面，以及颅腔和眼眶内。

6. 填充

用压实棉球填充眼窝；仿造鸟体，用一根竹棍为轴心，包缠棉花成为一个外形与鸟体一样的假体，然后把皮肤套在假体外面；使得头、胸、腹和尾呈直线。腿部填充时，在两腿胫骨上涂上防腐膏，缠上棉花，仿照原来形态，上大下小，然后填充。调整腿部和翅部，填补未填充好的部位。

7. 缝合和整形

用针缝合切口，保持一定针距，不外露假体，理顺羽毛覆盖缝线，然后用牙刷或镊子整理着生羽毛部位的皮肤，使其符合自然状态下的羽序和着生位置。

图 24-3 鸟类假剥制标本的制作
A. 剥离皮肤至腿部时，剪断股骨与胫骨间的关节间的关节 B. 剥离皮肤至翅时，从肱骨中部剪断肱骨
C. 剥离皮肤至头部喙基时，在颈基部剪断颈

要特别注意恢复头部和颈部皮肤的原始形态，保持原有体长。

8. 系签

将备好的标签用线系于标本的一侧跗蹠上。

9. 定形

将修饰好的标本，用一层平展的棉花从外包缠，保存在干燥处，直至皮肤干透、羽毛完全定位为止。

24-3
鸟类假剥制标本的制作

六、问题与思考

1. 什么是正模、副模标本？
2. 剥制标本集中保存时，为何要经常进行消毒处理？

七、拓展性实验

1. 采用煮制法制作两栖类、鸟类和小型哺乳动物的骨骼标本，比较脊椎动物骨骼系统的演化发展规律。

2. 制作蛙、蜥蜴、鸟、鼠等小型脊椎动物胚胎时期和成体的透明骨骼标本，观察个体发育过程中骨骼系统的建成。

24-3
各类动物宏观标本制作的相关文献

3. 制作小型哺乳动物的假剥制标本。

（张丽霞）

实验 25 小鼠走迷宫

学习和记忆是神经系统高级中枢的重要机能之一。学习是神经系统不断接受环境刺激而获得的行为习惯或经验，获得的行为习惯或经验维持一定时间的能力就是记忆。动物的学习和记忆能力对其适应生存环境具有重要意义。在人为设置的迷宫里，动物通过不断感受复杂通道的结构，调整和改进自己的行为。随着训练次数的增多，条件反射逐渐建立，以至在其大脑皮层形成记忆。这个过程可以通过记录动物搜寻食物的时间长短加以评价。

一、实验目的与内容

1. 通过观察、分析小鼠学习和记忆的过程，理解大脑在动物行为机制建立中的作用。

2. 通过实验，了解影响动物学习和记忆能力的因素。

3. 通过实验，了解数据统计分析在科学研究中的重要作用。

25-1 小鼠走迷宫实验在生物医学研究中的应用

二、实验内容

测量在不同条件和训练次数下，小鼠走出迷宫找到食物所花费的时间。

25-2 小鼠走迷宫实验的拓展

三、实验材料

小鼠。

四、实验器具与试剂

由学生根据实验需要自行准备。

五、操作与观察

（一）迷宫设置

①为什么同一实验组小鼠个体条件要求一致？②训练中的间隔时间对实验结果有何影响？③为什么增加实验小鼠的数量可以提高结果的可信度？

用硬纸板或木板构建迷宫，挡板高度以小鼠不能爬上为宜，上面也可以覆盖玻璃板。迷宫构造可以自行设计，图 25–1 是一个参考方案。

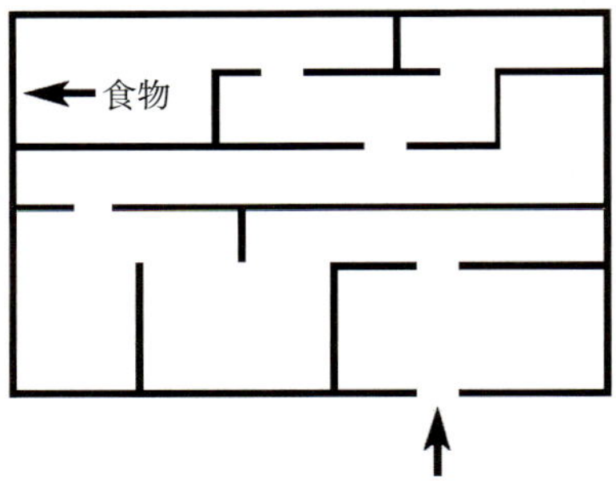

图 25–1 迷宫设计 1 例

（二）记录小鼠迷宫行走时间

选择健康、活泼的小鼠 5 只，要求性别、年龄和体重一致。实验前饥饿 1 d，但提供饮水。如果实验室气温较低，则注意保温。

在迷宫内特定位置放置小鼠喜欢的食物，取小鼠 1 只，放到迷宫入口，记录其找到食物所需时间。

每隔 5 min 对同一只小鼠重复一次上述实验。每只小鼠每天共进行 6 次实验，直至小鼠能迅速地走出迷宫。将每天的结果记入表 25–1。

● 训练时，必须掩蔽食物的气味，保持室内安静，避免其他刺激因素的干扰。

表 25–1 同样性别、年龄和体重的小鼠走出迷宫所需要的时间（min）

实验次数	小鼠编号				
	1	2	3	4	5
1					
2					
……					
6					

（三）数据处理

根据实验得到的原始数据，分别求出 5 只小鼠每次实验找到食物所需时间的平均值。以实验次数为横坐标，找到食物的时间为纵坐标，建立直角坐标系。把求得的均值标在坐标纸上并连接各点，从而得到实验次数与寻找时间的关系曲线。观察曲线的变化趋势并进行分析。然后，以天数为横坐标，每天 5 只小鼠每次行走时间的平均值为纵坐标，建立直角坐标系，绘制天数和实验次数与寻找时间的关系曲线并进行分析。

以上计算和绘图也可在计算机上用 Excel 软件完成。

25-3 科学数据的分析

（四）个体条件不同时学习与记忆能力的比较

选择不同性别、年龄和体重的小鼠，如上分别进行走迷宫实验，每种条件实验小鼠的数量不应少于 3 只。结果记入表 25−2（只提供了性别实验结果记录的例子）。自行考虑相关数据处理。

小鼠学习能力有无性别、年龄、体重等差异？

表 25−2　不同性别的小鼠走出迷宫所需要的时间（min）

实验次数	雄性小鼠编号			雌性小鼠编号		
	1	2	3	1	2	3
1						
2						
……						
6						

六、问题与思考

1. 不饥饿与饥饿小鼠寻找食物所花费的时间有何差异？

2. 通过小鼠走迷宫实验，分析学习和记忆行为与动物的性别、年龄和体重等的关系。

七、拓展性实验

1. 设计小鼠走迷宫实验，考察烟、酒、噪音、室内污染等因素对小鼠学习与记忆能力及健康的影响，并预测这些因素对人类健康的影响。

2. 设计实验，检测小鼠的个体识别能力。

（卢　欣）

实验26

种群在资源有限环境中的逻辑斯谛增长

在自然条件下，因受空间、食物等必需资源的限制，动物种群不可能持续地按几何级数增长。随着数量的上升，个体间对资源的竞争相应增加，以致影响种群的出生率和存活率，使种群增长率下降，种群数量停止增加甚至下降。逻辑斯谛（Logistic）方程是描述在资源有限的条件下种群增长规律的一个最佳数学模型。

在适宜温度条件下，草履虫每天分裂1次。当培养液有限时，经过一定的时间，其分裂受到限制；如果不补充营养液，种群密度将饱和甚至下降。其种群增长规律符合逻辑斯谛模型。当培养温度不同时，以及当种间竞争存在时，模型的参数将会发生变化。了解这些变化可以更好地理解种群增长规律与环境因子的关系。

一、实验目的

1. 了解种群增长是受环境条件限制的。
2. 了解不同环境条件下种群增长的规律。
3. 了解种间竞争存在时种群增长的规律。

二、实验内容

监测草履虫实验种群的数量变化。

26-1

草履虫在生态和环境科学研究中的应用

三、实验材料

草履虫原液（纯培养）。

四、实验器具与试剂

由学生根据实验需要自行准备。

五、操作与观察

（一）单一温度培养条件下种群数量的变化

1. 草履虫的纯培养

参见“实验 18　草履虫的克隆培养与接合生殖”。

2. 确定原培养液中草履虫的密度

（1）处死　用移液管吸取 0.5 mL 草履虫原液放入小离心管中，然后加入 5% 乙酸溶液 50 μL，混匀，用以杀死草履虫，以便于计数。

● 乙酸浓度不可过高，否则将使草履虫解体，影响结果。

（2）计数　用移液管从小离心管中吸取草履虫处死液 50 μL，分 5 小滴滴于载玻片上。在体视显微镜下，使每 1 小滴的面积包括在视野之内，直接统计其内所有草履虫的数量。

有其他减少重复计数可能性的办法吗？

按上述方法依次反复取样 10 次，推算草履虫原液中的平均密度（只 /mL）。

26-2

其他计数草履虫的方法

3. 种群数量监测

取草履虫培养液 200 mL，置于三角瓶中。加入一定量草履虫原液，使草履虫密度为 5～10 只 /mL。依上述方法计数，以确定培养液内第一天草履虫的种群密度。

用清洁纱布罩上三角瓶口，18～20℃恒温箱中培养。每天定时计数 1 次（方法如上述）。草履虫种群密度的增长一般在第五、六天达顶点。此后再计数 2～3 d。

如果草履虫密度很高，可采用何办法提高计数的速度和准确性？

4. 数据分析

（1）数据录入　把每天草履虫密度的测量结果录入 Excel 软件。

（2）逻辑斯谛方程拟合　种群在有限环境下的增长符合逻辑斯谛方程：

$$\mathrm{d}N/\mathrm{d}t=rN\left[(K-N)/K\right]=rN(1-N/K)$$

式中的 N 是在时间 t 时的种群数量，K 是环境条件所允许的种群数量的最大值，r 是种群的瞬时增长率。

该模型有 2 个基本假设：

① 设想存在一个环境条件所允许的种群数量最大值 K，当种群数量达到 K 时，不再增长，即 $\mathrm{d}N/\mathrm{d}t=0$。

② 假设制约种群增长的因素是简单地与个体数量的增加成正相关。

（3）计算 K 值　以培养天数为横坐标、种群数量为纵坐标，在坐标纸上描点。可采用以下方法之一：

① 平均法：种群数量达到平衡点的当天与之后数天观测数据之和的平均值即为 K 值。例如草履虫增长数在培养第六天开始达高峰（即平衡），第七、八天不再增长（即已平衡了），则把第六至八天观测的草履虫数之和除以 3，所得平均值即为 K 值。

② 三点法：$K=[2y_1y_2y_3-y_2^2(y_1+y_2)]/y_1y_3-y_2^2$，其中 y_1、y_2、y_3 是横坐标上（培养天数）所对应的纵坐标值（种群数量）。

26-3
使用 SPSS 软件拟合逻辑斯谛生长方程的方法

（4）方程拟合　求出 K 值以后，令 $y=\ln(K-Nt)/Nt$，$x=t$，$r=b$，按方程 $y=a+bx$ 运算，把求得的值（a，b，Nt）代入逻辑斯谛方程，则得理论值。

也可以使用 SPSS 统计软件拟合逻辑斯谛方程。

（二）不同温度培养条件下种群数量的变化

在不同温度下，环境容纳量 K 将有所不同。因此，可以通过实验拟合不同温度条件下的逻辑斯谛方程，比较各个参数的变化。按“单一温度培养条件下种群数量的变化”实验步骤，分别在不同温度（实验者自行设定）条件下培养草履虫。监测草履虫种群数量的变化，并进行数据分析。

（三）种间竞争存在时种群数量的变化

① 从野外采集的水样中，挑选草履虫和另外一种原生动物，用克隆培养（见实验 18）分别得到一定数量的纯种个体。

② 将 2 种原生动物混合，置 22～25℃有限环境下培养。监测各自种群数量的变化，并进行数据分析。

③ 将 2 种原生动物分别置于同上环境中培养。监测各自种群数量的变化，并进行数据分析。

④ 比较混合培养和单种培养的 2 种原生动物种群的增长方式，分析每种原生动物的种群生长参数发生了什么变化，并用种间竞争理论解释这种变化。

● 单种培养和混合培养时，两种原生动物原液的起始密度培养条件必须一致。

六、问题与思考

1. 自然界动物种群数量能否无限增长，为什么？
2. 逻辑斯谛增长模型能否作为种群增长的普遍性模型，为什么？

七、拓展性实验

设计实验，对酵母菌、蚯蚓、果蝇等种群在有限环境中的逻辑斯谛增长进行研究。

（卢　欣）

实验 27

两栖动物的年龄鉴定

年龄结构是种群生态学的一个重要参数，它直接影响种群的出生率和死亡率。分析种群动态必须了解个体的年龄组成。野外研究中，生态学家采用不同的方法鉴别不同动物的年龄。其中，“年轮法”被公认是最准确的方法之一，并被广泛使用。在自然条件下，动物的生长速度受季节的影响，这种生长速度的差异体现在骨骼等体征上，就形成所谓“年轮”。用于计数年轮的体征包括鱼类的鳞片、耳石、脊椎骨，两栖爬行类的脊椎骨、趾骨，鸟类的趾骨，哺乳类的颌骨、角等。该方法可以准确判定动物的实际年龄。

一、实验目的

1. 通过学习两栖动物年龄的鉴定方法，理解年龄鉴定和年龄组成在动物种群生态研究中的意义。

2. 学习石蜡切片技术。

二、实验内容

1. 用趾骨年轮作为指标，鉴定两栖动物的年龄。

2. 骨组织的石蜡切片。

27-1 骨龄学方法评价

三、实验材料

来自一个自然群体的活体或浸制青蛙（或蟾蜍）标本 50～100 只。

四、实验器具与试剂

由学生根据实验需要自行准备。

试剂配制

五、操作与观察

（一）蛙趾骨石蜡切片的制作

1. 身体大小测量

用游标卡尺测量每只蛙的体长（SLV，从吻端到泄殖腔孔后端），将所测全部数据分雌、雄记录在事先设计好的表格上，并编号。

2. 取材、固定

剪取蛙后肢的第 3 或第 4 脚趾，放入相应编号的 5% 甲醛固定液的小离心管中，材料与固定液体积之比为 1∶20，固定 1～2 d 或更长时间。如果为浸制标本，则直接进入下一步。

3. 脱钙

把固定后的趾骨放入 10% 生理盐硝酸溶液中脱钙 24～48 h。取出脱钙趾骨，放入扎有孔的小离心管中，离心管放入容器中，用流水冲洗 24 h。

4. 脱水

为使透明液很好地渗透整个组织块，必须除去组织中的水分。将脱钙趾骨剪成 2～3 mm^3 的骨块，依次在 50%、70%、80%、95% 乙醇中脱水各 1～2 h，100% 乙醇中 30 min。如需过夜，则将趾骨保存在 70% 乙醇中，以后再继续脱水处理。

● 脱水不彻底将影响制片效果。

5. 透明

为使石蜡迅速渗透至骨组织，须用石蜡溶剂（二甲苯）替换非石蜡溶剂（如乙醇）。即将已脱水趾骨置于纯乙醇和二甲苯（体积比 1∶1）混合液中 15 min，然后在纯二甲苯中透明 2 次，各 15 min。

6. 浸蜡

使石蜡渗透骨组织。将已透明的蛙趾骨置于二甲苯和石蜡（体积比 1∶1）的蜡杯中，在高于石蜡熔点 2℃的恒温箱内保持 1 h；然后将蛙趾骨移入恒温箱装有纯石蜡和蜂蜡（体积比 9∶1）的蜡杯中浸蜡 15 min，再转入同样的蜡杯中浸蜡 20 min。

● 石蜡有软蜡（熔点较低）和硬蜡（熔点较高）之分，应根据材料本身的硬度、切片的厚薄和当时的气温条件来选择适宜熔点的石蜡。一般动物材料最常用的石蜡熔点为 52～56℃。

7. 包埋

用光滑较硬的白纸，按图 27-1 所示方法折成适当大小的小纸盒，盒耳写上趾骨编号，将纸盒平放于桌面上，加入适量熔化的石蜡。立即用酒精灯加热的

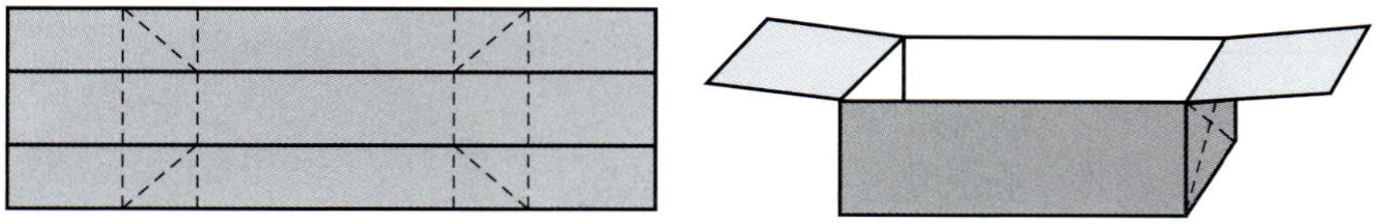

图 27-1　包埋纸盒的折叠方法及折成的包埋纸盒

镊子把趾骨放置到纸盒内的熔蜡中央，两手提纸盒两耳，将纸盒下半部浸于冷水中，并用口吹气使蜡表面凝固，然后将纸盒整个浸入水中冷却，1 h 左右以后取出。

● ①趾骨编号与纸盒编号一致；②放置骨块的方位要适合切片观察的需要。

8. 修蜡

拆除纸盒，用手术刀修切蜡块至趾骨四周石蜡的厚度为 1～2 mm，用烧热的手术刀平烙蜡块底面，迅速粘贴在木块（边长 1～2 cm 的立方体）上，并进行加固。

27-2

骨组织石蜡切片技术要点

9. 切片

用手摇切片机将蜡块切成厚度为 7～8 μm 的薄片。

10. 贴片和展片

在载玻片上滴 1 小滴蛋白甘油粘片剂，用洁净的手指涂成均匀的薄层，再在其上加数滴蒸馏水。选择完整的蜡片，用毛笔将其移到载玻片上。在酒精灯火焰上徐徐加热，蜡片即平平展开，这时可用解剖针把蜡片位置移正。

11. 烤片

用吸水纸吸去载玻片上蜡片周围多余的水分。将载玻片垂直插入染色架上，在 40～50℃恒温箱内保持 24 h 左右，以彻底去除多余的水分，使蜡片被贴牢在玻片上。

12. 染色

① 脱蜡：将切片依次置于二甲苯中 2～5 min，二甲苯与纯乙醇（体积比 1∶1）中 2 min。如果室温较低，可在 37℃恒温箱中进行。

● 载玻片放入染色缸时，使所有切片有材料的一面朝向一致。

② 复水：将已脱蜡切片依次置于 100%、95%、70%、50% 乙醇中各 2 min，蒸馏水 2 min。

③ 染色：已复水切片用 Ehrlich 酸性苏木精染色 15～20 min。蒸馏水缓缓洗去切片上多余染液，然后用自来水细流冲洗 30～60 s，最后将切片置蒸馏水中 15 min。

④ 脱水：将已染色切片依次置于 50%、70%、95%、100% 乙醇中脱水各 2 min。

⑤ 透明：将已脱水切片依次置于二甲苯与纯乙醇（体积比 1∶1）、二甲苯中透明各 2 min。

13. 封片

将已透明切片从二甲苯中取出，有材料的一面朝上。在趾骨组织块上滴 1 滴中性树胶，加盖玻片，注意使树胶在盖玻片和载玻片之间均匀展开而不留气泡。

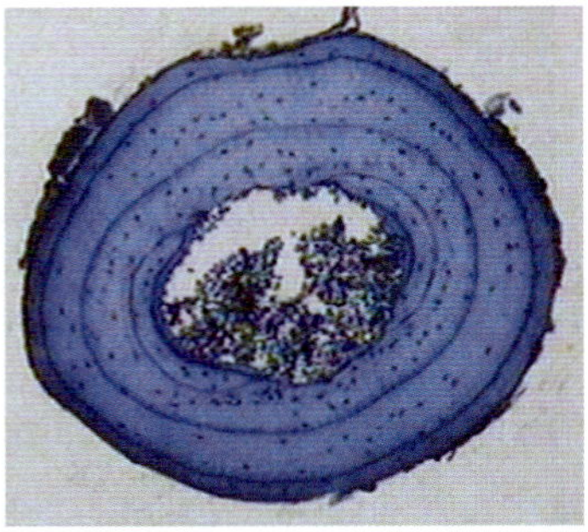

图 27-2 一个西藏高山蛙（*Nanorana parkeri*）个体的年轮线

（二）骨骼年轮的观察与鉴定

在显微镜下观察趾骨切片的年轮。每 1 条被苏木精着色较深的环代表一个生长休止期。根据环数确定个体的绝对年龄（图 27-2）。

27-3 年轮线的识别

● 切片上有时可见一些辅助线，染色较浅，不形成连续的环，它们可能代表某个暂时的生长休止期。

六、问题与思考

27-4 个体生长方程的建立

1. 依照结果，分析实验动物群体的年龄结构。
2. 用获得的结果，建立动物体长的生长曲线。

七、拓展性实验

采用冰冻切片技术制作骨骼年轮切片。

（卢 欣）

实验 28

多足动物的采集分类识别和土壤动物的群落调查

多足动物（Myriapods）隶属节肢动物门（Arthropoda）、多足亚门（Myriapoda）。它们多生活在土壤表层，有的也栖息于土壤深层，是土壤动物群落的主要组成成分，担任土壤生态系统的掠食者或分解者的重要角色。通过熟悉这些土壤节肢动物的采集，分类鉴别方法，并在此基础上了解土壤动物群落多样性调查的一般方法，可以拓展学生对我国土壤节肢动物多样性的知识，理解动物在形态结构和生理机能上对陆生生活的适应，也为今后开展土壤动物群落生态学研究奠定基础。

一、实验目的

1. 学习多足动物的采集方法和保存方法。

2. 学习多足动物各纲主要类群的分类与鉴别方法，并识别多足动物各纲常见种类。

3. 了解土壤动物群落调查方法，认识土壤动物的多样性。

二、实验内容

1. 多足动物的采集与标本制作、保存。

2. 多足亚门动物的分类与鉴定。

3. 土壤动物群落多样性调查方法。

三、实验材料

取自某样地几个不同样点的土壤样品（根据实验需要，自行采集），有代表性的多足动物标本。

四、实验器具与试剂

学生根据实验需要自行准备。土壤动物分离装置（干、湿漏斗）可参照示意图样例（图 28−1）自行制作。

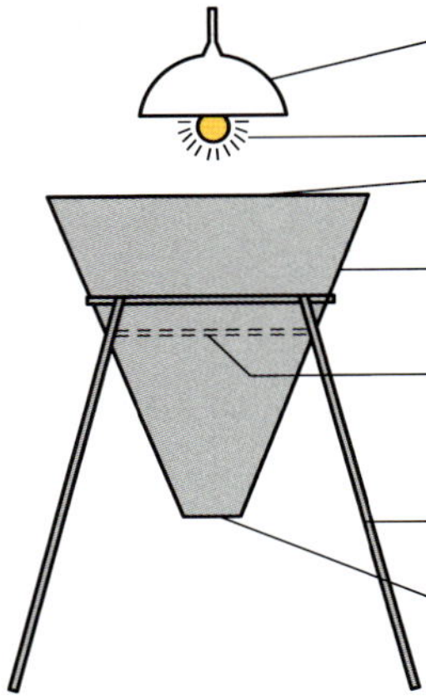

图 28−1 土壤动物分离干漏斗装置示意图

五、操作与观察

● 多足亚门被划分为 4 个纲，即唇足纲（Chilopoda）、倍足纲（Diplopoda）、综合纲（Symphyla）和少足纲（Pauropoda，也称蠋蛾纲）。这 4 类多足动物在体型上差异很大，唇足纲和倍足纲动物以大、中型为主，最大的体长可达 300 mm；综合纲和少足纲动物个头较小，体长通常为 0.5~10 mm，因此，采集多足动物时需要采取不同的采集和标本保存方法。

（一）多足动物的采集和标本保存

1. 采样点选择

大中型多足动物一般生活在潮湿环境中，多在地面表层活动，常隐匿于腐殖质丰富的落叶层、石堆缝隙等处，有些种类也见于居民点附近的阴暗潮湿处。小型种类也喜潮湿环境，但主要在土壤中，身体柔软，呈乳白色或淡黄色。采样点应选择各类动物适宜的环境。

2. 采集方法

采集大中型种类，可以直接用镊子夹取，放入盛有 75% 乙醇的采集瓶或塑料指管瓶中。

对于小型种类，则需要采集土壤样品。选择林下腐殖质丰富的潮湿土壤，用铁锹挖取深度在 15 ~ 30 cm 的土壤，装入采集袋中。

● 蜈蚣的颚足内有毒腺，可放出毒液，采集时应注意防范；对于个体较大者，最好使用长柄大镊子夹取。

3. 标本处理和保存

野外采集的大中型多足动物带回室内后，应再按类别分装于盛有 75% 乙醇的标本瓶内，并在瓶盖内缘和瓶口涂抹适量凡士林，以避免乙醇挥发，用于后续的分类鉴定。

对于小型多足动物，取适量采获的土壤样品放入干漏斗的筛网上（见图 28−1），漏斗下方接一个盛有 75% 乙醇的玻璃收集瓶。打开电源开关，用电灯烘烤土样 6～48 h，利用土壤动物趋湿和避光的习性，收集土壤中体型微小的多足动物。待土样自上而下逐渐升温和干燥，土样中的小型动物逐渐向下迁移，落入漏斗下方的收集瓶内之后，关闭电源。将筛网中的土倒掉（遵循实验室守则规定的废弃物处理办法）。重复上述步骤，收集剩余土样的动物样品。

● ①烘烤时需注意用电安全，以避免发生意外。②注意选择灯泡的功率和调整灯泡与土样间的距离，以调节热源强度。

将收集瓶中混有土壤动物的乙醇溶液全部倒入培养皿中，在体视显微镜下观察。根据动物的体形特征和触角的结构特点（图 28−2，图 28−3），寻找两类多足动物。用昆虫针或解剖针小心挑取，置于盛有 75% 乙醇的薄壁管中保存。

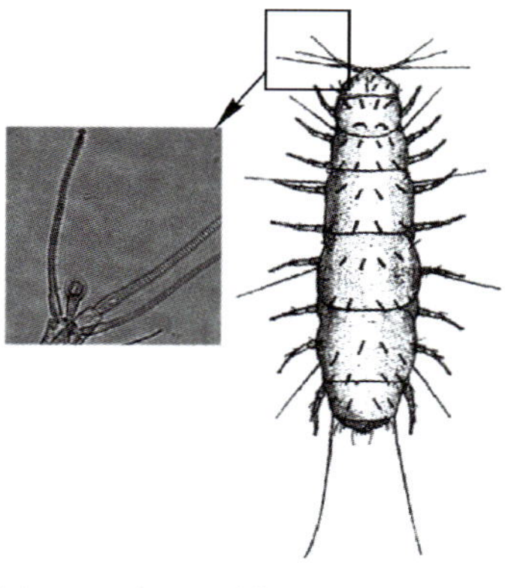

图 28−2　少足纲动物外形及分叉触角
（虫体外形图引自 Verhoeff，1934）

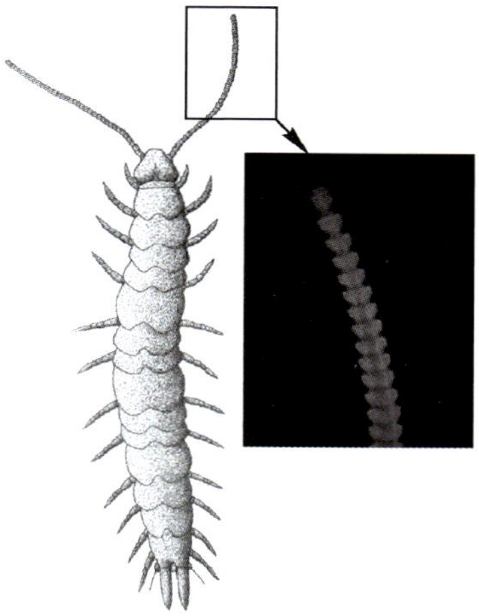

图 28−3　综合纲动物外形及念珠状触角
（虫体外形图引自 Janssen 等，2006）

● 野外采集时，应在记录本上详细记录采集时间、地点、生境和采集人，并将记录标签贴在采集瓶外或装入采集袋内；需要保存的标本须在标本瓶外按上述要求贴上同样内容的标签。

28-1
大中型多足动物展示标本的制作

（二）多足亚门动物的分类和鉴别

多足动物身体分头部和躯干部两个体区，头部具有一对触角，一对大颚（无

28-1
多足亚门的主要类群

须），1–2 对小颚。躯干部由许多相似的体节组成。各体节具有成对、由多节组成的单枝型附肢。呼吸系统由气管和气孔组成（在综合纲和少足纲，气管退化或消失），排泄器官为马氏管。雌雄异体，直接发育。

参考尹文英等（1998）《中国土壤动物检索图鉴》，对标本进行鉴定。

现生多足亚门（Myriapoda）4 大动物类群（纲级阶元）的分类检索

1. 体中型至大型，体长一般在 20 mm 以上 ………………………………… 2

   体小型，呈乳白色或淡黄色，体长多在 20 mm 以下 ……………………… 3

2. 生殖孔位于身体末端；躯干部每一体节生 1 对足 ……………………唇足纲

   生殖孔通常位于身体前半部；躯干除前 4 节外，每一体节生 2 对足 ………倍足纲

3. 体长在 2 mm 以下，9 对足；触角短，4 节，分背支和胸支两支 ……………少足纲

   体长一般在 2～10 mm，最多有 12 对足；触角长，多节，不分支 ……………综合纲

唇足纲主要目级类群的分类检索

1. 躯干部有 15 对步足 …………………………………………………… 2

   躯干部有 21～173 对步足 ……………………………………………… 3

2. 躯干部具有 8 个大背板；气门单一，开口在背板后缘的中间位置 …………蚰蜒目

   躯干部有 15 个大小交替的背板；气门成对，开口在体节两侧 ………………石蜈蚣目

3. 颚肢基节与胸板愈合，形成明显的齿板 ……………………………………蜈蚣目

   颚肢基部胸板无齿板 …………………………………………………地蜈蚣目

倍足纲主要亚纲、总目和目级类群的分类检索

1. 体表有许多长而硬的刚毛；身体末端具有一束尾毛。表皮柔软，

   无钙质 …………………………………………………………………毛尾亚纲

   （我国有毛马陆属 *Polyxenus* Latreille 1802 物种，隶属毛马陆目、毛马陆科）

   体表无刚毛和尾毛。表皮坚硬，或至少背板硬而含有钙质。第 1 小颚合成为

   颚唇 …………………………………………………………………唇颚亚纲（2）

2. 体长形，呈蠕虫状，不能蜷曲成圆球形；体侧有

   臭腺孔 …………………………………………… 蠕形马陆总目（俗称臭马陆）

   体形宽短，整个身体可蜷曲成圆球形；体侧无臭腺孔 ………………蟠马陆总目（3）

3. 体形大，有 13 个背板；背面无斑纹 ……………………………………圆马陆目

   体形较小，有 11～12 个背板（第 2 和第 3 背板愈合成 1 块大的背板）；

   背面常有斑纹 …………………………………………………………球马陆目

少足纲主要科级类群的分类检索

1. 身体呈梭形或圆柱形，体色一般呈乳白色或淡黄色 ……………………………少足科
   身体宽短，呈卵圆形，体暗色，背板表面粗糙或有短的毛或毛簇 …………………… 2
2. 背板呈明显拱起，第 2 至第 6 背板有纵向的侧腹褶皱，身体可以完全蜷曲成球形 ……………………………………………………………………………球少足科
   背板扁平，第 1 背板和第 6 背板扩大，并分别遮盖头部与尾节，背板腹面没有纵向的褶皱，身体不能蜷缩 …………………………………………………………广少足科

综合纲主要科级类群的分类检索

1. 身体背面具有 22 个背板，第 1 背板大，其他背板上有小板和刚毛 ……………地幺蚣科
   身体背面有 15 个背板，第 1 背板小，其他各背板大，不具有小板 …………………… 2
2. 身体粗壮，体长通常超过 4 mm；背板后缘呈钝圆形；步足基部有大的刺针 ……幺蚰科
   身体细长，体长一般小于 4 mm；背板后缘两侧具有指向后方的突起；步足基部的刺针小或退化呈瘤状 ……………………………………………………………幺蚣科

（三）土壤动物群落多样性调查方法简介

对土壤动物群落多样性的调查，一般是定期在不同生境的样点采集土壤动物标本，并进行土壤动物的定性和定量分析。内容包括调查土壤动物的种类和相对数量。有条件时，还可以进行一些自然条件的测量，如植被类型、植被覆盖度、土壤含水量、土壤类型和 pH 等，在此基础上，进行土壤动物群落的比较研究。

1. 土壤样品的采集

（1）调查样地及样点的选择　一般采样地点选在一个较为平坦的地方，避开坡地、洼地、岩石、树根等，以免影响取样效果。

（2）土壤样品的采集方法　根据研究性质不同，分别采取定性和定量两类采样策略。对于以分类和识别的定性研究，采取典型抽样的原则，在多足动物适宜的栖息地进行样品采集；对于群落多样性的定量研究，可以根据需要，定期在不同生境的样点采集土壤样品。样方布设采取系统抽样或随机抽样的原则，一般每个样点取面积为 50 cm × 50 cm的样方 2～3 个（图 28–4），土方深度为 15～30 cm。

2. 土壤动物的采集和鉴定

采集和分拣土壤样品中的土壤动物样品，记录种类和每种土壤动物的数量，如果难以鉴别到物种,则可以使用较高的分类单元。由于土壤动物体形大小不一，

各类群的生活习性，以及与之相适宜的小生境有着显著差异，因此在采集、标本保存和鉴别方法上也应有所区别。

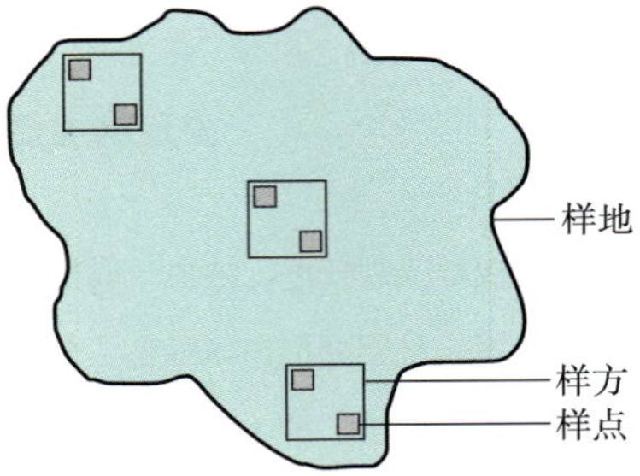

图 28-4　土壤动物采集样方布设方式示意图

（1）大中型土壤动物　如蚯蚓、马陆、蜈蚣、蜘蛛、鼠妇和大中型昆虫等，可参照关于采集大中型多足类使用镊子或吸虫管的手拣式方法采集。靠肉眼识别，或通过制作标本后在显微镜下进行鉴定。

（2）小型土壤节肢动物　如螨类、少足类、综合类、原尾虫、双尾虫、蚁类、小型甲虫等，可采用干漏斗收集获得标本。按要求制成玻片标本，在显微镜下进行观察和鉴定。

（3）湿生小型土壤动物　如线虫、线蚓、熊虫等，采用湿漏斗（图 28-5）收集标本。按各类群特点制备标本，在显微镜下进行观察和鉴定。

（4）微小土壤动物　如变形虫、鞭毛虫、纤毛虫和小型轮虫等，直接在显微镜下进行活体观察，或将土壤样品风干，以定量稀释培养法得到活体标本，然后制片并在显微镜下观察和鉴定。

各类土壤动物标本的处理和鉴定方法参见尹文英等（1992）《中国亚热带土壤动物》第四章。

3. 土壤动物群落多样性分析

28-2
土壤动物群落多样性分析的计算方法

对各样地采获的土壤动物进行统计、分析，研究土壤动物群落的多样性。有关方法见数字课程。

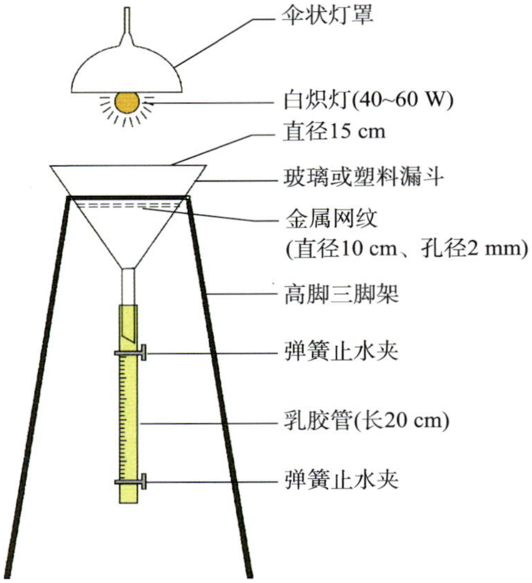

图 28-5　土壤动物分离湿漏斗装置示意图

六、问题与思考

1. 现生多足动物有哪几大类群？如何在外形上区分这些类群？你认识其中的哪些种类？

2. 少足纲和综合纲动物的体形大小远不及倍足纲和唇足纲动物，为什么？

3. 土壤动物对土壤生态系统有什么作用？土壤生态环境对土壤动物又有什么影响？

4. 在同一季节、不同生境获得的土壤动物种类有哪些异同？在同一生境、不同季节采集的土壤动物种类有哪些变化？

5. 通过本实验，你对土壤动物多样性和群落结构有了哪些进一步的认识？

七、拓展性实验

1. 土壤动物采集及主要土壤动物类群的分类与鉴别。

2. 请设计一项多足动物多样性（定性）调查与采集的野外工作计划，并列出其中各主要环节需要注意的事项。

3. 选择某两个或多个样地进行土壤动物群落多样性调查和比较分析。

（孙红英）

实验29 校园鸟类调查

鸟类是生态系统的重要成员之一。在人类聚集的城市中，鸟的种类、数量及其与栖息地的关系，可以客观反映城市环境的质量。大学校园往往具有相对茂密的植被和幽雅的环境，被视为城市生态系统中的绿洲，吸引了许多鸟类栖息。通过对校园鸟类种类、数量和栖息地利用的调查，可以帮助学生获得动物学课堂内容的感性认识，获得野外生态学研究的基本训练，同时还可以提高自然保护的意识。

一、实验目的

1. 认识和熟悉校园常见鸟类，掌握鸟类分类的基本知识。
2. 学会灵活运用数量调查方法，并理解鸟类与栖息环境的关系。
3. 感知自然、了解自然，增强自然保护意识。

二、实验内容

1. 调查校园鸟类的种类和数量。
2. 分析校园鸟类的组成和多样性。
3. 分析鸟类与栖息地的关系。

29-1

我国各地大学校园常见鸟类简介

三、实验材料

校园内常见野生鸟类。

四、实验器具与试剂

双筒望远镜（7～10倍），照相机，测距仪，卫星测位仪（GPS仪），校园地图，鸟类图鉴，铅笔，记录本。

五、操作与观察

（一）调查时间

调查时间应与鸟类的活动规律相一致。多数鸟类在日出后和日落前 2 h 内活动比较频繁，所以调查应选在清晨和傍晚，并且最好在晴朗无风的日子进行。

（二）调查方法——随机样线法

基于校园环境条带化、异质性高，最常用的样线法（line transect method）和样点法（point count method）等野外鸟类数量调查方法有一定局限性。因此，在样线法的基础上，建立了一种更适合校园环境的鸟类调查方法，即随机样线法（random line transect method）。

29-1
野外鸟类数量调查方法

1. 绘制校园环境地图，选定样线

首先对校园环境进行实地考察，然后将校园环境大致按照建筑物、行道树、树林、灌丛、草坪、小型水域等生境进行划分。建筑物包括房屋、亭子、道路等各种人工设施；行道树主要指道路边成行的树木；树林指有一定面积的乔木林或高大灌木林；灌丛包括所有低矮灌木；草坪包括所有无树群草地及林下草本植物；小型水域有人工湖、池塘、小溪等。根据校园地图，选定一条或几条样线，样线尽可能经过所有生境类型（图 29−1）。

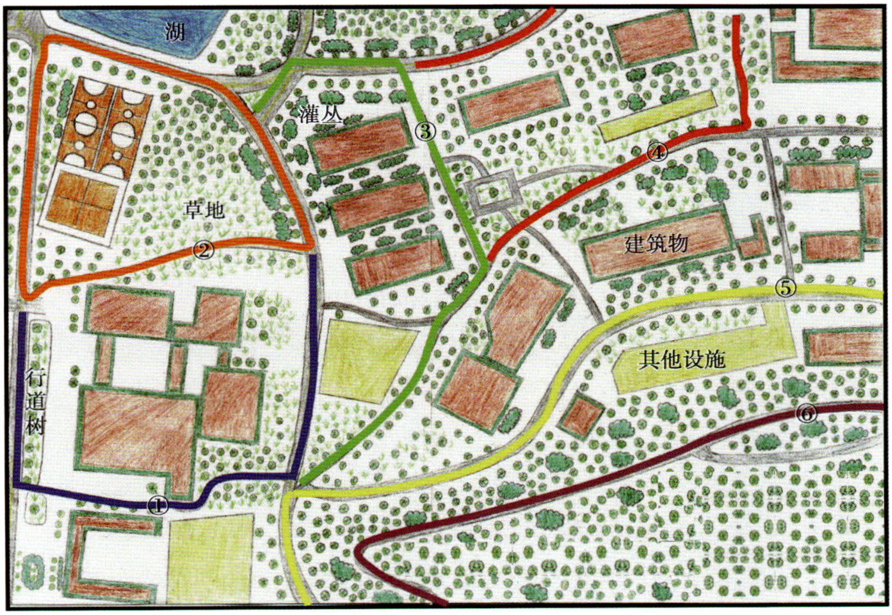

图 29−1　大学校园地图及样线选择参考（示 6 条）（王思凤供图）

29-2
野外识别鸟类的方法

2. 实地调查

调查时沿样线行走，行走速度为 1～2 km/h，记录样线两侧一定距离（通常每边 25 m）内看到和听到的所有鸟的种类、数量及其所处的栖息环境等，填写调查记录表（表 29-1）。对于较远或较高处的鸟，用望远镜辨认；从样带地上空飞过的鸟类不记录；对不认识的种类，则快速记录其形态和行为特征（或拍照），之后再查阅鸟类图鉴进行种类确定。同一条样线最好重复调查 3 次。

● ①调查时，不宜穿鲜艳衣服，切忌大声喧哗，以免干扰鸟类活动；②判断鸟类是否在观测距离内，以其是否停息及停息点为准；③孵卵期鸟的发现率低，应尽量避免在此期间调查。

表 29-1 鸟类调查记录表

样线编号： 日期： 开始时间： 结束时间： 天气：

鸟名	栖息地类型	数量	备注
A	行道树		
B	灌丛		
C	草坪		
A	建筑物		
……	……		

3. 数据分析

（1）鸟类组成分析

将表 29-1 内的原始数据录入 Excel，求出每条样线重复调查所获各个物种的平均值，再按物种合并所有样线的数据。根据实际调查结果和查阅资料，确定各个物种的居留型、分布型及生态类群（表 29-2）。

表 29-2 校园鸟类的组成

鸟名	栖息地类型	数量	比例	优势度	居留型	分布型	生态类群
A							
B							
C							
……							

29-3
鸟类的生态类群

（2）鸟类多样性分析

多样性指数：用香农－威纳（Shannon–Wiener）指数（H'）表示

$$H'=-\Sigma P_i \ln P_i$$

其中，P_i 为某一生境中第 i 种鸟的个体数量占该生境所有鸟类个体数量总和的概率。

优势度：以调查期间某种鸟的数量占该生境所有鸟总数的比例作为划分种群数量等级的优势度指数。超过 5% 为优势种，1%～5% 为常见种，少于 1% 为稀有种。

（3）鸟类与栖息地的关系

统计并比较不同类型栖息地鸟的种类、数量和多样性指数，分析鸟类与栖息地的关系（表 29–3）。

如何设计栖息地人为干扰度与鸟类数量关系的实验？

表 29–3　鸟类与栖息地的关系分析

栖息地	物种数	多样性指数
行道树		
灌丛		
草坪		
建筑物		
……		

29-4

城市化与鸟类

六、问题与思考

1. 根据调查实践和体会，总结用随机样线法调查校园鸟类的优点和不足。

2. 根据调查结果，你认为在校园规划建设中，应当采取哪些措施以利于鸟类生存？

七、拓展性实验

1. 在样点法的基础上，设计一种校园鸟类调查方法。

2. 设计一个调查连续自然植被内鸟类密度的方法。

3. 设计一个研究鸟类密度与植被盖度的关系实验。

29-5

校园鸟类繁殖生态学研究方法

（卢　欣）

实验 30

金鱼的催青和人工授精

在自然界里，大多数鱼类的生殖活动有季节性。繁殖季节，受温度、光照、降雨和食物等环境因子的刺激，鱼下丘脑分泌促性腺激素释放激素，激发脑垂体分泌促性腺激素，刺激性腺产生性激素，从而促使生殖细胞成熟与排放。据此，人工注射鱼脑垂体匀浆液或促性腺激素于鱼体内，可达到加速生殖细胞成熟和排放的目的，此为催青。根据成熟精子和卵子的生理特性，采取相应技术和措施，人为地使精卵相遇达到受精，即人工授精。金鱼是由鲫鱼演化而成的观赏鱼，材料易得，易于人工养殖。通过金鱼的催青和人工授精实验，有助于加深对脊椎动物生殖生理学基本原理的理解，加速鱼类新品种的培育，提高经济效益。

一、实验目的

通过本实验，了解金鱼催青的原理；掌握鱼类催青和人工授精技术，加深对脊椎动物生殖生理学的认识和理解。

二、实验内容

金鱼的催青和人工授精。

三、实验材料

雌、雄金鱼的成鱼。

30-1 金鱼养殖及其疾病与防治

四、实验器具与试剂

由学生根据实验需要自行准备。

五、操作与观察

（一）雌雄区别

雄性金鱼一般体形略长，雌性金鱼身体较短而圆；雄鱼尾柄比雌鱼略粗壮；雄鱼泄殖孔小而狭长，呈凹形，雌鱼泄殖孔大而略圆，向外凸起；雄鱼一般颜色鲜艳，而雌鱼体色略淡。繁殖期，雄鱼体色更为鲜艳，并在胸鳍第一根刺和鳃盖边缘出现许多白色的小突起，称为追星，而雌鱼此时腹部明显膨大，用手指抚摸，感觉比较松软。

（二）金鱼的产卵条件

在自然条件下，金鱼产卵的时间随各地气候的差异，不尽一致。产卵的最适温度一般在 20～25℃，雌雄比例一般为 1/2 或 2/3。

（三）金鱼的催青和人工授精

1. 金鱼的催青

（1）促性腺激素的获取（自制或购买）

① 鲤鱼脑垂体的获取和保存

脑垂体的获取：剪除鲤鱼头部背面骨骼（参见实验 12）暴露鱼脑。轻轻将脑向外上方拨开，在脑腹面视交叉后方漏斗窝上，可见小圆球形脑垂体。用镊子小心将垂体取出，去掉附在上面的脂肪和血污即可使用。

保存：如果在短期内使用，可暂存于 4℃冰箱内。长期存放则可将垂体放入盛有丙酮（脱脂、脱水）的小瓶中保存；也可放入盛有丙酮的小瓶中脱脂、脱水 12h 后，取出阴干，再放入小瓶中密封保存。

② 购买促黄体生成素释放激素类似物（LRH-A）和人类绒毛膜促性腺激素（HCG）

HCG 可刺激性腺生成性激素，引起金鱼生殖细胞的成熟和排出；LRH-A 也能使金鱼生殖细胞成熟和排出。

（2）激素注射液的制备

① 垂体匀浆液制备：将新鲜或丙酮脱水后的脑垂体，置于匀浆器中，加少许 6.5g/L 的生理盐水研磨成糊状，再用生理盐水稀释成所需浓度。

② LRH-A 或 HCG 注射液的制备：用注射器吸取一定量的生理盐水，注入 LRH-A 或 HCG 的安瓿内，配成所需浓度。

（3）激素的用量　按雌鱼每 kg 体重一次性注射 4～6 mg 鲤鱼垂体的匀浆液或 HCG 1 200～1 500 U 和 LRH-A 10～20 μg；雄鱼的注射剂量为雌鱼的一半。每尾金鱼的注射液量为 0.4～1.0 mL，采用 1 mL 的注射器和 5 号针头注射。

● 催青使用激素的剂量与季节、水温和性腺的成熟度有关，水温偏低、性腺发育不够成熟时，使用剂量适当加大；反之剂量适当减少。

（4）注射部位 有肌肉注射和腹腔注射两种方法。

① 腹腔注射：将注射器针头朝向鱼体前方，针体与鱼体表面成约45° 角度，刺入肛门前部腹腔内，深度为0.3～1.0 cm，注意避免刺伤内脏。

② 肌肉注射：在背鳍与侧线之间，用针挑起一片鳞片，顺着鳞片向前刺入肌肉，缓缓注射，以免注射液外溢。

（5）催青效果的检查

注射脑垂体12～18 h或注射LRH−A和HCG 24～48 h后，观察雌、雄金鱼泄殖孔是否有发红现象；轻轻挤压腹部，检查是否有卵和精液从泄殖孔溢出。

2. 受精

（1）自然受精

人工催青后，将雌、雄金鱼放入同一鱼缸中，会出现雄鱼追逐雌鱼的现象，即为发情，达到高潮时，雄鱼紧紧追逐的雌鱼开始产卵，雄鱼同时排精，即可完成自然受精作用。

（2）人工授精

人工催青后，将雌、雄金鱼放入不同鱼缸中，当检查发现雌、雄金鱼泄殖孔有卵或精液流出时，分别取出雌、雄鱼，轻握，擦去水分，手指在鱼体两侧由前向后轻轻挤压腹部，将精、卵同时挤入培养皿内少量清水中，轻轻混匀，使精子充分与卵接触，2～3 min后，再加入清水，倾去水，以清除漂浮水中的未受精的精子，重复2～3次，即可观察受精卵的发育。

六、问题与思考

1. 在金鱼的催青及人工授精操作中应注意哪些问题?
2. 催青的原理是什么? 影响催青和人工授精的因素有哪些?

七、拓展性实验

设计蛙、其他鱼的催青及人工授精实验。

（邓凤姣）

实验31

实验选题、设计与实施

学生在已掌握动物生物学基础知识、基本理论和基本实验技能的基础上，在教师指导下，根据实验室条件，完成选题、设计、准备、实施实验和小结实验等全过程，以培养学生的实验动手能力，发现和分析解决问题、创新思维的能力、团队合作研究能力。

一、实验目的

1. 训练学生查阅资料，发现问题，灵活运用所学知识和技能设计实验，完成实验，以培养学生验证或解决某一实际问题的能力，培养创新意识及能力。

2. 检验全学期教与学两方面的教学质量。

二、实验内容

1. 查阅资料，选题。
2. 查阅资料，灵活运用所学知识和技能设计实验方案。
3. 实施并完成自行设计的实验。
4. 小结实验，撰写实验小论文。

三、实验材料

由学生根据自设实验自行准备。

四、实验器具与试剂

由学生根据实验需要自行准备。

五、方法与步骤

学生以小组为单位进行和完成实验全过程。

（一）选题

1. 教师阐明开展设计实验的目的、意义和相关教学安排，介绍实验室所具备的实验条件，明确选题的范围，指导学生选题、查阅文献资料。

2. 由教师提供参考课题，学生设定实验课题；或由学生查阅资料，自行命题，报教师审批。

（二）设计实验方案

1. 教师阐明设计实验方案的基本原则和要求。

2. 学生进一步查阅资料，研讨，拟写实验设计报告，交教师审阅、修改、完善。

3. 实验设计报告内容

（1）实验名称

（2）实验目的和意义

（3）基本原理

（4）材料与用品

（5）方法与步骤

（三）实施实验方案

1. 根据实验设计方案，进行实验准备工作，包括试剂的配制、实验器具和实验材料的准备等。

2. 按实验设计的方法步骤，完成实验全过程，并做好实验记录。

● 在实施实验过程中，可根据实验情况，合理改进实验方法和步骤。

3. 向教师报告实验情况和结果，经教师批准后方可结束实验。

（四）小结实验

分析讨论实验结果。以小论文形式撰写实验报告，内容包括摘要、前言、材料与方法、实验结果、讨论、参考文献等几部分。

六、作业与思考

1. 以小论文形式撰写该次实验报告。

2. 总结实验的收获、体会，并提出进一步完善“实验选题、设计与实施”的建议。

（黄诗笺）